中国茶山行记

陈勇光 著

中国轻工业出版社

图书在版编目（CIP）数据

中国茶山行记 / 陈勇光著 . — 北京：中国轻工业
出版社，2023.2

ISBN 978-7-5184-3818-1

Ⅰ . ①中…　Ⅱ . ①陈…　Ⅲ . ①茶叶—文化—中国
Ⅳ . ① TS971

中国版本图书馆 CIP 数据核字（2021）第 278521 号

责任编辑：杨　迪　　　责任终审：张乃柬
整体设计：锋尚设计　　责任校对：朱燕春　　责任监印：张京华

出版发行：中国轻工业出版社（北京东长安街6号，邮编：100740）
印　　刷：北京博海升彩色印刷有限公司
经　　销：各地新华书店
版　　次：2023年2月第1版第3次印刷
开　　本：710×1000　1/16　印张：22
字　　数：350千字
书　　号：ISBN 978-7-5184-3818-1　定价：98.00元
邮购电话：010-65241695
发行电话：010-85119835　传真：85113293
网　　址：http://www.chlip.com.cn
Email：club@chlip.com.cn
如发现图书残缺请与我社邮购联系调换
230138S1C103ZBW

序

一

中国是茶树的原产地。中国人最先发现了茶树并加以利用。茶树在中国的地理分布极其广阔，范围在北纬 18～38°、东经 94～122°，地跨中热带、边缘热带、南亚热带、中亚热带、北亚热带和暖温带。在垂直分布上，高达海拔 2600 米的高山，低至距海平面仅数米的矮丘。中国茶区分布在秦岭、淮河以南的陕西、甘肃、西藏、河南、山东、四川、重庆、安徽、浙江、湖南、湖北、江西、江苏、福建、云南、贵州、广东、海南、广西、台湾等二十个省、自治区及直辖市。在不同地区，生长着不同类型和不同品种的茶树，从而决定着茶叶的品质及其适制性和适应性。

清代以前，中国茶叶主要为绿茶。清代以来，绿茶、黄茶、黑茶、白茶、青茶、红茶异彩缤纷，琳琅满目。尤其是当下，中国茶园面积、茶叶产量均居世界第一，新创名茶层出不穷。因此，要想认识中国茶叶，不惟一般人，就是专业的茶叶工作者，也有望洋兴叹之感。

"纸上得来终觉浅，绝知此事要躬行"（陆游《冬夜读书示子聿》）。行走茶山，辨识品种，探求工艺，甚至亲手制作，将书本知识与实践相对照，是学茶的不二法门。在这方面，茶圣陆羽为我们树立了良好的榜样。陆羽一生，遍访全国各地茶山。"报道山中去，归来每日斜"（皎然《寻陆鸿渐不遇》）。"千峰待逋客，香茗复丛生。采摘知深处，烟霞羡独行"（皇甫曾《送陆鸿渐山人采茶》）。"旧知山寺路，时宿野人家"（皇甫冉《送陆鸿渐栖霞寺采茶》）。从《茶经·八之出》来看，陆羽走访山南、淮南、浙西、浙东、剑南、黔中、江南、岭南八道共四十三州，涉及现今陕西、河南、湖北、安徽、江苏、江西、浙江、湖南、贵州、四川、广西、广东、福建等十三省、自治区的茶区。

"天下名山，必产灵草，江南地暖，故独宜茶"（许次纾《茶疏·序》）。"至若茶之为物，擅瓯闽之秀气，钟山川之灵禀"（赵佶《大观茶论·序》）。茶得山川之胜而显风流，山川得茶之怡养而显神韵，名山与名茶，犹如一对孪生姐妹。高山出好茶，是因为高山有优越的生态环境，符合茶树喜温、爱湿、耐阴的特性，较好地满足了茶树生长发育的要求。高山茶园四周群山环抱，岗峦起伏，溪流纵横，林木茂密。加之高山之上终年云雾缭绕，空气清新，极少污染，相对湿度大；气候温和，昼夜温差大；土质疏松，腐殖质多，土壤肥力大，组成了独特的生态环境。茶树常年在荫蔽湿润的环境里，饱受雾露滋润，从而使茶树的芽叶肥壮，叶质嫩软，持嫩性强。名茶与名山、名水相依相伴，实非偶然，乃自然之造化。中国名茶较集中的产地有秦巴山脉、武陵山脉、武夷山脉、黄山山脉、大别山脉、天目山脉等，其他如庐山、蒙山、天台山、雁荡山、太姥山、青城山、峨眉山、崂山、太湖洞庭东西山、洞庭湖君山、普洱和西双版纳的六大茶山、潮安县凤凰山、海南五指山、台湾南投县冻顶山等。

一千三百年后，陈君勇光，追寻茶圣足迹。自 2006 年以来，十五年中，沉潜一线茶区，知行并重，走访全国二十个产茶省、市及自治区的上百座茶山，甚至深入人迹罕至的野茶山区。收入本书的五十余篇茶记文章，记录了那些真实发生的茶事，以及即将失传的手工制茶技艺，其中不乏艰难的寻访之路、历史考据，更有哲理的思考，以亲身的体验讲述对茶的理解和感悟。

勇光是国内著名茶文化月刊《茶道》杂志的编辑兼主笔，国家一级评茶师。我与勇光初识于 2009 年福鼎举办的国际禅茶大会上，后来在国内的一些茶事活动中也时而相遇。他也曾数次来合肥，我们在一起品他寻来的奇茗。他的行囊中总是有茶器具，随时可以摆开，煮水泡茶。他不仅惯于评茶，也精于茶艺，国内一些茶会上往往有他布置的茶席。勇光于茶非常执着、认真，带有近乎宗教般的感情，每当春天茶季来临时，则行走在各地茶山上，乐此不疲。

曾读过勇光的《闽茶夜话》与《茶悦——奇茗 30 品》，前者讲述作者家乡福建的茶史、茶事，后者则记述全国六大茶类中的五六十款茶叶。本书是在前两书的基础上的集成之作，图文并茂，文笔生动，融科学性、知识性、趣味性、文学性于一体，是了解中国茶的一部佳作。

是为序。

丁以寿

安徽农业大学中华茶文化研究所所长、安徽省茶文化研究会会长

辛丑年初夏于庐州

序
二

有记者背景的著作人，他的习惯是传递真实的状况，至于怎样解读，得到怎样的结论，是读者的事。通常是一篇报道百般意见的，如果原本就加入作者的意见，那所写的就是作者想要表达的思想与看法。《中国茶山行记》是基于作者到各茶产区所见所闻以及亲身体会到的经验记录下来的报道，是茶学研究者珍贵的第一手资料，这里所说的第一手，是指作者成书前十五年的时间与空间。

作者留下了二十个产茶省市、上百座茶山的真实产、制、销、饮茶的照片，没有特意的人物与环境安排，全书的三四百张照片不是展现作者的摄影之美，而是茶山行真实的记录，这一点值得我们重视与珍惜。

作者对各产茶区的茶树生长环境与被照顾的状况、茶青采收与汇集的情形、制茶的经过与手法、制作者的试泡、茶商的试饮、一般访客的冲泡，都尽可能地做了记录，虽然不是很专业地对各项工作从事学术性的探讨，但却因此少掉了学术性的束缚与偏向，这样真面目的描述，就提供了各方需求者与研究者的原始资料，遏阻了学术性上的狭隘与偏见。

《中国茶山行记》因为有上列的诸多特点，再加上它的涵盖面相当广，包括茶叶的各主要产区与茶叶的各项类别，都是作者写作期间茶界盛行饮用与流通者。作者是记者，也是主要茶界专业杂志的主笔，他在一定数量的代表性茶类与茶区的选择上是客观的，所以本书是植茶、制茶、识茶、行销茶、品茶等文化各界都很需要的一本教材与参考资料。我们感激陈勇光多年的辛苦与对茶界的贡献。

蔡荣章

漳州科技学院教授、无我茶会创办人

2021 年 6 月 14 日于漳州科技学院茶文化研究所

目录

海南

天涯更南——五指山间寻古茶

010

天涯更南
——五指山间寻古茶

记述茶山，最宜从南方翻起篇章，陆羽曰："茶，南方之嘉木也"，比南方"更南"的茶产区，就是海南岛了。在天涯，有数百年树龄的古老茶树，生长于荒野，沉默于深林，它们隐匿在古老而人迹罕至的五指山。

海南省是中国最南端的茶乡，这里五指山的原始林里有自生自灭千百年的古茶树，有生长在陨石坑的白沙绿茶。春天最早从这里开始，当天下百草还沉寂于苦寒时，这里的茶芽却早早萌发了。当年曾为宋真宗监制贡茶的丁渭，跌落仕途，被流放海南。只可惜他没有发现茶，惟沉醉于海南的沉香。他留下了《沉香录》，提出了"香幽而长"的文人用香标准。一千年后的今天，除了沉香，被称为"阿萨姆种"的海南红茶或绿茶，也开始行销各地。

三月中旬，当内陆刚刚感受和煦的春风，三亚已经进入夏天。这一块旅游胜地刚刚从春节的喧闹中安静下来，空气中却隐含着海风带来的躁动。五指山离三亚不远，是"天涯"的靠背，海南的最高处。空旷深远的叠嶂密林中，有另一番景色。山中孕育着神奇，无尽生命在这里枯荣。

水满乡茶，日光下的甜味

五指山水满乡，椰仙公司的茶厂就坐落在五指山下。年届六旬的麦师傅指挥着十几位茶厂工人将刚采回的鲜叶萎凋。麦师傅于 1980 年在四川农大学习制茶，回海南后，常年在五指山与海口的茶厂指导做茶。他们对自己的红茶非常热爱，"你喝喝看，这些红茶的品质超过锡兰红茶、台湾红茶。"水满乡的红茶在市场上能卖出较好的价格，工艺到位，喝起来有蜜香，大叶种茶特有醇厚口感，加上五指山特殊的地理环境——更低纬度、更湿润和温差大的海岛气候，使它的滋味也带上了热带阳光的香气。

水满乡的生态茶园在落日下，似乎带上了天涯海角的沧桑。茶树有二三十年

五指山水满乡的红茶

的树龄，采用人工除草，生态种茶。这又是一片充满生机的茶园，接受了落日余晖的洗礼，绿色的鲜叶泛着金色的光，空旷处，是蔚蓝的天。

负责茶厂后勤事务的黎族阿姨，面色黑红，五十余岁，身体仍然康健。她带我去看附近森林里的古茶树，走起路来比我们都快。她的祖辈就居住在这里，所以非常熟悉那些野生古茶树长在哪里。"那一些都是古茶树，"跨过那些沟坎，在荒草地的上方，她指着银灰色树皮的大树说道。密林里只零星分布着这些野茶树，如果不是很细心地察看，很容易错过它们。茶树高达十余米，为了得到阳光，主干一味向上生长，我们昂起头，仍旧看不清树冠的全貌。这样的茶树，采摘起来极为困难。

对于海南岛而言，这些茶树万年来自生自灭。它们是什么品种？又有哪类古老的基因与内含物质？有什么优势？将来能否培植推广？可惜研究的资料太少了，很多人甚至都不知道它们的存在。

为了采摘茶叶，靠近村落的一些野生古茶树也曾被矮化，或者多被人砍斫枝干后采摘鲜叶，但它们的生命异常顽强，在密林里与热带植株共生共长。前些年，因为云南古树茶的热潮，也有人专门来寻找海南的野生古树茶。黎族阿姨称，前两天就有重庆的朋友刚来采过茶。这几棵野生古茶树长势良好，没有被人砍伐过，散落在林间。我摘了芽叶放到

五指山间的大叶种野茶

山林间的野茶树

嘴里，苦涩刺激，野气十足。黎族阿姨说，这些古树茶拿来做红茶挺好喝的，不过很难采，要她儿子才爬得上去，一个人爬到那么高的茶树上，半天也只能采几斤鲜叶下来，因此并没有形成产量。

回到茶厂，天色将黑，工人们正准备晚餐。这是一群朴素友善的人，在深山林间，专注于制茶的技艺。他们的快乐有时就在于炒一盘好菜，看一会儿电视。夜里，"水满香红茶"进入揉捻工序，忙碌的工人将萎凋槽中萎凋好的鲜叶用竹筐装起，投入到54式揉捻机中，机器发出的声音在夜里显得更响亮。不大一会儿，揉捻后的茶叶将会放进专门的发酵箱，以相应的湿度与温度发酵，直至进入最后的烘干程序。

大山深处，五指茶香

第二天，我要往深山里寻访更古老的野生茶树群。

海南的野生古树茶是珍贵的自然资源，主要集中于五指山水满乡、红山阿驼岭、白沙南开乡等地，分布分散无序，且多生长于人迹罕至的密林，单株采摘难度大、成本高，注定了这里不会形成云南式的古树茶热潮。毕竟云南在三百年前的清朝雍正年间，有过自上而下的"改土归流"政策所筑起的"绿色长城"，这种人文历史背景在全世界也是独有的（到了 2020 年，我去过的那片茶树林已经是国家雨林公园的核心区，受到严格管控，以后再要去就难了）。

黎族阿姨的小儿子带我们上山，小伙子二十多岁，长得黝黑壮实。清晨的太阳刚刚升起，我们就已经行走在山里。穿越于齐头高的蒿草丛间，戴着草帽的黎族小伙子拿着竹竿敲打着路边。他说，虽然生长在大山，但他最怕蛇。我对这里的未知去处充满憧憬，也带着不安。大山深远，路也不知道会去往哪儿，有时候未必就有路，只是采药人留下的小道。五指山蚂蟥很多，特别在小溪流中，或者在一些接近干涸的水沟里。

黎族小伙子说，五指山很神奇也很危险，常年有雾气缭绕，不熟悉的人不能轻易去闯。他坚信有山神，必须要尊重，据说，有人曾在山里睡着了，醒来时却发现身在另一座山呢。

我们与自然的联结，来源于生命深层的渴求；茶生于寂静的山水间，人们喜爱饮茶，也原本来自于这样朴素的渴望——通过品饮联结自然。

黎族小伙在前头拿着竹竿艰难穿越

生长于五指山原始寂静处的野茶

❶ 采摘时需要将枝条拉弯下来
❷ 野茶的新梢

　　太阳时而为云朵遮住，溪水流淌着快乐，偶尔遇到荒弃的田野，头顶空旷处仍旧有纯蓝的天空。转过山头，山间流下细小的瀑布。再向前走，荒山已然无路，蚁虫有自己的王国，来回奔忙，拖运着食物。

　　在这里我们发现了几株古茶树，枝干细长，与其他绿树植株似乎无异，只有在碎落的阳光下，才看到叶子有明显的锯齿、泛着金绿的色泽。这些茶叶带着天然的清香，更接近果香，芽头吃起来苦，而后回甘。采摘鲜叶时，需要把枝条拉得很低，我们一人负责压低枝条，另一人在树下采摘。

　　黎族小伙子提醒我，有种长得像金龟子般的黄色毒虫，有些微臭味。就在我采摘古茶树鲜叶的时候，真的就被毒气喷到脖子上，顿时钻心地痛，而疤痕直到一个月后还没有完全消失。而这，只是密林里的小小危险，那些古老的茶树，默立于沧桑变幻的山林，微微地香着，有坚实的苦涩和淡淡的回甘。回来后，我才发现小腿上有干掉的血痕，原来是蚂蟥叮咬过了。由于它吸饱血就跑了，当时我根本没有感觉。

　　我们不敢在山里过夜，所以并未深入密林腹地，采摘的鲜叶也仅够制作近一斤茶叶。在天黑之前，我们赶回水满乡茶厂。

这些茶采回来后，一部分我们以蒸汽杀青，最后晒干，制成了蒸青绿茶。选择将这些鲜叶按古老的蒸青法制作，算是一次追崇与记忆，它带着密林的兰花之幽，雨林生命的邂逅与交错，然后封存在一片茶香里。做成的蒸青茶晒干后得到一二两，饮后印象深刻——"野性难驯"，但四五年后，竟意外地转化为醇厚有劲。

另一部分做了红茶。它们的滋味，除了清甜，还有典型的野茶气息，淡甜中又带着苦的回味，那是奇特的原始丛林气息，在天涯的山巅，它不知道存在了多少年。

❶ 五指山间的野茶芽叶莹润而绿
❷ 新采回的野茶鲜叶正在萎凋
❸ 蒸汽杀青
❹ 野茶经蒸青后揉捻成形

白沙绿茶是一款生长在陨石坑中的茶，为了探访这款茶，我多次提前联系茶厂，对方都称没法带我们上山。千里之遥，来一趟不易，只能自己上山了。了解好白沙茶园的基本情况与路途，我索性自己雇车前往。最后乘三轮摩托"突突突"地辗转跑到牙叉镇农场四队，却是满目胶林。空气炎热见旱，白色咖啡花的香气也掩不住胶林前几天洒下的硫黄气味。因为天气干燥，山顶上的护林员需全天候守护。徒步到陨石坑顶，这是个数万年前留下的大坑，直径约3.7公里，坑中满是茶树、橡胶、芭蕉与咖啡。路旁可见赤褐之石，似乎留着星空失落烙下的旋涡，与田园静静对视。茶园甚广，有数十年的历史与曾经的荣耀，也有今时的彷徨。

天气干燥，热带的气候使茶树早早进入了采摘末期，低矮的茶丛有着顽强的生机，叶芽在阳光下似乎萎软下来，但每一年它们都在积聚力量。陨石的含铁量高，茶园的土壤就与众不同。对茶品而言，好的品质来源于生态良好的环境、土壤、工艺等，白沙绿茶的底质本来很好，但茶的味道并不单纯依赖土壤。

几年后，我有幸喝到过白沙另一家茶厂的有机绿茶，种植管理更加天然，滋味清甜、甘爽，一改我之前对白沙绿茶的印象。

行走茶山，最令人难忘的是至美而沉静的山林，可惜很多在经济热潮中受到影响。茶产业不能仅致力于量产与短时经济价值的提升，也应当让品质留存百年，他国的饮茶人才会为之惊羡。

白沙绿茶与中国大部分地区的绿茶一样，是当地人最常饮用的茶品，有细嫩的芽叶与热带的滋味。我们走访众多茶山，更多也是为寻访茶事所折射出的时代变迁与个体命运。

白沙县陨石坑里的茶园

云南

古老的茶山与梦境雨林

云南有以百亩千亩为计量单位的、蔚为壮观的古茶树林，成群上百年树龄的苍老古茶树，是这个星球上特殊的存在，是今天中国茶事的宝藏与骄傲。

云南的古茶群落又以西双版纳为最，在西双版纳，这里有最原始、最有内涵的茶山，三百年来，为这个世界流传奇妙的芬芳。云南茶事的兴盛与渊源，要从以倚邦为首的古六大茶山说起。古六大茶山，是普洱茶神秘与魅力的源流。

追寻古六大茶山

西双版纳州有热带雨林，有"植物王国"的桂冠，也有最经典的古六大茶山。听闻这些茶山的名字，都能联想到那些古老的历史，而古六大茶山优异的内在品质，从古至今都为人称道。早在清乾隆时期，进士檀萃就在《滇海虞衡志》里记载，"普茶名重于天下，出普洱所属六茶山，一曰攸乐、二曰革登、三曰倚邦、四曰莽枝、五曰

蛮砖、六曰慢撒，周八百里。"从地图上看古六大茶山，西面是攸乐（基诺）茶山，中间是革登、莽枝、倚邦、蛮砖茶山，东面是慢撒茶山，现在也称为易武茶山。

很多人知道古六大茶山，但对于象明乡知之甚少。古六大茶山里，除了易武和攸乐，其余四个茶山（倚邦、革登、莽枝、蛮砖）均坐落于象明乡。象明之名，取野象山与孔明山之意。六大古茶山，与诸葛孔明的传说息息相关。孔明山形如诸葛孔明的帽子。在那些旷野当中，茶是精灵，给人带来希望，也护卫着此地的族人与家园。

与易武相比，象明乡的茶厂并不算多。现在的象明乡倒像是没落的富家子弟，交通不那么便利的乡镇小而安静，很难想象出百多年前古茶山的繁华。街上人口稀少，多为彝族人，装扮与生活方式和汉人已没有区别了，唯一的一条大街十多分钟就可以逛完。茶给云南人的生活带来了巨大变化，但象明乡，似乎仍旧沉浸在它缓慢而宁静的生活当中。

从象明乡顺着公路再往北走，会先到达倚邦古茶山，从倚邦往西，就可以抵达革登、莽枝古茶山。许多古茶树，都藏于苍茫的大山里。数百年来，那些茶山的商旅与商号、族群间的战火、个体的爱憎都已经随着时光湮灭了，在这片苍翠的土地上，掩藏着许多不为人知的辛酸悲欢，那些每年依旧发出新芽的古茶树，见证着这里的风雨。

清晨的雾气弥漫在古茶山

倚邦的经典与骄傲

春分始，古老的倚邦茶山的空气中，有一阵阵茶叶快晒干时飘来的香气，像山里的野花香一样。这里的土壤草木、阳光雨露和风，隐藏在每一口茶汤的滋味中。从象明乡到倚邦的车程近一个小时，途中会看到稀疏的农户，屋前后种植着老茶树。拍卖行的百年号级老茶，都称是倚邦的茶青，七两一饼的老茶动不动就拍出一两百万的天价，却也极难考证它的真正年份与纷纭的茶号传说，而倚邦这个古老的名字，就从传说中走到了今天。

倚邦的故事可以写成一本书，这是充满传奇色彩的茶山。傣语中，"倚邦"即"有茶树有水井的地方"。从清朝开始，倚邦一直是六大茶山的政治中心。雍正十三年（1735 年）起，倚邦的土千总曹当斋成为六大茶山的总管，负责普洱贡茶的采办。"改土归流"的中央政策与"绿色长城"的意图下，边陲的古茶山站立到了事件的中心。

实际上，倚邦从明朝开始就已经有成片茶园。及至曹当斋在任时，六大茶山经济得到迅速发展，来自四川、江西、云南石屏等地的成千上万汉人涌入这里，植茶、制茶、建立商号。此后两百年间，繁华交织纷争。随着清王朝的衰亡，茶山也渐陷连连战祸之中。百年间，历经滇西战乱、日军侵华、族群纷争……许多茶号盛极而衰。

1942 年，倚邦老街发生了一场争斗，大火烧了三天三夜，古镇繁华化为灰烬，至今，在倚邦大街上只能看到坚守在这里的几十户茶商的后裔。

曾经雕梁画栋的倚邦老街，仍留着一条异常宽敞的石板路，可以想象当年车马喧沸的场景。街口还留着工艺精细的石狮子、石磨盘和不知名的石碑。离老街不远，是曼拱村寨。一些古茶树的胸径超

晨光里的倚邦茶林

炒揉好的茶叶就晒在竹匾里

倚邦老街上的老人和孩子

过 20 厘米，须用竹竿搭架才好采摘鲜叶。通往村寨的路上，时常会遇到几只骡子、黑而圆的"冬瓜"猪、大黄狗，相伴一处，躺在那儿晒着太阳。

倚邦老街的寨子在山梁上，有几户彝族人家，炒揉好的茶叶就晒在竹匾里，架于石棉瓦屋顶上。走在寨中，极目可见远山，鸡犬之声相闻。

古老的倚邦茶山，以中小叶种著称，其滋味可以用"香高、水细、韵长"六个字来概括。那些古老品种中，有紫梗红边，有细柳叶形，有铜钱般的圆形，另外有一种发芽就快速长成对开叶的小叶种，因其形圆尖而小，人称之为"猫耳朵"。猫耳朵是普洱茶中的奇异品种，新梢萌发后很快就长成对开叶，鲜叶厚亮黝黑，叶张只有一个手指大小，叶尖圆钝似猫耳朵。猫耳朵茶树很少，采摘极难，采摘效率只有其他大叶种的十分之一，一整天都难采到一公斤，成茶香高水细，味甜气足。因为稀奇，故这几年在市场很受追捧，价格高昂，只是叶形纯正者少有。倚邦山里还有叶形狭长尖小、锯齿细密的"鸡舌"品种，既珍稀又好喝。

倚邦特有的中小叶种，形似猫耳朵

外形独特的小叶种

密林里，茶与多种植物共生

从古茶树的类型来看，倚邦茶山既有主干直立的乔木大树，亦有低矮丛生的古树。有的苦底重，有的极甜柔，有的香高扬。幸存下来的部分古老丛林里，多依树下，油柿、滇黄精、野芒果、野石榴与茶园共生，茶下蕨类、紫云英与多彩的虫类王国及松软土壤中千万种微生物互相依存，这是美丽的茶世界。

老寨，茶的荣光

清朝阮福曾在《普洱茶记》中记载："厅治有茶山六处：曰倚邦、曰架布、曰嶍崆、曰蛮砖、曰革登、曰易武。"专门提到嶍崆和架布，并把它和倚邦并列为六大茶山，可见嶍崆和架布在历史上曾有着重要的地位。

一路陡坡，深山密林，家住嶍崆新寨的高世明带我前往寻访倚邦的架布老寨，他回忆道，小时候这里茶山有参天大树，植被更加原始。白花浓密的远山，遗失的架布老寨，惟有残留的被落叶与灰土掩盖的石墩、石磨、地基、古道。

我们需要不停地沿陡坡拨开荆棘，在早已长满杂草的伐木道旁，偶然还可以见到一人多高的茶树，地面的主干与树根连接处依稀可见，那是古茶树才有的径围。争斗、野火、疾疫、迁徙，让古老的寨子只留下残垣，茶树却很顽强，风化的岩层里也会扎着根，哪怕刀与火灭掉了枝叶，只要有根，它就要生发。

曾经，架布老寨茶山的收入可以养活几个寨子的人，茶叶珍奇的果香受人追捧。前几年，成为国有林的茶山很多茶树被人盗挖，留下一个个大坑。在那些早已不见人烟的芭蕉树林，或荫翳成片的竹林间，蚁虫正在忙碌。美丽的蝴蝶死了，成为虫蚁的美食。古道上的茶担也湮没在土里。我们看到或听说的故事，所理解的悲欢，俱各归其命。

嶍崆老寨接连架布，两者都曾是方圆百里的茶山，在这里连续步行五六小时，也只看到古茶山边缘一角。嶍崆的古茶树形态各异，大中小叶种并存。依赖着密林的护持，让一切生命存续荣光。

前往嶍崆老寨的狭窄土路只容得下一辆皮卡通过，不断有枝条打到前挡风玻璃，车底盘也偶尔被蹭到。经过一小时颠簸，到达路口，再步行片

曾经的架布老寨，现在密林丛布

嶍崆老寨的古老茶树

大黑山古茶树

刻，可见到一片生态优秀的古茶园。杂木草卉与茶共生，清凉之地灵芽甘润。若再往深山步行一两小时，还可看到更优美的茶园与古茶树。比起某些热炒之地，好的茶园应当更安宁。

从低海拔密集的橡胶林一直到高海拔的原始林，心情从沮丧变为喜悦。越往里走，原始的植被越让人乐此不返，空气也变得清甜凉爽起来。林中多青苔蕨草，上百年的茶树安静生长。若非采茶季，这里就静得只有清风流水的声音了。蓝天下的新芽有黄金般的色泽，采茶人安静喜悦，大树枝头，鸟雀啾啁，万物和谐。

除了嶍崆和架布，倚邦的麻栗树、大黑山、龙过河也都有成片的古树茶，此三地都是海拔高的小茶山，也是倚邦小叶种的重要产区。

从象明乡驱车还需要一个小时才能到达龙过河茶山。龙过河又称龙谷河，古茶园成片成林，颇为好看，茶树主干直径多超过 20 厘米，布满地衣苔藓。如果有人认为倚邦没有什么成片的古茶树，龙过河会完全改变他的印象。此处山路崎岖，但沿途林木秀美，藤萝滋长，花草遍地。龙过河的古树茶香高水细，更有老树茶独有的深沉气韵。

倚邦大黑山，据说是古六大茶山最早的主管者曹当斋家的茶园，又传说曹当斋为其妹妹留下贞洁牌

倚邦龙过河的古茶园

坊，又遍植茶树留至今天，算来有近四百年了。大黑山的植被更为原始，山高路陡、海拔达 1400 多米，2020 年开出的一条下山的机耕道，仅容一辆车子通过。车行无路后，还需要趟过溪流，避过荨麻，在密林里才见部分古老的茶树。这里鸟鸣层密，花草蕨类遍地生长，有高杆古树，也有经刀砍火烧几十年后又重新长出的大树。珍贵的大黑山古树春茶产量仅一两百公斤，可谓珍稀。大黑山茶有厚质，稠细的花香与滋味协调性极好，韵深长，在倚邦产区数一数二，并不输于曼松茶。

曼松王子脂粉香

在倚邦茶山，最有名的就是曼松茶，人们往往称曼松王子山的茶是慈禧太后喝过的贡茶。当年进贡的曼松毛尖，据说可以根根立于水中。曼松王子山的茶多为中小叶种，茶非常香，香气糯糯的像脂粉，汤感又细，韵味又长，茶味几乎不涩，所以很有个性，山头的识别度也高。

曼松寨子的房子也越建越漂亮，每家每户都会打出住址"曼松某某号"来证实自己的茶出处正宗。传说中的曼松古树茶非常难找，这里的古树大多被矮化过，这些年的新枝长高了很多，另有从嶍崆等地移植来的茶树，主干有碗口粗壮，采摘需要搭梯。移植来的茶树也会种在寨子的屋前屋后。稀缺并神奇的曼松古树茶，价格已高过冰岛古树茶而成了普洱茶中第一奢侈品。极少有人能够说得清曼松古树茶的滋味，但它就这样流传着。市场上流通的都是树龄不大的曼松茶，但能喝到属于曼松王子山的茶，就已经非常好了。这里的茶树长到二三十年就算是"大树"了。这几年，前来曼松寨收茶的人越来越多，有人会专门为了几两的古树茶叶子守候多天。

前往曼松王子山的路，过了寨子，早年须换乘摩托车上山，这几年已经修好了公路，不过路依然窄，弯陡处黄土飞扬。在长满破坏草和橡胶林的中途，溪流断了，土层裸露，人们会怀疑自己是不是走错了地方。气温越来越高，进山的人多，晒裂的路面却也磨得黝亮发光。再往里走，沿途可见开满白花的大树与象耳朵菜以及苦果，这是云南茶季最常吃到的野菜。王子山的植被随着海拔上升而增加，沿途红色风化岩石非常显眼，这样的土壤是曼松茶味的基础。正如《普洱茶记》中所说："又云茶产六山，气味随土性而异，生于赤土或土中杂石者最佳，消食散寒解毒。"

这里找不到水源，采茶季节只能背着几桶水到山上。据称山坡顶上就是当年的曼松王子坟，今天已经看不到碑石了，只能看到隆起的地表与周边的沟渠，一棵高大的松树上标注着"王 A2"，诉说着这里的过往。

革登和莽枝

从倚邦的公路沿西南方向行驶，就到了相邻的革登古茶山。半途从公路斜插往山林走十多分钟，有一块独特的石碑久存于荒野，这是乾隆皇帝为了褒奖曹当斋治理古六大茶山的功绩，特别颁给曹当斋的一封敕命，表彰其"材勇著闻""军政修明"，同时还表彰了曹当斋的妻子叶氏，"撷苹采藻，宜室之风"。我们拨开荒草，找到这个"九龙碑"，苍老的碑文记述了古老的过往。2016 年，敕命碑被移到倚邦古街，以方便保护。

革登是布朗语，意为很高的地方。据说，清朝末年，革登有棵茶树王，每年可以采摘五担（即五百斤）鲜叶，这是一个难以想象的数字。可惜现在空留巨大的土坑，老茶树园也较以前少了很多。

革登新发寨和新酒房，有成片和零散的古茶树园。这些百年的古茶树，茶青嚼起来有独特的清香。革登老茶树最多的地方是直蚌和茶房，至今还保存着

乾隆的敕命碑

三四百亩的古茶园，当地人习惯称它为"邵家大茶园"，据说当年从革登一直绵延到莽枝茶山，只是其中的故事也已湮灭了。

离革登不远处就是安乐村，属于莽枝茶山。这里的古茶园，颇为深密，连绵几个山坳。大的茶树，高达五六米，胸径也有二三十厘米。新长出的茶芽，嚼起来显得醇苦、清香，又能迅速回甘。我曾经喝过一款四月下旬才发芽叶制好的革登孔明山老树茶，香气低幽，汤感细而全面，微苦底，妥帖的身体感受在三道之后越来越明显，不张扬，却极有风骨。好茶的体验有时难与人道，很适宜独饮。古树茶直到十冲都没有舌面留涩的感觉，也是碳代谢表现出更多甜度的原因吧。

离安乐村不远，是历史上有名的牛滚塘，曾经是六大茶山的重要街市，也是显赫的普洱府所在地，如今再也不见昔日的繁闹，只有安静的岔路通向远方。

牛滚塘安静的岔路

蛮砖和攸乐

从莽枝回到象明乡，会经过曼庄村，曼庄也就是今天蛮砖古茶山。自古有"喝倚邦看蛮砖"之说，倚邦为中小叶种，而蛮砖为大叶种，尤其是蛮砖瓦竜的超大叶种，滋味更显醇厚有劲。内含物质丰富的蛮砖茶，经过一定年份陈储，风格饱满大气。蛮砖的茶山有八总寨、曼林、曼迁、瓦竜等，还有生态优异的桃子寨。八总寨的古茶园面积大，经历刀耕火种，大部分还没有被矮化。桃子寨的居民搬走后，茶园就成了国有林，因为生态好，所以价格最高。在蛮砖桃子寨的古树茶中，更能喝到清甜滋味，其汤水细腻饱满，喉韵深长。

攸乐也称基诺，与革登、莽枝隔小黑江相望，行政规则上属于景洪市。清朝时也曾在攸乐古茶山设立普洱府同知（六品文官），史称攸乐同知，负责整个地区的治安与茶山的管理。攸乐古茶山历史上曾有万亩茶园之说，后因战乱毁坏，留到今天的多为矮化的古茶园，价格在古六大茶山中偏低。当地的基诺族人有一些古老的习俗，比如边走路边纺纱线，他们会给外来的游客表演茶叶如何烤着喝和凉拌，只是这些离他们真实的生活越来越远了。

攸乐有龙帕（亚诺）、石咀、司土、巴飘等知名古茶村寨。在石咀老寨，我与基诺族的小伙子一同采摘过小树林里仅存的高杆古茶树，树姿苍老，为大叶种，为争取阳光直立向上。攸乐山古茶滋味甜柔细腻，陈放多年滋味亦醇厚甜美。

茶市中心易武

易武茶的产量在古六大茶山中占据优势，也是六座茶山里最热闹的茶山了。每年三、四月份，哪怕是因疫情限制车流的 2020 年和 2021 年，从易武镇到临近中国和老挝边境的刮风寨，也是车流滚滚，真可谓"江湖的中心"。易武曾经有许多有名的老茶庄，清末到民国时期出现的车顺号、同庆号、福元昌号、同昌号等，每一个茶号的背后都有许多波澜跌宕的故事，留给后人无限回味。

易武有"七村八寨"的说法，也是普洱茶的知名产区，七村分别是：麻黑村、高山村、落水洞村、曼秀村、三合社村、易比村、曼撒村。易武八寨分别是：刮风寨、丁家寨（瑶族）、丁家寨（汉族）、旧庙寨、新寨、倮德寨、大寨、

刮风寨溪流与群山

张家湾寨。现在易武茶山越来越细分出小产区，如茶王树、铜箐河、薄荷塘等（分别位于与老挝交界的刮风寨、瑶区及曼撒周边的小地块产区），这些小产区分布在不同的村寨里，总体来说生态更为原始，但古茶树稀少，价格高昂。

易武给人印象最深刻的，就是这里的手工制茶技艺的传承，满目所及，皆是石磨、手工炒茶用的炒锅，还有揉捻用的竹匾。易武小学旁，原来的关帝庙改成了古六大茶山茶文化博物馆。从那些旧物中可以看到当年马帮在风雨里的艰辛，当中有马队，也有牛队。茶马古道上的所有茶品都用棕蓑衣包着的，保藏上非常讲究，否则茶受了潮，是要霉变的。

易武落水洞的茶甜柔有蜜味，公路旁曾有一棵据称七百多年的茶王树，茶树高达10.33米，茎围1.06米，异于普通的茶树，曾经是易武古茶树的经典符号，主干苍劲有力，只是树身略有些倾斜，可惜在2018年，因为干旱等原因枯死了。

麻黑村是易武很重要的茶区，据说是因为火灾烧黑寨子之故而得名。这里古茶树成片，是易武茶的重要代表，很多的古茶树都被矮化台刈过。麻黑茶条索黑亮，香扬水柔，滋味甜美，有典型"冰糖味"或"蜜味"，早年价格高昂。

在高山村，还保留着最天然的成片古茶林。这里只有三四十户人家，就像云南大部分地方一样，村寨的路旁满是开着细小白花的飞机草，又称"破坏草"，是耐旱的外来物种，当雨林越来越少时，它们顽强成片地存在着。木屋墙外的篱笆用黑色的尼龙网布遮拦着，阳光白花花的，风卷起地

易武的高山村彝族人的茶园

上的塑料袋，空气中有一种独特的味道。我们来的那天正巧是彝族人祭拜祖先的节日，寨子将茶林用彩布彩旗布置了一番，准备祭拜他们的茶祖。这是易武少见的保存相对完好的古茶园，茶林繁茂，芽叶滋长，有金黄的落叶堆满林中，美丽的彝族女孩盛装而来。

从麻黑再向往里走，就是老慢撒古茶山，在清朝中后期，古茶山年产万担，有三百多户人家，为茶叶重镇。只是今天的老慢撒，能找到的古茶树不多了。清末至民国年间，老慢撒陆续遭受过三次大火，居民尽迁，古茶园毁坏殆灭，这里也成为荒野，茶叶生产的重心遂移至易武镇上。

冒险探寻茶王树

据说，来易武的一百个人中才有一个会去看茶王树，因为路太艰险，需"冒死"前往。

2015 年春茶季，我与在易武茶山初识的韩国的金先生一道前往茶王树。乘坐"摩的"过了麻黑寨、大漆树，再转过一座石桥，就进入另一番原始密林之境。空气一下子变得清冷，蜿蜒的溪流与重叠的群山，植被原始而茂密。在云南，低海拔的茶山会种上橡胶树，阵势令人感慨。橡胶树在种植中要使用大量的硫黄类农药，加上自身释放的异味，这样的环境实际上不会出好茶，与教科书所说"胶茶套种"的理论正相反。临近刮风寨的茶王树，因为拥有原始生态，茶喝起来非常甘甜，在市场上也很有卖点，小树茶都可以卖出别的茶山大树茶的价格。

茶王树就生长在原生态的环境中

　　载我们上山的王师傅车技很好，他自称是易武最早开"摩的"的一位，却对这里很陌生。摩托车行驶过的地方，立马灰尘连天。公路通往刮风寨，另一条上山的小路通往茶王树。土路只余一人的宽度，摩托骑起来难度更大，两侧或有陡坡。最后一段路通到森林里，大树蔽日，落叶满地，阴凉而安静。因为路面滑，坡度大，摩托车还经常熄火，王师傅感慨，走过一次就不想再走第二次。

　　我们从林子里往上寨走，来回约需两个小时。此时，已到海拔1400多米处了。过了山顶，再横跨一条两边密布野生芭蕉的溪流，就快看到那些最古老的茶树了。刮风寨小杨家的古茶树总共也就十多棵，大多已被北京或上海的老茶客预订好了。茶王树的茶树并没有我想象中的高大粗壮，却因为地处深山，并且是整个地区最有树龄的茶而特别珍稀。

　　虽然名叫茶王树，实际上这里并没有多么高大伟岸值得骄傲的茶树王。据说几十年前，一群茶学研究者根据茶山老人口里所述的茶王树，寻觅到这里，路再也难走，遂把此处称为"茶王树"。

　　刮风寨的小杨这几天就住在山里，床铺搭在棚屋的横梁上，只有一床简单的被絮，除了做茶，自己还要生火造饭。"白天很热，晚上的时候这里可是很冷的。"我们自己试着在山坡上寻找大茶树，踏过荆棘，却遍寻不见。后在小杨的带领下，才见到这些古茶树，有的树干有一人腰般粗，长势还算好。"茶树这几天才刚刚发芽，再过三两天就可以采了。"年龄不大的小杨眼中有光，充满期待。

回程途中，摩托车也熄了几次火，但总算是顺利下山了。到岔路口已经是下午四点多钟了，我们继续前往刮风寨。

刮风寨确实不同凡响，我们甫到寨子，就一阵大风，但见满天黄尘，遮眼蔽日，怪不得有此名字。寨子里，牛羊在溪里饮水，孩子们在桥上嬉戏，人们皮肤晒得黝黑。

刮风寨这几年名气越来越大，喜欢易武古树茶的茶客，总会想方设法弄到一点刮风寨的茶。刮风寨的茶，甜细甘美而力道足，个性颇强；古树茶的滋味细腻饱满，是更宽广的冰糖甜，韵深长。但市面上往往用拼配小树或周边的茶青冒充，刚冲泡时还显甜柔，泡到三四道后，茶汤会薄沓无力，舌面涩紧难化。

茶王树里的古茶树

勐海茶山大叶种的甘醇芬芳

云南有新的六大茶山，包括布朗山、勐宋、南糯、南峤、巴达和景迈山，前五座都在勐海境内，如今最有影响的还属布朗山。

云南茶的种类相当多，中山大学山茶属分类学家张宏达教授把西双版纳州的茶分为普洱茶（C.assamica）、茶（C.sinensis）、勐腊茶（C.manglaensis）、多萼茶（C.multisepala）、大理茶（C.taliensis）、苦茶（C.var.Kucha）、滇缅茶（C.irrawadiensis）七个种或者变种。实际上，普洱茶细分的茶树品种，会远远超出这些。

布朗山 班章为王

位于勐海县南部的布朗山乡是全国唯一的布朗族乡，布朗族的祖先是云南种茶的民族古濮人。布朗山是古茶山的典范，拥有近万亩古茶园。这个区域的茶叶茶气足、茶质好、名气也大，其中尤以老班章为最，有王者之称。新班章、老曼俄、广别，都分布在这个区域内。

老班章是云南古树普洱的一个经典，年年引领行业的风向，也是人们寻访茶山的必去之地，与冰岛、曼松、新兴起的易武薄荷塘等地，成为奢侈茶品的象征。

往老班章的路越修越宽。2018年，陈升号入驻班章村满十年后，一部分茶农不再续签合同，开始自制自售，来自各地的茶商更多。纯正的老班章古树茶中正浑厚，苦与甜极协调，回甘迅速且持久，被称为"王者之茶"。

清末有中国坦洋，现今有中国老班章，从国外寄回来的

❶ 老班章古茶园
❷ 布朗山，阳光
下的晒棚

信，地址只写这几个字，估计都能收到。老班章的寨子更加现代，年轻一代有自己的想法，包括更好的跑车和更远大的理想。

从勐海县城不到一个小时车程就能到达班章老寨。2000 年以前竹木结构的哈尼族寨子，现在全部用上了水泥钢筋的材质，建到四五层楼，外形仍旧是哈伲屋舍的风格，屋顶搭建成普洱茶的晒棚。

在内地，即使花一两万元买一片老班章茶饼，也不敢确认就是纯料的古树茶。在一些人心目中，老班章的特征就是滋味浓重，认为喝下去苦涩味重得不得了，这是对老班章的一种误解。真正的老班章，因为内涵物质丰富，因此香气饱满，茶汤醇厚，苦和甜的协调性特别好，滋味饱满醇细，几乎没有涩感或入口涩感即化，汤感细润、韵味长，生津回甘迅速，这些回甘甚至可以持续两三个小时。有一定茶龄的爱茶人，很容易在老班章的古树茶中喝到那种从口腔到身体的冲击力。

老班章村属于布朗山乡，有 124 户村民，每家每户都会将自己的户号用大字

黄金一般的鲜叶

老班章茶更注重理条的工艺

标记在大门口，以方便更多人记住他们，只是这些户号并非连续排在一起，找起来没有规律。这里的海拔约 1800 米，土壤为黄棕壤，部分地段为黄壤，古茶园面积 4490 亩。老班章村寨是爱伲人的居住地，爱伲人是哈尼族的分支，热情勤劳，女人是家里重要的劳动力。爱伲人是父子连名制，比如"三"字是父亲名字的最后一个字，儿子就会以"三"为名字的起头。

阿布露说，20 世纪 90 年代初，他们家还要赶着毛驴到版纳去卖茶叶，那时候的鲜叶也就是几毛钱，真是今非昔比。老年爱伲妇女还是喜欢穿着她们的民族服饰，年轻的女孩也有一些嫁到外面去的。随着越来越多的商业交流，对于外面的世界，爱伲人已经全然不陌生了。

老班章寨子里那些古老的群体种，个性丰富，有的苦味显、有的甜味足，不同地块上的茶味还有一些区别：黄棕土上的香气更高，植被多的地方滋味更细，不同的区位与朝向对茶味的影响也大。

来老班章收茶的茶商相当多，到了四月上旬，来的人还会更多，人们说，那是因为"中国只有一个老班章"。最近几年，更多大品牌的茶号入驻老班章，因为它是普洱茶中的标杆，商业上不可能错过它。还有一些常年来收茶的个体或玩茶人，茶季的前十多天就在这里住下，为确保原料的纯正，"盯采"也成为常见的做法。

老班章茶王地上的古树茶连片。或是为了避免游人爬到树上随意采摘，寨子的"茶树王"周围用砖块和铁门围砌起来，再后来又修建了架空的游客栈道，人们都要来看看茶树王，但它这几年的长势似乎越来越衰弱。我们的身边，有第一次前来老班章寻茶的年轻茶客，带着朝圣般的心情，而经常来茶山的人，则情绪复杂。

从老班章村口，有另一条路通向新班章。

新班章的茶，相对来讲，滋味又柔和了些。新、老班章茶味上的区别，除了有树龄上的差异外，更与土壤气候等条件有关。新、老班章同属班章村委会，古茶园却主要是分布在老班章寨子周围及附近的森林中。新班章只有 70 多户人家，古茶园面积 1380 亩。

从新班章再往里走，就可以到达曼俄老寨。老曼俄是布朗族人的寨子，老曼俄的茶非常有个性，它的苦显得温和美妙，会留在喉间十多秒，称"苦韵"更贴切，苦化后的回甘令人愉悦。布朗山其他寨子另有苦茶种，但苦茶种的苦是入口即苦，苦而不化。许多人喜欢老曼俄的茶，并不是因为它的甜，而是因为它的苦。人们还把老曼俄的茶分成"苦茶"和"甜茶"，老曼俄的苦茶比甜茶价格还略高一些。

老曼俄的布朗族人也信奉南传佛教，寨子里的那座佛寺与农家显得很和谐，古茶园就在佛寺旁边。在老曼俄的村寨，有劳动的少女，玩耍的男孩，更显静谧祥和。

贺开山 古树成片

从勐海到老班章寨，先要经过贺开和邦盆，贺开和邦盆在行政上同属于贺开村委会。贺开村的古树主要分布在曼弄新寨、曼弄老寨、曼迈、邦盆老寨等几个寨子里。

贺开山古茶虽然多，树龄也大，却没能卖出最高价，或与土壤关系更密切，贺开山古树的风格不如老班章那样浑厚中正，也不像老曼峨那样有个性。

拉祜族老妇人正忙着采茶，小男孩裸着身子，包裹在老奶奶背后的布袋里，天气很晒，有苍蝇围叮着孩子，大女孩的眼睛很大，看到我们，就赶紧拉着奶奶的衣角。

拉祜族人不和陌生人交流，一是语言不通，二是由于一直以来的生活习惯，特别是老人，不管我们说什么，都不做什么回应。

曼弄老寨里的一位拉祜族老人正在制茶，他的手腕上系着白色的带子，皮肤古铜色，皱纹刻满脸上。在刚垒不久的炒青斜锅上，他用两个木头叉子炒茶。只有两位老人在家，年轻人已经出门。

正在晒干的普洱茶

　　从贺开再往前走，就到了邦盆，邦盆虽然属于贺开村委会，却与贺开古茶园遥遥相对，邦盆与布朗山的老班章茶山相邻，也可以说同属于布朗山茶区，有人称它为"班章的兄弟"，邦盆的平均海拔比老班章低 100 米。相隔如此之近，邦盆的茶价却不到老班章的一半，这就是土壤、品种、气候"天生"所决定的。邦盆的茶滋味醇厚，花香显，苦涩弱，回甘生津持久，滋味上没有老班章那么强烈。

南糯山与巴达山的茶王树

　　南糯山的古树茶价格并不高，自从二十年前，那棵"八百年的茶王树"衰亡之后，这里似乎安静了很多。半坡老寨是南糯古树茶最有影响的一个寨子，因为交通便利，茶季前来收购毛茶的人群非常多。南糯山又有了新的"茶王树"，采摘这天，从北京、广州等地赶来的收藏者，已经早早候着收茶，因为整个南糯山只有这么一棵"茶王树"，自然要受追捧，哪怕价格极高。途中我曾遇北京一位制茶的朋友，他很"大气"地说，在这些茶面前谈钱，就太俗气了。或许正因为这样，几乎每个村寨，都选出了自己的"茶王树"。

巴达山，也曾经因为有一棵据说有 1700 年的茶王树而备受关注，然而这棵古老的、令人尊敬的老茶树，也与南糯山茶王树命运一样，在 2012 年 9 月的一个雷雨夜晚，轰然倒地。

在云南的古茶山里面，原始森林本就不多，追求古茶的热潮，本可以转化成对生态的重视与保护，只是商业的发展，让一些原本很原始的地方，渐渐也变得车水马龙起来。

在巴达山茶王树的旧址上，人们要建一个石碑。我们与巴达山贺松村的村长一道奠了薄酒，他们在祈祷风调雨顺，而我却在忧心，我们什么时候可以停止对自然的伤害。

名茶山的寨子几乎都有各自的"茶树王"，但它们的命运似乎都不怎么样。这不仅和茶树本身树龄的极限值有关，更与人类活动紧密联系。合理的养护，去除寄生的地衣苔藓和天牛等害虫，充足的水分与天然养分，都是技术上的事情，原生植被与美丽山林，才是我们应该关注和祈祷的方向。

在古茶山的一些低海拔地方，在 2000 年之前为了发展经济，种了大量橡胶林，胶树下的茶，价格低且难卖。近年，橡胶价格惨跌，很多胶农都请不到人采胶，有些地方又开始推广坚果和药材种植，植物间根系的拮抗作用使茶味变涩，制茶的茶农也会担心茶园的生态环境，因为只有多元的生态才有好茶。

简单而艰辛的普洱茶工艺

很多云南茶人并不喜欢把普洱归为黑茶类，还和广西黑茶合称"滇桂黑茶"。人们认为普洱应该成为一个单独的茶类。普洱的工艺看起来简单，要做好却不容易。云南很多地方炒制毛茶时，手法也比较随意，所以过去曾把有烟味的茶当成是某个名山名寨的特征。早期的农家在烧菜锅里用木叉翻一翻，就算把茶炒好了。用晒过酸笋的竹篾来晒茶，出来就有酸笋味。农家制茶空间小，在第二天晒干之前往往把茶厚堆在竹筐里过一晚，茶汤就多红变。

普洱茶在采摘之后，稍加摊晾，就可杀青、揉捻，最后晒干，整个流程看起来比需要两炒两揉的绿茶还要简单，但其中有很多细节。首先要注意的是采摘环节，鲜叶如果在采摘或摊晾时压到嫩梗或叶脉，或日晒风吹导致叶尖急速脱水，就会走水不畅而积青，鲜叶量大时，更容易遇到这些问题。

杀青是普洱制作中最关键的工序，山里常用柴火锅手工炒，滋味更为清爽，

鲜叶准备炒青

有活性。手工杀青的工艺实际上是很讲究的，温度高了茶叶要焦，温度低了又会出现红梗。炒青时"先干后熟"与"先熟后干"及闷抖抛翻的手法组合，适用于不同含水量与品质的茶青，茶炒熟是基本功，"生普"并非是要炒得又生又青。

为了茶有更高的品质，手工炒茶的工作就马虎不得，春茶季节，炒茶师傅一天要在高温的锅边连续炒上四五个小时。哪怕戴手套，炒茶人的手上也会起泡，对着高温的灶炉，春茶、雨水茶、谷花茶，一年八九个月都常在灶火的烘热中。

杀青之后的手工揉捻多用团揉的方式，由松及紧，再松，揉捻后需要有一定的堆放时间，摊的厚薄各地制法略有不同。当天采摘的鲜叶一般在傍晚才会到初制厂，茶季忙时杀青往往要延至凌晨，揉捻后就可以摊放一晚上，第二天一早再利用太阳晒干。

晒青亦讲究，晒的时候茶叶最好能摊在竹篾上，这样能留住茶香，如果直接堆在水泥地上，既不够卫生，茶香也损失很多。如果摊在塑料布上，水走不透，还可能带上异味。一天就能晒干的普洱茶香气与滋味更为清透，遇到阴雨天气，就只能慢慢晾干。至今我们还想不出什么更好的方式，能如此便捷地利用阳光的紫外线，完成普洱茶最终生命的转化与定格。烘干和阴干总会少很多东西，在西南边陲高高的山林上，阳光火辣有力，又博大慈爱。

晒青后的茶还只是毛茶。此时有很多茶商上山收这样的毛料，挑梗去掉粗老的黄片后就是普洱生茶了，当然还可以进一步蒸后紧压成饼状或砖、沱等形状，这样的生普喝起来汤色金黄透亮，花香浓密。普洱生茶讲究后期的转化，经多年后，香沉味醇，入口更有化感，这也是茶的生命在时间流逝之后的再一次升华。

① 普洱茶的炒青
② 灯火通明的夜晚，是普洱茶季的常态

　　勐海是渥堆发酵熟普的"圣地"，据说得益于勐海特有的气候与菌种。现在，有更多年轻一代加入到熟普制作的行列，也正因为如此，除了大堆发酵，越来越多的人开始采用离地小堆发酵，前者发酵更熟更透，后者可以针对量少的某个山头古树熟普进行定制。

　　熟普需要在生毛茶的基础上，经过多次洒水渥堆、翻堆、晾干等工艺，约5～7天翻堆一次，总时长约一个半月。其关键环境在于堆温的掌控，尤其最初几天要尽快让堆温上升到55～60℃，让有益微生物充分参与发酵，避免杂菌进入。干净有品质的熟普，必定汤色红浓透亮，香气转化成好闻的菌香、木香或枣香，汤感滑化有稠度、生津回甘，叶底有活性。

　　晒青茶有独特的阳光味道，有活性，后期转换就非常好。相比机器压饼，许多老茶客更喜欢石磨压的饼，因为饼边缩得好，气通，茶的后期转化也会好。

　　2019年，云南省的普洱茶产量为15.5万吨，古树茶常年在3000吨左右，常在茶山的人都知道，真正意义上的古树茶所占的比例极为稀少。在茶区，新植小树或台地茶因为树龄小，滋味偏涩，价格低，每公斤鲜叶的价格不到古树茶的十分之一。即使是矮化的古树茶，价格往往也只有古树茶的两三成。从茶叶内含物成分上分析，在茶叶浸出物、茶多酚、茶氨酸含量上，古树茶比台地茶或小树

❶ 正准备翻堆的熟普
❷ 有品质的熟普具备
　清和醇的特征

茶并没有多出多少，甚至还略少，明显多出来的是糖分和果胶质一类。因此，古树茶更甜美、有稠度、滋味协调，韵深长，多有喉韵，十冲也不苦涩。树龄小的、多行密集种植且每年需要矮化修剪的台地茶，滋味集中在舌面前半部分，没有古树茶的韵味，鲜爽之后随即涩口，涩不易化，甚至麻口。在后期的转化上，古树茶也表现优异，入口甜度高，滋味醇厚协调，韵深长，回甘迅即。对于树龄的感官审评很细微，二者之间的品鉴不仅从外形和香气，更要从汤感的饱满度、细润感、耐泡度、回甘韵味、体感等角度来鉴别，这些都是很重要的切入角度。另外从采摘时间看，春茶季最早（三月中旬）采的几乎是小树茶，随后发芽晚的古树茶几乎要三月底四月初才相继开采制作。

　　我相信，古树茶真正的美妙之处在于它的生命力，人的生命活力来源于大自然，尤其是有健康活力的土壤和土壤上那些更有生命活性的蔬果稻粱等作物。在实践中，尤其这十多年来，茶界也越来越懂得古树茶的价值所在了。

因茶而名的茶乡普洱

普洱市原称思茅市，2007年更名，这是一座因茶而名的城市，也是茶园面积最大的市。这里有3540万年前的宽叶木兰（茶树始祖）化石，也有被称为活标本的千家寨"茶树王"和邦崴过渡型千年古茶树，成千上万亩的古茶园，让普洱市与普洱茶的名字紧紧联系在一起。

普洱市辖1区9县，分别是思茅区、宁洱、墨江、景东、景谷、镇沅、江城、孟连、澜沧、西盟。在普洱地区广袤的茶山，珍藏着许多传奇，诸如千家寨、困鹿山、景谷、无量山、景迈、邦崴等，都是普洱茶中的名山名品。

景谷的茶马古道与云天之地

当年，茶马古道上的马帮因为战乱等原因，无法到版纳的古六大茶山购茶，很多茶叶就在景谷采购运输。清末，景谷的茶影响变大，政府和乡绅多方鼓励茶叶种植。后期涌现的商号和成熟的茶产业，留下的古老茶树，在今天都成为重要的资源。

景谷位于无量山脉西南侧，澜沧江横贯而过，这是一个地理气候条件很适合茶树生长的地方。1978年，中国农业科学院曾在景谷发现了距今已有3540万年的宽叶木兰化石，故又称"茶种始祖"之地。

民国初年，景谷区大量涌现私营茶庄，而景谷街成了景谷、景东、镇沅三县的茶叶交易中心。每当春茶上市，这里马帮云集，周围茶区如振泰、塘房、民乐、钟山、凤山等地的茶叶，都纷纷运到这里销售，市场人声鼎沸。

今天，就在景谷县的景谷乡，又称"小景谷"的这个地方，就有苦竹山、文山顶茶，周边有黄草坝、秧塔等各种有个性的山头茶，文山上的古老大石寺伫立天际，与这里清净甘醇的茶味同样让人难忘。

景谷县民乐镇大村秧塔社有四十多户人家。这是云南大白茶的发源地。清朝年间开始的这片古茶园，芽头极为壮硕，满披白毫，可制普洱，白茶等。景谷的大白茶树形态各有差别，人们把它分为九个品种，有母本、红梗、黄芽等，茶园

景谷大白茶的芽头壮硕多毫　　景谷大白毫外形漂亮

也还有很多勐库大叶种。当地协会或合作社制作的古茶树名录记录有六百多棵，古茶树现在也多为各茶企品牌承包。茶园管理这几年更侧重松土、修剪等方式，长势甚好。

好友唐望在秧塔种茶，一晃也十余年了，最困难的时候，茶卖不掉，价格低，令他很绝望，但一路也这么坚持过来了，他有很多管理茶园和制茶的体验。长满蒿草和绿草的茶园，自然和谐。唐望尝试用当地的大白茶，做了六大茶类，有红茶、绿茶、白茶、黄茶，居然也有乌龙茶，那一次，我们一直喝到凌晨，喉间回甘长久。

这里的茶多制成大白毫的生普和月光白。"月光白"名字好听，制作并不那么浪漫，并非在月光下制作，而是以室内萎凋干燥为主，与福鼎白茶一样，不揉不炒。用云南大叶种原料制作白茶，至少需要萎凋72小时以上，多在5~7

正在萎凋中的景谷大白毫

043

天，秋茶萎调甚至长达 10 天，最后阴干，阳光好的时候也晒干，也有用低温烘干。景谷大白毫的干茶芽毫漂亮，清甜，香高味醇，韵味长，市场销量近年见长。新茶有花香，多带青草气，微苦底，能回甘。年份更长的古树大白毫，更能转为蜜香，汤色橙红明亮，滋味甘醇可人，韵味尤长，偏向宽广厚实的风格。

在普洱地区的宁洱县和景谷县交界，古茶树散落山间，1600 多米的海拔上，有名的困鹿山古茶园，还有 400 多棵古老的茶树。也有人称它为皇家茶园，但未详进贡的考据。来到这里，可以看到古茶园茶树的品种多，大中小叶都有。这里地势宽阔，古茶树多而高大，景观好，生长繁茂，香高味醇，价格亦高。

景迈，云雾深林里的绿

景迈据称有万亩古茶园，茶味很有个性。有人特别喜欢景迈的茶，缘于它独特的兰花香与蜜味。景迈山的傣族和布朗族人崇尚天地，祭拜仪式中充满了对自然的敬畏。

老茶人何仕华先生对景迈山古茶园有着很深的感情。他忆及 1965 年的时候，景迈山的古茶林"非常漂亮"，古茶树可以几人合抱，在原始的生态中成片成林。1985 年，景迈山的古茶树大量被砍，只是为了种上更值钱的甘蔗，茶林以一千亩、两千亩的速度在消失。身为思茅地区外经贸局的干部，他赶紧上山制止，焦急地讲述如何保护古茶树。景迈山在后期停止了砍伐古茶园。2005 年之后，云南的古茶树普遍被人认可，短短十余年间，古茶树已成了珍稀的资源和人们竞相追逐的珍品。

云南还有更多的古茶山，当年数千亩的古茶林尽被矮化或台刈，或种上新推广的良种，这都是一个时代的印记，身处洪流，人都概莫能外，何况茶树。

古树茶的滋味甜顺，有气韵，很多人未必喝得明白古树和小树的区别，更不用说能鉴别各个山头了。或许是受潮汕一些母树单丛单株制作、单株销售的影响，云南在 2010 年后大量出现单株古树茶，并渐成市场流行态势。有茶味浓烈单纯的单株，也有茶味薄细单一的单株。这是市场渐趋成熟后的细分产品，与普洱茶的拼配工艺看似对立，实际上却是市场细分的需要。

从版纳往景迈山的路非常好走，班车很多，亦有航班直达县城澜沧。景迈的古茶园由景迈、芒景、芒洪、翁居、翁洼等村寨相连而成，通称景迈茶山。这里海拔在 1000 米以上，高大的红椿树与木姜子树，蕨草与兰花科植物与茶树共生。清晨云雾深笼，这片茶园也是傣族和布朗族人的骄傲，他们相信人与天地应该和

景迈山的大平掌古茶园　　　　　　　　　　　景迈山上的采茶人

谐相处，万物皆有性灵。在很多茶山被热炒之际，景迈茶还是保持着中等的价位；在很多古树茶不让人信任时，景迈茶却依旧散发幽幽的兰香。

景迈在傣语中是"新城子"或土司官驻地的意思，镀金的石塔高耸入天，大寨的佛寺使这里平添了更多祥和与安宁。傣族人有自己的文化与信仰，自古以来，他们的部落首领都是世袭制，傣族人信任他们的头人。岩三永是景迈村的村委会主任，也是最后一任部落首领叭康朗晒恩的孙子。岩三永做的景迈古树茶已经远销四海内外，他说："景迈茶有独特的兰花香或蜂蜜香，这是因为景迈山的山水。"景迈的傣族人相信，因为这里的兰花树，使这里的茶也染上了独特的花香。这里的古茶树一山连着一山，满山遍野的茶林似乎望不到尽头。由于生长年代久远，茶树老态龙钟，奇形怪状，每一株古茶都饱经风霜，傲世独立。

岩三永的大女儿叫南共，大学毕业后就从北京回到了景迈山。每到春季，南共就开始安排人员采茶、制茶，太阳光

时常出现在景迈山间的云海

云南

把她晒得很黑，但是不管多累，年轻而温和的她也依然微笑着。

古茶树就在路边，尤其在大平掌一带最为特别。景迈茶林里的古茶树从不需要施肥，完全保留其自然生态面貌。南共说，她小时候，这些茶树就这么大，她爷爷说过，他们小的时候，茶树也是这么大。他们称茶为"腊"，收茶的时候，就喊"腊博"。除了茶，寄生在景迈山古茶树上的兰科植物"螃蟹脚"也很有名，因为性寒可以解毒，晒干的螃蟹脚能卖出好价格。这两年，采的人多了，就变稀少了。事实上，寄生的"螃蟹脚"会长在几十年的茶树上，也会长在其他杂树上，并非只在古茶树上生长。

中国茶山行记

布朗族的茶情结

　　2012年春茶季，年轻的布朗族小伙子岩三带我前往芒景寨，我们要去拜访布朗族的长老苏国文。苏国文就住在芒景寨的帕艾冷寺，帕艾冷是布朗族的祖先。传说他带领族人迁徙到这里时，惊叹此地物华天宝，并在此安营扎寨。临终时留下遗嘱："我给你们留下牛马，怕遇到灾难死掉；给你们留下金银财宝，也怕你们吃光用完；给你们留下茶树，让子孙后代取不完用不尽。"在布朗族的《祖先歌》中唱到："帕艾冷是我们的英雄，帕艾冷是我们的祖先，是他给我们留下了竹棚和茶树，是他给我们留下生存的拐棍。"

　　布朗族是古濮人的后裔，也是最早种茶的民族之一，他们相信万物有灵。我来的这天，布朗族长老苏国文一袭黑衣，绿色的茶叶徽标织在衣服的胸口处，正在检查头天做的茶叶，说是茶工没做好，要把包装袋打开再返工。他特别认真，毛茶的包装袋上写着每一户人家的名字与采摘时间、数量。他说，要保证从这里出去的每一袋茶叶都好喝。

　　苏国文介绍，芒景的布朗族人视古茶树为生命，让其自然繁衍，用茶籽种植，注重生态，依赖虫子的天敌与人工防御等措施，不施用农药化肥。苏国文说："一千年前老祖宗为我们留下林下的古茶，我们为什么不给一千年后的后人留下茂林与大茶？"

　　在这一带，古茶树遍布于整个树林里，采摘茶叶的布朗族妇女都穿着传统服装，戴着红色的头巾。

　　2021年春茶季，我来访芒景，时已78岁高龄的苏国文老先生，思维依旧敏捷，"最坏的是人，最好的也是人"，"那么多山头炒茶王，古茶树也害怕吧"，

作者与布朗族的长老苏国文在一起

"不要老是追求古树，生态好、植被丰富，才最重要。"

商业的力量非常强大，逐利的手法也花样繁多。在许多地方，只要是古树都能成为单株，因为单株价格更高，有些地方的单株，实际上成了十几、二十几株的混合。

在景迈的大平掌，一些树势已经苍老了，在这苦又迅速回甘的兰香之叶里，依赖自然的恩赐，依旧清净有厚质。人们追求顶级的好茶，但因为没有真实认知，事实上成为名气和概念的跟风者。

那一盏茶汤里，需要有敬畏、有真实，之后才有美。

在景迈山，糯干寨和翁基寨等村落即将成为非遗保护的古村落，那里也有不少的古茶树。糯干的傣寨更加古朴，寨子的竜树高耸伟岸。

夜晚的景迈大寨，佛寺的喇叭传来念经的声音，安静、祥和。紧接着，又是一位老人浑厚的声音，通知寨子里的老年人开会，这就是他们的生活。

晚上十点多的时候，雷声阵阵，看起来要下大雨。清晨醒来时，雨已经停了，空气更加清冷，水泥地板上还有一些潮湿。晨曦，傣寺金塔映着蓝天，傣寨的屋舍毗邻，远山层叠碧翠。离开景迈，车子行驶在半山腰，忽见雾气浸满整座山谷，半山云海将山与树笼罩进白茫茫的世界里。山林迷蒙，景迈古茶滋长，朝阳中的茶山，是这片土地的希望。

邦崴位于澜沧县富东乡，地处澜沧、双江、景谷三县交界的澜沧江畔。清末，邦崴就是当时生产普洱茶的六大茶山之一，是重要产茶之地。邦崴村海拔 1900 米，居民以汉族和拉祜族为主。

从农业发达、交通便利的上允镇出发，约一个小时就能到达邦崴，山路略窄。邦崴有数百亩老茶林，据称千年古茶的"邦崴古茶树"是迄今全世界范围内发现的唯一的古老过渡型大茶树。这棵茶王树高大伟岸，独立于山坡一高坪，树高 11.8 米，树幅 8.2 米 ×9 米，最大干围 358 厘米，被誉为"茶树进化的活化石"。1997 年 4 月 8 日，国家邮电部发行《茶》邮票一套四枚，第一枚《茶树》就是邦崴的这棵古树茶。

除了茶王树，邦崴还有很多古老的茶树。因为古老又高大，很多茶树都可以制成单株，和潮州凤凰单丛一样，真可谓一树一味，大的古茶树可制干茶五公斤以上，小的亦有一两公斤。松厚的腐殖土更利于古茶树的生长。

从鲜叶可以看出，邦崴的野生茶没有毫，叶芽极深绿油亮；栽培型的大叶种毫大而肥；过渡性的少毫，叶油亮。

我有幸喝过邦崴的 1 号茶王树和 3 号茶王树产的茶，同为过渡型，更容易出现兰花香，树龄够大，全程没有涩底，只有甘甜，汤感细腻、滋味饱满，喉韵显，体感强。另外，那些古老的邦崴栽培型大叶种古树，成品茶香甜、质重、饱满，舌面与上腭中后段微苦涩、能化、香高味醇。而野生古树茶水路细腻，在兰花香的同时，汤感略单调，体感更显。

邦崴的古茶树

千家寨的茶王树

千家寨属于哀牢山脉，自然景色宜人，植被非常茂密，在海拔 2000 米以上的高山上，山茶花开得浓艳，野生茶树长满青苔。此处空山寂静，常见千尺飞瀑。参访茶王树，须先向当地管理部门申请通过，在哀牢山自然保护区的千家寨保护所，由工作站的人员带领才可进去。越往山里，大茶树越多，每一棵都有编号。这些茶树枝干挺拔，高耸入天，树表银白泛光，树皮有着紧密的肌理。茶树新芽为芽孢状，芽叶合拢。

需要从早上走到下午，才能看到千家寨的古茶树王。千家寨 1 号野生大茶树，推测树龄为 2700 年。古茶树王生长在海拔 2450 米山中，树高 25.6 米，树幅 22 米 ×20 米，基部干径 1.12 米，胸径 0.87 米。

大茶树在森林中静默无语，苍劲高耸，苍老而骄傲。现代普洱茶兴起的百多年时光，真可谓加速度的变幻莫测。

战天斗地的年代看似久远了，但原始的植被还需一两百年才能养得成。艰难的时代，人们习惯一把火烧了山头，种上苞谷或种各种经济作物，填饱肚子第一位，茶就显得那么微小卑残。如今，经济大发展，而南方各地却多了新开垦的"光头"茶园，每当看到成千上万亩的规模茶园，没有一棵其他大树，就觉得遗憾和可惜。对土地索取得太多，连花草虫鸣都不允许有，就不会有好茶。很多国家和地区都经历过这些，尊重土地和环境的可持续发展理念，也一定会在未来被更加重视。

大地给我们永恒的祝福，它的深情会呈现在一盏茶汤中。

云间江畔的普洱茶仓

云南省临沧市因临近澜沧江而得名。人类文明由江河孕育，优质的普洱茶山亦依澜沧江畔生长繁茂。临沧茶之中，人们随口就能说到冰岛、昔归、白莺山、香竹箐这些名山。

临沧市是茶叶主要的原生地之一，辖1区7县，分别为临翔区、凤庆、云县、永德、双江、耿马、沧源、镇康。这里是滇红之乡，有"普洱第一仓"的称誉，各区县多有野生茶林，也有成群落的数百年树龄的栽培型古茶树。临沧的茶总体给人的印象是"更为秀气"。

临沧市的茶产量和种植面积多年位居全省前列，早年以绿茶为主、红茶次之，现在普洱茶的比例越来越大。在过往的茶事历史中，临沧占据着重要地位。

昔归——忙麓山里的精灵

昔归是一个好听的名字，茶也有特殊和令人难忘的香气；有人喜欢它的名字，有人喜欢它迷人的香气，因而追捧者众。在行政区划上，昔归茶山属于临沧市临翔区的邦东乡邦东行政村。昔归是傣语，意为"善于搓麻绳的村子"。在清末民初的《缅宁县志》中记载："种茶人户全县六七千户，邦东乡则蛮鹿、锡规尤特着，蛮鹿茶色味之佳，超过其他产茶区。"这里说的蛮鹿，现称为忙麓，锡规即昔归。临沧是世界大叶茶种的原生地，早在大叶茶驯化种植之前就有大量的野生茶。清雍正年间，这个地区在驯化栽培野生茶的同时，有邦东、马台一带生意人引进景谷、思茅的茶，在当地种植。邦东乡种茶的历史或许可以追溯到更加久远的年代。在邦东，留有多处新石器时代的遗址。其中一块新石器遗址位于老邦东街营盘山，出土有石斧、石锤、陶片、炭屑等物件。另一块新石器遗址则在昔归，离昔归渡口很近。遗址的居民或是氐羌系、白濮系、百越系先民。或许，在古老的年代，他们就曾砍斫密林，采撷茶叶，用以疗疾或解决饥渴。

由于山路峻险，交通不便，以至于很长的时间内，昔归还有马帮，茶马古道

邦东的古茶树林

亦留旧迹。

往邦东村的路上，先要路过马台。马台的茶叶，以小树茶为主，也有一些上百年的大树茶。邦东之名，在傣语中指"有雾的村子"。邦东乡的茶山，多隐匿在深山之中，云雾长伴，古茶树成片。整个邦东乡的古茶园面积为 1.8 万亩，昔归的古茶园面积约 5 千亩。邦东乡有一些村寨，茶叶品质良好，价格上却远远低于昔归。几十年前，邦东茶叶主要用于制作滇红，计划经济年代，多用于制作晒青、炒青、烘青绿茶，同时也制作红茶。这些年，就主要做成热销的普洱茶了。有台湾的茶商在这一带种茶，然后制成发酵度较重的"东方美人"。

往昔归的路上，古茶树随处可见。在邦东大箐，可以看到当地最大的一棵古茶树，树高 9.3 米，树幅 53.2 平方米，基部干围 1.56 米，树龄甚老。

不远处的忙莱村，许多古茶树的树径都超过 20 厘米，仍旧是非常有特点的临沧大叶种，滋味较为浓醇，喝过几杯后，口腔里满是香甜。茶山上的一些古树，也渐渐被一些商号承包。邦东村还有曼岗与那罕寨子，这两个寨子的茶，香气更高，滋味更加细腻。那罕梁子的茶王树与一棵紫芽古茶树被人承包后，做成单株，价格比普通的古树茶要高五六倍。

忙莱的茶农老李，每年要做不少春茶。我曾在他们家借

被称为"那罕王"的古茶树

住一晚，他们家有一口山泉，很适合泡茶。海棠花还没有谢，夜晚的天色也很明丽。用山泉泡一晚上昔归茶，甜细醇厚，可以冲泡二十多道。喝多了茶，以致那一晚无法入睡，只看深夜里的月色，听大山里潺潺的流水。

凌晨四点多钟，老李就开始炒茶，一直到七点钟结束。新买的越野车装了满满的一车古树毛茶，他要运到临沧市区，给广州和昆明的老客户发货。听老李讲，邦东原来也有一棵很大的古茶树，当年科技人员说古树茶没有营养了，让茶农加施尿素，结果把茶树弄死了。枯死的茶树砍下来的时候，也装了满满一卡车。

从忙菜再往昔归走，一直是下山的路，昔归的海拔更低，茶价却更高。昔归位于忙麓山海拔 740~950 米，土壤为澜沧江沿岸典型的赤红壤，植被为亚热

昔归古渡口

年老的茶农面带笑容

带季雨林。因为离大雪山近，这里的降雨量非常丰富，空气潮湿。昔归古渡口，还有渡船系在岸边，雄浑的澜沧江在这里变得温和。

在忙麓山，满眼看到的都是绿色，茶是忙麓山最主要的植物。上百年的古茶树遍布整个山头，若要细看，一天也看不完。

年老的茶农戴着斗笠，头发斑白，皱纹满脸。嫩绿的茶叶在阳光下熠熠发光。拉祜族的茶农，采摘鲜叶都要爬到茶树上。中午太阳很大，采茶的妇女领着孩子，就在树荫下休息，吃的是很简单的树叶饭——用当地的香树叶子装着酸辣味的凉菜拌米饭。

此处植被繁多，与茶叶共生的，还有高大的野生芒果树、红椿、大叶榕、牛肋巴等大树，生态环境优异。下坡时，带路的村长叫住我们，原来有一棵茶树，枝干比碗口还要粗，在主干与枝干分叉弯曲的地方，看起来特别像一只梅花鹿。忙麓山又有人称为"蛮鹿山"，似乎很是巧合。蓝天下，土石交杂的乡间小路延伸至远山。

茶树长得特别像鹿头

这几年，昔归茶的价格一直跟着老班章。曾经在 2007 年的时候，整个邦东村的农村经济总收入才 35 万元。那几年，也种了不少的橡胶林。如果换成现在，市面上几十公斤的昔归古树茶的销售额，就可以轻松超过十多年前的全村总收入了。

现在，来这里的茶商会要求茶农做单株茶，从采摘到晒青，都要编好号。昔归成立了茶叶合作社，由村民小组协同收茶、制茶、销茶。

离开昔归，背影在斜阳下拉长。回程的车流淹没在邦东的大山中，车后尘土飞扬，而昔归茶带来的细腻甜美的香气一直长留齿颊。

火热的冰岛行情
与舌颊上的清凉

临沧最贵的茶当属双江县勐库镇冰岛老寨的古树茶了。一到茶季，热闹的勐库镇上，酒店往往爆满。

南勐河把勐库的茶山分成西半山与东半山，位于南勐河之西的称西半山，河东称为东半山。每一个茶山都有它的性格，笼统说来，西半山的要香、尾韵足；东半山的苦重而涩轻，茶质醇厚。而冰岛老寨正好横跨东西两山。

冰岛或称丙岛、扁岛，是傣语音译，意为"青苔"过来，据说因此地青苔多而好，而傣族人又爱吃青苔做成的菜，地名也由此而来。冰岛村委会下辖五个自然村，即冰岛老寨、南迫、糯伍、坝歪和地界。最正宗的冰岛古树茶产于冰岛老寨，另外的几个寨子也都有老茶树。随着冰岛茶名气上升，周边的寨子的茶价也迅速上涨，类似于冰岛味道的正气塘、坝歪茶也价格高昂。

说到冰岛茶，必须提到一位重要的人物——罕廷发。明成化二十一年（公元 1485 年），当时勐勐（今双江县）的土司罕廷发派傣族人去西双版纳取茶种，在冰岛栽种，自此，冰岛古树茶深深影响着五百年后的今天。罕廷发笃信佛教，上任伊始就从缅甸的景栋请来佛爷和经书，又促成原来矛盾不断的布朗族、佤族、拉祜族人和睦相处。引入茶种后，当地人民生活更加富足，从而民众恭顺勤劳、地方安泰康宁。

在冰岛老寨，可以在茶树上看到完全不同的叶芽初展的形态，也会看到大自然赋予茶树的千变万化的身形。事实上，在土司罕廷发引入版纳的茶种之前，这里也不缺乏茶树的存在。

冰岛古茶越来越有名，有很多茶饼上面写着冰岛的名字，却并非冰岛老寨的

古树茶鲜叶

茶，往往是附近的小户赛或大户赛的产品，其外形略似冰岛，滋味偏于柔和淡薄，细细品来，却完全没有冰岛老寨的醇厚甘甜与后韵。冰岛老寨的茶味辨识度更高一些，因为其特有的滋味，冰岛老寨的古树茶一年比一年受人追捧。人们对于冰岛茶有着复杂的感情，有爱有恨。由于各地资本与品牌的入驻，冰岛古树茶越来越有影响，价格也超过了有王者之称的老班章古树茶。2012年，冰岛老寨古树春茶的山头收购价约为每公斤三千元，到了2021年，古树春茶的山头报价三四万元一公斤。十年之间就涨了十倍多。

冰岛古树茶的产量有限，然而热衷于它独特滋味的人群却不少，派人"盯采"成为最常见的做法。冰岛老寨的茶价划分得更为细致，单株、古树、大树、中小树价格分得很细，单株甚至是一树一价；不同生长区块的价格也略有差别。

冰岛老寨的古茶树，分布在农舍四周，以广场四周居多，古茶树更高大漂亮，人称"广场冰"。这些带着白斑的古茶树，是古老岁月的见证者。成熟的叶片有二十多厘米，比一个巴掌还要长得多，叶色略显墨绿，而茶芽则非常饱满，充满活力。这几年来，各地都有茶行商号争相承包古茶树，于是茶树身上纷纷挂起了商号的标识牌和二维码。粗大的古茶树被称为"茶王""茶后""茶尊"，甚至"状元""妃子"等，出于商业推广的动机，茶的名字里有很多夸张的成分。

从2021年起，政府称为了保护古茶树，冰岛老寨五十多户的居民全部会被安置搬迁到规划好的冰岛茶小镇上。如果不是因为茶，这里也许会和云南其他地方的村子一样，默默终老。

苍老的古茶树

茶园里的紫芽茶特别显眼

冰岛古树茶条索肥壮、滋味甘醇有凉感

茶山聚宝盆
勐库

勐库的年轻人很会做茶，有各式手法。近年来可以看到勐库成品茶冲泡后的叶底更偏青绿，略有红梗，他们更追求茶味鲜爽度和保留茶本身的活性，所以在炒青时尽量不用闷熟的手法，也更宽容红梗的出现，这种制法和勐海一带差异很大。

每一年，来自四面八方的茶商来勐库看茶山，收茶，做茶，勐库俨然一个聚宝盆。勐库大叶种被育种专家认为是云南最具代表性的大叶种茶，其树势遒劲，叶芽肥厚，无论是制成普洱还是滇红，品质都堪称一流。

大户赛是勐库著名的茶产区，产量很大，可惜现在古茶树很少，那些成片成林的古茶树几乎都被矮化过。大户赛有 400 多户人家，为汉族和拉祜族人，其中汉族仅有 150 多户，汉族人来到这里也才 100 多年。

茶农老李家院子里的水泥地上晒满了毛茶，家里也摆着几套用了几年的工夫茶具。趁着空闲时间，他给我带路去看附近最大的茶树。

那一排古茶树就在张家寨，粗略数来有四五十棵，已经连接成林，阳光几乎照不到茶树底下。老李又带我去看坡地上矮化过的古茶，"太可惜了"，这是他在茶山重复了几十遍的话。20 世纪 50 年代和 80 年代，为了高产，勤劳的人们把这里的古茶树几乎都"砍"了一遍。现在这些"砍过头"的茶树，鲜叶价格不及自然生长的古树茶的三分之一。

"满天星"的茶园在整个勐库都比较常见，这是一种散落种植的方式，从大户赛到邦骂等地，矮化过的古树留下巨大的主干和低矮蓬勃的枝叶，山间仅存的几棵古茶树，显得格外珍贵。近来，也有年轻的茶园主人特地停采数年，蓄留顶蓬，让古茶树越来越高大。成片油绿的茶树布满大山，略有几千亩，可见即使在计划经济年代，茶在这里都是很成熟的产业。

来到河边老寨，这是拉祜族人寨子，老李说这里的古茶

满天星的茶园在
勐库比较常见

树算是大户赛最多的了。村口有山楂树,村寨里鸡犬之声相闻,四月初,小麦已经成熟,细细的流水顺着田埂流经农舍。那些非常古老的茶树,有些虬根外露,有些枝干苍劲。

离大户赛不远是三家村,是勐库最高的产茶村,海拔达 2000 米,离邦马大雪山原始森林很近。这里视野开阔,可以看到整个东半山,景色优美。三家村的茶与云雾为伴,喝起来清甜回甘。三家村的下方就是五家村,是汉族人居住的村子。五家村的干毛茶,叶面乌亮,外形漂亮。

勐库红土壤上的大叶种茶树根深而长

采茶时,可以三四个人爬到树上

白莺山 茶的博物馆

临沧有很多野生古茶树群落，除了勐库大雪山的野生古茶树群落，还有云县漫湾镇的白莺山古茶园，分布面积 1.24 万亩，茶树类型多，规模大，被誉为"茶的自然历史博物馆"。

白莺山很美，植茶历史久远，山势高旷且多云雾。随着古茶树的热潮，处于价格洼地的白莺山更加热闹起来。我来访的 2017 年春茶季，山间明显涌现了越来越多的茶叶初制厂。白莺山茶树品种丰富，展示了从野生茶树到栽培茶树不同阶段的演变历史。除了勐库大叶种，还有当地古老而奇特、偏于野生型的本山茶、二嘎子茶、黑条子茶、红芽口、白芽口等品种。

云南的每座古茶山多半都会有一棵茶王树，白莺山的"二嘎子"茶王树这两年也更为人知晓，茶芽带有少量茶毫的"二嘎子"品种，被认为是过渡型茶树的象征。

云南的茶树品种极为丰富，现在统称为勐海大叶种、勐库大叶种的茶树，其实有很多不同叶形（圆叶、柳叶、细长条）、滋味个性（苦种、甜种）的品种，还未及细分。

在云县、凤庆一带，常见的大理种茶树，其典型特点为芽叶无毫且油亮、带孢壳；凤庆大叶种或勐库大叶种则芽壮、毫浓密；二嘎子品种，芽叶微带毫、叶油亮，同样有薄而硬的孢壳。

云南大理种、凤庆大叶种、二嘎子茶在当地都有很大的群落，制作成普洱或滇红，滋味个性互不相同，从外形上较好辨别，比如大理种的成品常带红色孢壳。

"二嘎子"茶王树

香竹箐的茶祖与滇红茶

凤庆县的香竹箐茶王树，又称为"茶祖母"，被认为是有 3200 年树龄的栽培型茶王树。这十年间，我几乎每年都要来这里看一眼。茶树非常粗大，主干形如老榕树，苍劲有力，根深叶茂，茶树叶片嫩绿，经历漫长的光阴，依旧生机无限。在千里外的高山上，阳光从茶树间洒下细碎的光，静静地，你可以聆听到它的低语。

香竹箐自然村温差大，早晚清冷，天气瞬息万变，刚刚还是艳阳高照，一会儿就阴云翳日，雷声阵阵，居然下起小粒的冰雹来了。雨歇，天空有两道一深一浅的彩虹横跨大山南北，是蓝色的天空中的神奇色调。到了晚上，雨也下得突然，半夜就会听到淅淅沥沥的雨声，然后便是茶农呼叫声和脚步声——忙着收茶，端竹筐，铺雨布……

在这里，茶叶既用来制作滇红，又可以制作普洱，其滋味都有明显的地域气息，略带果酸。原先，滇红基本以小树或台地茶芽制成，追求外观之美，这两年，云南很多地方用古树茶制成滇红，滋味更加甜醇而有喉韵，因为底质好，往往能冲二十道以上。滇红的制作工艺也很讲究，萎凋足够时，需闻到苹果香，发酵时间的掌控特别重要，打堆不能太厚，也不能太薄，发酵时间长了，汤色易褐，香气不清爽，短了又会出青味。

凤庆产的滇红最为有名，历史也可以追溯到八十多年前。1937 年，抗日战争全面爆发后，祁红、闽红等出口茶产区沦陷，中茶公司为开辟新货源，派专

香竹箐茶祖

可用于制作普洱或滇红的大理种古茶树

员冯绍裘和郑鹤春到云南考察。他们艰难地来到凤庆大山的鲁史镇，筹备场地、人员与机械。1939年，顺宁茶厂（后更名为凤庆茶厂）终于生产出五百担滇红茶，由马帮沿鲁史古道运到祥云，再从滇缅公路运到昆明，又经香港转销伦敦，滇红的品质引起了国际茶叶市场的震动，换回了可贵的外汇。

在冯绍裘的记录里，凤庆之地"茶树高达丈余，芽壮叶肥，白毫浓密，成熟叶片大似枇杷叶，产量既高品质又好"。其中，"红茶样：满盘金色黄毫，汤色红浓明亮，叶底红艳发光（橘红），香味浓郁，为国内其他省小叶种的红茶中所未见"。

山里的李老先生，喜欢烧一堆火，用土陶罐装点茶，火上烤一下，冲点热水进去，一阵热气腾腾，茶水就很香了。20世纪五六十年代，他就在村里的初制所工作，做成的红茶出口当时的苏联，留下的，队里才分给大家一点，不过当时，苞谷对人们来说更重要。

水冬瓜树下的茶树从20世纪50年代就开始种了，经多次台刈或霜雪压折，粗壮低矮。而种得更晚的水冬瓜木早已长得高大，木质松而无味，可制茶板木箱。另一处山坡上那些主干像电线杆一样粗大的茶树，其实是1948年才种的，外行的人看到这么粗的主干，也许会说树龄有两三百年了，可见不能简单地用茶树主干的粗壮程度来判断树龄。不同土壤的养分及水分、光照，种植管理方式，对茶树的生长影响很大。

凤庆的茶农，把大理种称为"大山茶"，这种野生古树茶，因"千年古树"的概念，在近年愈发受追捧。但在之前，人们只要显毫漂亮的勐库大叶种，也称"家茶"。"家茶"才值钱，而"大山茶"有人要才采，没人要就荒着。包产到户之前，大厂要出口，不收这些茶，只能销到藏区，一公斤卖几毛钱。后期卖给江外的南涧茶厂，价格也极低。

2006年兴起普洱茶热，"大山茶"才翻了身，鲜叶从几元到几十元又到几百元，当年没分到这种茶树的人又开始后悔。这两年的茶山人心惶惶，却是因为茶价又高了。世事无常，却又如何洞见呢？

商业运行就像奔流不息的河流，当猛烈的资本力量与财富冲入名山茶寨，躁急不安的流速与激荡的水花会搅动原来平静的茶世界。

古树茶已经热闹十多年了，人们终究会越来越理性，不喝名气，最要紧的是有内质的茶味。从2019年起，云南连续三年的春天干旱，即使古树茶的产量减少了四五成，大多数地区的价格只是有略微上涨。

知名茶山寨子的道路与房子已经越修越好，但从昆明到版纳的高速公路依旧曲折多弯，从版纳再到临沧，没有铁路，要驱车一天才能到达。从云南大山来到茶区的炒茶工，每天要对着火热滚烫的铁锅徒手炒上数小时，孩子留守在家、父母的医疗也顾及不到，即使这样，他们一年的收入还不够买几斤名山茶，真个是"遍身罗绮者，不是养蚕人"。

一片叶子里面，是土壤云雾草木的气息，也烙上一个时代印记。

阳光下的滇红之乡

贵州

都匀毛尖：彩云之城秀芽美

064

都匀毛尖：彩云之城秀芽美

贵州茶中，最有名的是都匀毛尖，它在人们通常说的"中国十大名茶"中占有一席之位。黔南州都匀市，对常人而言略显遥远，充满想象，这是一座"彩云之城"。都匀之美，亦体现在茶中。

作为黔南布依族苗族自治州首府，都匀有过许多神奇的过往和神秘的传说，都随着剑江河奔赴东去了，不变的，依旧是透翠的青山。

都匀毛尖是都匀的"绿色黄金"，自明朝起，这种或称为"鱼钩茶""雀舌茶"的茶，在黔地就有着极大的声望。新中国成立以后，"鱼钩茶"被命名为"都匀毛尖"。

茶起团山

团山是都匀毛尖的原产地，茶乡中的翘楚，此地的茶价往往也决定其他地方的价格，市面上也很不容易喝到正宗的团山茶。民国《都匀县志稿》上记载："茶，四乡多产之，产小菁者尤佳（即今都匀市的团山、黄河一带），以有密林防护之。"市郊外的团山村，海拔超过 1100 米，短途也略显漫长。从高速再转小路，再从小乡村的山路蜿蜒而上，陡峭山间，遍植黔地名茶的希望。

这里的大山纵横高耸，我们到达时正值午后，云光雾影，屋舍零落，深密的植被在重峦叠嶂之中显得生机无限。阳光下，茶叶的新芽也闪着金色的光芒。

临近清明，在这个蓝天无际的山村，似乎置身于美丽的青藏高原。陪我前往的徐正文老师介绍，团山村有上百年的群体性品种，也有大、中、小叶种，早、中、晚品种，最好的都匀毛尖必须选择当地的树种，芽头特别小，做出来的毛尖才漂亮。

山间采茶者中，有八十多岁的老人，也有年轻的女孩，虽然每日采撷辛劳，所获稀少，但他们脸上依然平和，欢快的笑语也不时从茶园传来。

松杉针叶林下，茶与树共生相谐。很庆幸，并不是所有的地方都成为一望

❶ 云雾光影大团山
❷ 都匀山里的"绿色黄金"
❸ 每一粒芽都来不之易

无际的"万亩茶园"。我喜欢这样的茶山，它有着与自然相融的美妙与珍贵。高山上的茶芽翠透亮丽，茶叶上还长着虫眼，蜘蛛网结在茶树之间。也可以见到老丛的茶树，已经长到两人多高。

前往山中茶农家，二楼就是简单的制茶车间。采得新芽，用柴火锅炒。另置一间会客厅，也是品茶室。茶农拿出两大塑料袋的茶，这是前两天制好的都匀毛尖，细嫩显毫的茶等级高、采得早，价格也高。都匀毛尖的外形如此秀美纤细，卷曲披毫，娇嫩得真可以称为"粟粒芽"了，撮一把泡在玻璃杯里，端起开水瓶，冲上山里的热水，就是寻常而又自然的喝茶方式了。举杯，未及喝就已生津，白毫在杯中起舞，旋又沉浮，细细地，闻到栗香与甜香，品饮更妙在喉韵。

螺丝壳山的手工茶

离开团山村的时候，晚霞似火，映照了前行的路途，在大山里，车与人都显得渺小了。我们要去寻找都匀毛尖的另一个知名产地——螺丝壳。

螺丝壳山，位于贵州省都匀市以西 15 公里的摆忙乡，山顶海拔 1738 米，至今尚存千年前的古堡遗址，当地居民多为布依族茶农。螺丝壳因山势而名，汽车在层层盘旋的山路上不断向上。

摆忙乡高寨水库旁的采茶人刚刚采完茶，成群结队斜挎着小箩筐，将茶青送到茶厂。采茶人说，"从早上开始，也只采了一斤左右的芽叶"。都匀毛尖采摘讲究，不宜用指甲掐断，要用拇指和食指轻轻捏住芽头向上提。按照一芽一叶初展的标准采摘，人们一整天的辛劳所得，须在天黑前送到茶厂。

张子全是都匀毛尖手工非遗的传承人，他的家就在螺丝壳山里。天黑之前，附近茶农将采好的鲜叶送到他家，这些茶先放在一个大簸箕里经过短时摊晾，散发水分和部分青气。在下锅炒青前，要将茶芽中混入的杂质、大片叶、鱼叶都细细地挑拣出来。

摆忙乡高寨水库旁，茶青收购

电锅炒青，揉捻后搓团，固定外形

秀美纤细的都匀毛尖茶

都匀毛尖要经过严格的手工炒制工艺。晚上约九点，炒茶人已进入紧张时段，炒青间的几口锅同时排开，一排柴火锅，另一排电炒锅。炒青重要，烧柴火也很重要。推开炒青间的后门，烧柴火的师傅满脸是汗，脖子上披着毛巾，他得细心照顾每一锅火力的大小。对都匀毛尖而言，火候的掌握非常关键，它讲究"高温杀青，低温揉捻，中温提毫"。炒茶的师傅满手厚茧、手背青筋显露，却也灵巧有方，将一斤左右的鲜嫩芽投入锅中，此时噼啪作响，茶芽抛起、抖散、落下，白色的水汽升腾，茶芽渐至芳香。

杀青后还有揉捻、搓团、提毫等工序，揉捻时锅温降低，杀青后的揉捻，是为了形成茶叶的外形条索，并使茶汁外溢，利于冲泡。此后再经搓团，更好固定都匀毛尖的外形，让茶条卷曲，形成特有的"鱼钩状"。最后进行的提毫，是为了让茶条的毫毛显露。

从入锅到炒干结束，整套工序约需四十多分钟。一锅又一锅的茶炒好，天也就慢慢亮了。这样的场景，从茶季开始，已经持续半个月了，每到夜晚，村里灯火通明，人们在通宵制出茶香。全手工炒制的都匀毛尖，市价能卖到两三千元一斤，虽比不上西湖龙井，不过对茶农来说，辛劳付出总算是有所回报。

炒好的都匀毛尖，经过木炭或石灰陈放几天，最后装入白色的棉质纸包，纸包上盖着非遗传人的红章，每半斤的纸包内，就有两三万个芽头，倾注了自然的美味以及制茶人对每一片芽叶的用心。

喝着这样的茶，就觉得奢华都已经沉入一杯之中，如果不是自然的恩赐与茶人的辛劳，我们何以在茶中品饮到甘露般的美味呢？

多彩贵州茶

其实我们在贵州的第一站是探访清代贡茶贵定云雾，两百多年前的贡茶石碑还矗立在仰望村的山岗上，不知什么时候起，仰望村渐渐唤成了鸟王村。鸟王贡茶成了绝品，但最好的鸟王茶其实长在山坡林下，当地人也叫它园埂茶。这种茶自然生长，量极少，手工采制，芽头壮硕而长，干茶紧结卷曲毫显，有浓郁甜香与果香，这样的好茶越来越稀少了。

之后又去湄潭，因江水聚塘似眉，而有湄潭之称，这是一个桑蚕鱼米的富庶之地，古城虽然已经不见了，风水仍属上佳。湄潭先有湄尖，后有翠芽，留下很多茶学的实践。在号称中国县域茶园面积最大的地方，绵延百里的茶山却令人心情复杂。早期原生的苔茶多被台刈或淘汰，虽然茶农也承认它好喝，但是新品种610比它高产多了，单芽一天可采十多斤，要知道，都匀的茶农一天只能采一斤多细小的单芽。嚼嚼这些芽头，却是百味交集。现代农业让我们感觉很富有，却隐约遗失了些什么。

在贵州凤冈的桃坪和小河村，有海拔800多米的新茶山。高山、云雾、砂红壤，早晚温差大，茶园遍植桂花松杉，花草繁茂，注定了这里能出好茶。虽然种的是无性扦插的福鼎大白品种，却也算清甜，好喝的老品种因经济价值不高惜失踪迹。因为生态极佳，这片茶区应该也有成长性。

凤冈的扁平茶称为"雀舌"或"翠芽"，卷曲茶称"毛尖"，紧结团揉的称"绿宝石"，是此地主要的茶品。绿宝石茶大量出口到欧盟国家，生地加好生态，规模加性价比，就有了国际竞争力。

只是，我还是独独惦念着都匀毛尖。

湄潭的茶园

四川

蒙山茶 雨城雅安

雅安有蒙顶山这般的茶山，"岁出第一"，维系着藏汉民族的千年情谊。艰难高远的茶马古道远上青天，茶味珍奇的蒙山茶，如扬子江心水一般，为人称道，流传久长。

雅安被称作"天漏"之城，传说女娲补天的时候，这里的天空忘了补，一年竟然三百多天都有雨。雅安东临富庶的成都平原、西连藏区甘孜、南接彝族的凉山、北接藏区阿坝，是四川盆地的西缘山地，跨四川盆地和青藏高原两大地形区，它既是"川西咽喉"也是"西藏门户"，雅安拥有独特的山形地貌，正适合茶的生长。在这藏汉交界的重地，茶是甘醇、须臾不可分的饮品，是民族友谊的虹桥，亦是一部厚重的历史绘本。

特殊的地理位置与多雨的湿润气候，使雅安的茶比其他地方更甜美，雅安的绿茶以蒙顶甘露最为有名，但雅安边茶更有着久远的历史与重要地位。所谓雅雨、雅女、雅鱼，是雅安城的旅游"名片"，实际上，雅茶更代表着雅安的魂，有草木的清芬甘美与坚韧顽强的生命力。最美的是水色与雨气交融的雅安城夜晚，日夜流淌的青衣江穿城而过，廊桥上的灯光与江水相映生辉。

茶中故旧 是蒙山

若论从古至今，四川最有影响力的茶山，当数雅安的蒙顶山。蒙顶山，古名蒙山，坐落在雅安市名山县境内，传说从东汉时就开始植茶，蒙山茶至少在唐朝就已成为贡茶，延续至清，千年来闻名遐迩。引用蒙山茶的诗文，可谓数不胜数，有"扬子江心水，蒙山顶上茶"的千古绝唱，也有白居易"琴里知闻惟渌水，茶中故旧是蒙山"念念蜀地的茶香和故人的传说。及至宋代，又是蒙顶茶和名山"边茶"发展的全盛时期，除了有号称"万春银叶""玉叶长春"的贡品，从宋神宗元丰初年起，近百年里，名山县茶叶产量每年约百万斤，号称"岁出第一"。

当蒙古铁蹄从草原踏来，茶事也随之黯然。虽然如此，李德载却以"蒙山顶上春先早，扬子江心水味高"单赞蒙顶山茶的曼妙。元朝丞相耶律楚材也在诗中

生态良好的蒙顶山上茶园

写道："玉杵和云舂素月，金刀带雨煎黄芽。啜罢神清淡无味，尘嚣身世便云霞。"

明朝废止了龙团凤饼，开始大量制作散茶。延至清代，蒙顶山茶仍然以其骄名遗立千年。山上石碑中记载的许多故事都已经远去，字迹也多模糊，但山间的茶却一代代留到今天。

蒙顶五峰环列，状若莲花，最高峰上清峰海拔1456米。天气晴好时，从蒙顶西眺可见峨眉、瓦屋、周公诸山，一片开阔。古代天文学家袁天罡认为，蒙顶山地处"天道循环，水之大汇，气之大聚"的中心穴位，给人类生存、万物生长提供了极其丰富的天地灵气。

在民间，蒙顶茶历来被看作祛疾去病的神来之物，因此，蒙顶茶被称为"仙茶"，蒙顶山被誉为"仙茶故乡"。蒙顶山的仙气，要在安静时认真感受。我曾特意在蒙顶山住了几晚，山上民宿和旅社很多，尤其到夏天，这里就成为成都人避暑的后花园。云雾中的蒙顶尤美，晨曦微露，虫鸣鸟叫，蒙顶山还浸在弥散的云雾之中，满山湿润。细雨轻打老树枝叶，沙沙作响，在轻霭中，整座山都在与你诉说。

蒙顶半山处的永兴寺，极为古老，有近两千年的历史，现为尼众寺庙。不到十人的尼众，自耕自种，采茶的时候要念大悲咒，洒大悲水。相传三国时，天竺僧空定大师来到此地，见蒙山有大乘气象，结庐于此，称"梵音院"。寺院历经晋、隋三百载风雨，又有五台道宗禅师发宏愿重建，名"龙泉院"，取蒙顶山龙脉之意。宋初，西域不动大师来蜀，住蒙顶山，集显宗经典及瑜伽诸部而成《蒙山施食仪规》，留传至今，已成中外大乘佛教的晚课必作仪规。不动大师悲愿广大，如甘露般普度众生，人称"甘露祖师"。犹记明月下的寺院清凉如水，及至秋天，紫薇花繁盛在红墙。

山间另有天盖寺，是品茶胜境。皇茶园坐落于蒙顶主峰的五个小山头之中，因周围山峰形似莲花，皇茶园正落于莲心而成"风水宝地"。据说从唐代就开始在此采摘贡茶，宋孝宗淳熙十三年（1186年）正式命名为"皇茶园"。蒙泉井位于皇茶园畔，又名"甘露井"，据传，女娲曾捉孽龙囚于井中，故千百年来，"雨井"一直被石板所盖，若揭盖朝井内喊叫，则山顶即刻下雨，"板揭即雨，板盖雨停"，十分神奇。

山间亦建有茶史博物馆，馆藏较多。蒙顶山茶自2004年开始，常举办国际性的茶文化大会，也有例行的贡茶仪式。

蒙顶半山，花海中的茶园

寻访蒙山茶

车子可以开到蒙顶山，半山的金花村和毛家村的农家有售当季手工新茶。柴火锅炒的手工甘露，最后用炭火烘干，山中永兴寺亦保留着这种炭烘工艺。

蒙顶山上有比较多的老川茶品种，多灌木型丛生。新植的良种则有名山白毫、特早芽等。蒙顶山茶根据嫩度等级与不同工艺，制成了蒙顶甘露、蒙顶黄芽、蒙顶石花、毛峰等茶品。蒙顶甘露最有名，其形与碧螺春、都匀毛尖颇类似，因茶出蒙山，更多一分醇和与花香，红砂岩也给它带来清正之气。

蒙顶甘露采摘一芽一叶初展的鲜叶，反复三炒三揉，成茶条索紧卷色润，身披白毫，汤碧微黄，花果香馥郁，令人难忘。蒙顶石花为扁平型绿茶，毛峰则为一芽二三叶绿茶。川人饮茶，习惯用瓷盖碗独饮，或冲泡在玻璃杯中，芽叶汲水后观其舒展姿态，其香高味浓，韵味持久。

❶ 山间以柴火锅手工炒茶
❷ 手工制作的蒙顶甘露
❸ 鲜叶采回后要先行摊晾

蒙顶黄芽亦是一绝，近年制作黄芽的茶农也越来越多，但每家每户的工艺细节上都不太一样，大多偏向绿茶。黄芽难制，闷黄轻了，不绿不黄，多带涩感；闷黄过头，又不红不黄，酵味太重。

细数中国黄茶，包括了蒙顶黄芽、君山银针、莫干黄芽和霍山黄芽这些有名品种，前两者都讲究以单芽制作。乐观通达的茶人蒋昭义老先生是蒙顶山茶通，满肚子都是蒙山茶的故事，对山场极为熟悉。他带我们到城郊，来到雅安黄茶传统工艺传承人柏月辉的家中，看他如何手工制作蒙顶黄芽。黄芽鲜叶的采摘有着严格要求，于每年春分时节，当茶园内有百分之十左右的芽头鳞片展开时，开采肥壮芽头，作为特级黄芽。随时间推移，芽叶萌发，可采一芽一叶初展（俗称"鸦雀咀"），炒制一级黄芽，采摘至清明后十天结束。

炒制蒙顶黄芽的晚上，六口炒锅在室内摆开，经过短时摊晾的芽叶入锅炒制。芽叶入锅，噼啪有声，柏月辉提倡炒青时有足够的火温来提升茶香，边炒边适当揉紧。他在蒙顶黄芽的闷黄工序上和其他人有很大的不同——杀青后的茶叶即以竹浆纸闷黄，属于"湿闷"的做法。国内其他地方因不好找竹浆纸，多用棉布替代。竹浆纸极难购，产区在川滇交界的深山里，纸张系新鲜竹片和石灰经传统工艺长时闷制而成，故透气性好，无异味。制作蒙顶黄茶时，在最核心的闷黄

❶ 采用竹纸包黄的蒙顶黄芽
❷ 柏月辉正在将竹纸包后的茶叶放入特制的保温箱内
❸ 蒙顶黄芽

工序中，柏月辉用上了自己特制的木箱。木箱的"诀窍"则是钨丝灯泡，高瓦数的钨丝灯用以温和地升温和保温。炒后的茶叶用竹浆纸包成四方状，放入木箱的层格中，开灯多久，闷多久，放哪一格，都要根据茶的状态来决定，开灯闷黄的时间从一两个小时到四五个小时不等。闷黄后的茶叶经摊晾后再炒再闷，甚至做到四炒四闷，最后烘干，有时候要等一个星期，才能喝到醇甜的滋味。

上等的蒙顶黄芽，茶芽黄润、扁平紧实、肥壮显毫，正是典型的黄汤蜜味，若甘蔗甜，又若玉米须香，这样的茶醇和且迷人。

雅安边茶易马

历史上，雅安的"边茶"，受到了中国西南、西北地区的少数民族特别钟爱，宋代宫廷颁布诏书："专以雅州名山茶易马，不得他用"，并"立为永法"。名山茶叶成为历代王朝与藏族、回鹘等族进行茶马贸易的专用商品。至今仍可以在雅安看到的茶马司遗址，是北宋熙宁年间（1074年）设置的。

茶学家陈椽在《茶叶通史》中提到，我国黑茶始制于四川，据《甘肃通志》记载，明嘉靖三年（1524年），湖南安化就仿四川的"乌茶"制法并加以改进，制成半发酵黑茶。

雅安的"边茶"又称"藏茶"，这条通往西藏的茶马天路见证了汉藏两族人民千年的情谊。古道从雅安出发，经泸定、康定等地进入西藏，一直延伸到缅甸、印度、尼泊尔。茶马古道留下的深刻印记无不彰显藏茶曾经的艰难、倔强与芬芳。在这片土地上，有最能吃苦的人民，他们用嶙峋的身形，荷负着重于他们身体两三倍的茶叶，为了家与温暖的一点希望，行走于茶马古道的崇山峻岭之间，以至青石板都陷出了拐子窝。巴山蜀水，"危乎高哉……尔来四万八千岁，不与秦塞通人烟"。行路是怎样的一种艰难？今人是无法想象的。茶与马，血与汗，沉默的足迹踏过了岩石缝隙，冰雪寒风。

雅安传统藏茶产区，分为本山茶、上路茶、横路茶、环山茶、下河茶和坝子茶。其中，本山茶和横路茶最优，周公山高山一带为本山茶；严桥、上里、碧峰峡等地称上路茶；名山、荥经、天全的高山茶为横路茶，其余丘陵平坝产区次之。

雅安雨城区的周公山，海拔 1744 米，在怪石嶙峋的本山茶基地核心区约有上万株茶树，古老的川茶在这里很有生命力。每年在端午前后和白露前采割鲜叶，制成藏茶。周公山的老树藏茶，滋味醇厚有劲，顶级的内销藏茶甚至能卖出名优绿茶的价格。

从名山县继续往藏区方向走，就能到达荥经，荥经的高山上还留着成片的老茶树，现在主要产绿茶和红茶，有高山气，滋味清甜。荥经还有著名的黑砂陶器，藏族人几乎每家每户都要备几个。这种古老的黑砂，由观音土和煤炭粉末调制而成。在粗粝而淳美的黑与灰色调中，镇子上馒头窑里的火燃烧了千百年，直到今天。

事实上，四川边销茶的历史久远，分为南路边茶与西路边茶。西路边茶指的是崇州（原称蜀州）、都江堰（前称灌县）、平武、北川等地的茶厂。现在西路边茶的产量已经很少了，边茶多为产自雅安的南路边茶。成都出南门以后，沿途所产统称"南路边茶"。南路边茶生产覆盖全省茶区，直到 20 世纪 80 年代，仍在乐山、宜宾、重庆、万县、洪雅、南江等地初加工。甚至包括贵州桐梓所产茶叶，也运到雅安拼配、包装、调运。

茶马司遗址

茶博物馆里的马帮背夫像

藏茶的蹓茶，用布袋包好后在木板上进行

在边销茶价格太低的时候，农家往往简单蒸煮晒干了事。而藏茶在传统工艺里，有着烦琐的程序要求，要经过杀青、初堆、初晒、初蒸、初踩、二堆、初拣、二晒、二蒸、二踩、三堆、复拣、三晒、筛分、三蒸、三踩、四堆、四晒等一共三十二道工序。早期边销的藏茶，工艺上有其历史特点，如蹓茶（用脚在布包上揉捻）后保留一定水分，长时间扎仓等。简单来说，藏茶的工艺包括了一炒、三蒸、三蹓、四堆、四晒、二拣梗和一筛分。标准藏茶褐黑有光，具红、浓、醇、陈四大特色。

现在藏茶厂有的转型内销，采摘更为细嫩，精制阶段的渥堆工艺和云南熟普接近。今天能够见到藏茶的更多品类和创新，而茶品往往与茶厂主的个性和市场定位关系密切。在藏茶企业中，已经有很多重要的品牌，对汉藏交流意义重大。

雅安江水流淌，蒙山静静矗立，千百年来，茶人延续着蜀地的珍奇滋味。

峨眉秀绝，灵芽青翠

峨眉秀绝天下，尤其在云浓雾罩之际，山林隐约如在云霄，天地间碧透如洗，是清灵仙境。峨眉是有灵气的，这里的茶，何尝不是这样。

来峨眉山多次，往往来去匆匆，我一直未及深入了解峨眉茶园。2013 年，我曾寻访过峨眉山海拔 1200～1600 米的龙洞村有机茶园，林木芳菲，胜于它处。茶叶喝起来味道特别清甘，异于之前我对峨眉茶的了解。

李白诗称："蜀僧抱绿绮，西下峨眉峰。为我一挥手，如听万壑松。"山峦之间，如果能够有什么东西可以凝结峨眉山的灵气，最佳的载体就是茶了。陆游曾称赞峨眉茶"雪芽近自峨眉得，不减红囊顾渚春"。顾渚紫笋是唐代贡茶，看来在陆游心中，峨眉茶也有极高的地位了。《峨眉志》曾载："今黑水寺磨绝顶产一种茶，味初苦终甘，不减江南春采。其色一年绿，二年白，间出有常，不知地气所钟，何以互更。"

峨眉茶总是与峨眉山的僧人有着深深的渊源，自古也多见僧人采制。唐代以后，寺院农禅并重，在黑水寺、意月峰、白岩峰、天池峰、宝掌峰一带的山区，各寺皆有自己的大片茶园，采摘、炒制皆有功法。

到了明神宗万历年间，因为明神宗朱翊钧与其母慈圣皇太后对峨眉山特别尊崇，御赐茶园数亩予万年寺。该茶园至今仍归万年寺所有，年年产茶。

峨眉群山长年云雾，土质肥沃，茶芽肥壮，质地柔嫩，又因其形似花蕊，曾得名为"峨蕊"。"峨蕊""雪芽""白芽""竹叶青"，峨眉茶的历史在这些名字的追溯中娓娓道来。

"竹叶青"为注册商标，现专为当地龙头企业使用。"峨眉雪芽"是峨眉山的另一家茶企，将连锁加盟运营得很成功，在成都街头可以看到很多这样的牌子。而另外一家茶厂，规模不大却影响很大，生产西南地区首家通过国家环保总局有机食品发展中心（OFDC）认证的有机茶。

2017 年春天，我再次寻访峨眉茶园。四月初，正是峨眉高山出好茶的时节。那一晚，龙洞村的兰花开满山野，夜里的雨也浓，听着雨声，第一声春雷在暗夜里温柔地响。

夜里，嗅得到山间混杂着泥土与花的气息。山间的屋舍，黛色屋檐下，斜里伸出红色的花，我们开始品饮一款唤作"遇仙"的峨眉绿茶。采用一芽二叶初展的原料制作，滋味更显醇厚。单芽采太奢侈了，峨眉的单芽茶，每一颗都要精心挑选，三四万颗方成一斤茶。

这样的夜晚，峨眉的整座山都会浸润在浓浓的雾气中。第二天一早雨仍未歇，屋舍后就可以看得到茶树。山间的春天总是晚来一些，茶叶萌发了嫩芽，吃起来回甘生津。雨渐停，天空放晴，竹林里的雨珠尚在叶尖，古老而珍稀的蕨类与茶共生。将松软的腐殖土踩在脚下，就会明白，这是老天给人类的最好恩赐。那么多的山河环境，如果不滥用除草剂和化肥，土壤、土壤上的落叶枯枝和土壤中的微生物，会组建起最好的生态系统，各种虫类各安其命；若是锄草留根，可以保留住更多水分，避免水土流失。老一些的茶园有大树，茶的枝条也宽和长，地上的草也会成为瓢虫和蜘蛛的家。土地千百年来总是慷慨地给人以最好的滋养——如果我们不是太着急。阳光下，这片茶园看起来那么原始，而原始的状态，或许正是最"先进"的模式。

毕业于西南大学的王勤女士早年在政府部门工作，后来一直从事有机茶的种植、制作和推广。谈起峨眉山的有机茶园，她总是很骄傲。这些茶园全部分布在密林之中，与各种珍稀动植物共生，平时的除草除虫工作都是通过生物链进行

与蕨类花草同生的茶树

的，他们已连续 17 年获得有机认证。

从 20 世纪 90 年代末实施退耕还林开始，王勤就开始帮助当地老百姓解决剩余劳动力和增收问题，在不干扰峨眉山已有的良好生态环境体系下，依托大量荒废的老茶园，带着当地村民在峨眉山自然保护区内，以土地租赁方式建立和培育有土生土长的小叶种原种植基地。在那个时代，完全不用农药化肥来种茶，需要有更新的观念和很大的勇气。那些年和龙洞村的茶农一起努力，和家人、茶厂的员工一起努力，她的记忆中有数不清的风雨跌宕故事。

前些年，峨眉山那些老的群体茶种，滋味好但产量略低，当地茶农本来要拔掉老品种，改造成良种，王勤反对，并坚持要保留这些老品种。群体种采摘时间晚，发芽不一，但是耐泡，滋味好，更适应当地气候，所以今天山里还会有数百亩的这些老茶树，也成为老茶客的最爱。

人们总是说，有机茶园种植成本高，茶农会偷偷打药或打锄草剂，就是随空气飘过来的药物都会造成污染，太难管理了。为了避免这些问题，除了建立绿篱、隔离带，王勤还在村里每个小组的茶园实行了特殊的"打药连坐"制度：如果有一个组员打药，那么整个小组的茶都不予以收购。早年茶叶不好销售的时候，这可是最严厉的政策。就这样，组员从相互监督发展到自觉自动地按照要求来照顾茶园。经过几年，他们发现，有机种植不仅更省事，收入还更高，更可持续，当然这也得益于峨眉高山良好的生态体系。

山高天冷，峨眉高山茶一年只能采一季。只是高山茶往往要等到清明左右才有得采，要喝好茶急不得。现今人们为了赶早，将茶种在坝子田里，还多使用外地的早芽种，用各种物理或化学手段催促茶的成长，并不考虑茶的清甘厚味，这样的茶，哪怕再"清明前"也是没有意义的。

过了谷雨，峨眉的茶芽头长着长着，就要变空心，再之后就是一芽一二叶了。绿茶极为讲究外形，对茶芽的采摘更是严格，以饱满均匀者为最佳。在山里的群体种茶

龙洞山间，谷雨时的芽叶

群体种中微微紫红的新芽

园，既可以看到那些绿芽，还可以看到满披白毫的白芽以及紫变的紫芽，都一样清香秀美。

若赶得上谷雨前，就可以看到峨眉高山茶的制作工序。傍晚时分，正是摊晾后的鲜叶进入杀青阶段，车间里的温度已经很高了，来回摆动不停的杀青理条机，将茶叶轻轻地上下抖开，落下。车间工人挥汗如雨，为了让茶叶更扁平紧实，需要使用圆形棍子在理条机的槽里进一步压实叶形。

据老师傅说，峨眉扁形茶的手工炒制法，曾学习过杭州西湖龙井的工艺，这又是 20 世纪 50 年代的事了。

春天里那些少量的单芽茶，若以手工炒制则分外辛苦，只有一些老师傅们还能够习惯。手工炒制，一锅只能做几两干茶，高温杀青、三炒三凉，期间抖、撒、抓、压、带条、做形、干燥、提香，将茶炒好至少要两个小时，就这样，才能成就峨眉茶的扁平、直滑、翠绿

机器杀青中的茶叶

峨眉茶的手工炒法与龙井颇类似

峨眉茶扁平、直滑、翠绿显毫

显毫、典雅美观。一个春季下来，手总是要起厚茧，这样的苦可不是一般人可以吃得来的。

如果过于追求绿茶外形上的"碧绿"，往往工艺上不经摊晾，直接杀青，或快速杀青，容易形成茶味的生涩感。这两年，有人通过短时蒸青的工艺稍微加以完善。喝到峨眉茶，不能只看单芽一致的扁平或碧翠，更要喝到它的清甘芳醇与后韵。

2018年起，峨眉山中民宿盛行，山里有了不少漂亮的客栈，但忙碌的旅游季节恰好与制茶季分开，每到茶季，人们还是安心于将茶制好。峨眉山的春花、秋月、夏风、冬雪，都有异于尘俗的美。如果是雪天，茶园被白雪覆盖，天地间一片清寂洁白，这样的雪，更造就了峨眉茶的品质。

峨眉的茶如同峨眉的山，需要慢慢去体会，也需要山里人用心呵护。山太大了，游客们都是急急地来上金顶，汽车、缆车匆匆上下，最美的风景早在匆匆的旅途中遗失了。和清净的茶一样，慢慢来，才是有心人的做法。

剑南彭州上，宝山茶味永

提到四川茶区，人们皆知峨眉山、蒙顶山，对于彭州却知之甚少。茶圣陆羽在《茶经》中提到，剑南道（今四川省内）最上等的茶产在彭州，为何他对彭州茶如此嘉许？

陆羽在《茶经》中称："剑南以彭州上，绵州、蜀州次，邛州次，雅州、泸州下，眉州、汉州又下。"在茶圣陆羽的眼里，彭州茶是当之无愧的"川茶冠军"。

彭州不仅有茶，而且也从没有中断过茶的生产，只是产量稀少。彭州还是古老茶马古道的一个重要起点，至今犹能见到昔日风土物事。它太值得我们去看一看了。

之前听说一位福建人徐世洪，在彭州制茶，本想去探访，只可惜没有遇到恰当的机缘。2017 年 5 月 11 日晚，只在网上结识的徐世洪打来电话说，第二天茶山就要准备开采了，如我有时间，不妨来茶山看看，我毫不迟疑地答应了。没想到第二天恰好是 5 月 12 日，这是川人伤痛记忆的日子。距汶川大地震已经 9 年，当时灾后的彭州也与福建结上了帮扶对子，而这回要看的茶山，恰好在当年重灾区彭州龙门山镇的回龙沟。

第二日一早，我从成都驱车前往七十多公里外的彭州。"彭州以岷山导江，江出山处，两山相对，古谓之天彭门，因取以名"，此为彭州名称的由来，据说这里的山可以直通天门。

途经彭州丹景山，油然可见种菊东篱的田园山水，高山耸立，江水蜿蜒，似脱离世俗的乡间。丹景山所在的坍口镇，正是有着久远历史的，让人一再流连的茶乡。

古蜀之地的彭州，今天只是成都辖下的一个县城。当年水路贯通的彭州，可谓无限风光，商贸云集。《茶经》中注释："生九陇县马鞍山至德寺坰口，与襄州同。"其中坰口、马鞍山、至德寺至今犹在。马鞍山就在新兴镇境内，因其山形似马鞍而得名。至德寺就是今天九陇的三昧禅林，古称至德山，又名茶陇山，因盛产茶叶而得名。三昧禅林，因唐代悟达国师洗愈"人面疮"的泉水而得名，如今三昧水仍涌流不止，恩泽后世。马鞍山下，千年的光阴在这里骤然交会。

湔江畔的海窝子古镇，延续着古老的民风，户户门口都摆着花草。西汉时"蜀郡王子渊以事到湔，止寡妇杨惠舍"。说的是西汉文学家王褒曾因事务前来，止于湔水之畔，停留在寡妇杨惠的家中。王褒买下杨家奴仆，订立了《僮约》，成为"茶事记录的第一人"。《僮约》中写道："烹茶尽具，已而盖藏……武阳买茶"。古时湔水，今时湔江，茶，透过了两千年的光阴。

及至宋代，据吕陶记载，熙宁十年（1077年）四月十七日，坰口茶场一天就收茶六万斤，其诗云："九峰之民多种茶，山山栉比千万家。朝晡伏腊皆仰此，累世凭恃为生涯。"

驱车往山里走，就是龙门山镇的宝山村，也是四川知名的"中国百强村"，"宝山"二字名副其实。众山掩映之下，林木碧郁，水流湍急，白水河自然保护区更显清冷幽深。这里的海拔超过了1200米，那些遗留下的茶树散落于山间。高冷峻深之地，使得山间的老茶树直到立夏过后的一个星期，才能进行首采。我们在开采之前做了简单的仪式。震后的寺庙未及重建，但一位白发的老婆婆每天都在这里清扫院落。

宝山的无穷福气，也在于有茶山，有绵延百里的原始丛林，还有自涌的温泉。自然保护区早已无人居住，那些残垣断壁，石窝里的圆坑，似乎静静诉说着数百年前的故事。颓倒的墙基旁，顽强的茶树发出紫芽，叶芽发亮、充满韧劲，阳光下，这是毫无拘束的生命活力。这样的野生茶树，随意栖息于崖边林间，残舍之畔，春天的芽嚼来滋味苦浓，却回甘持久。

宝山茶产区位于藏汉交界处，

经历过地震的寺庙里，打扫落叶的老人

❶ 深藏于山林间的茶树
❷ 茶树的根就扎在岩石上

接邻阿坝藏族羌族自治州，这里埋藏着金矿和各式的玉石，也埋藏着茶马古道的艰辛，白水河的忧伤。漫长而艰难的茶马古道，从大山后延至藏区。

几百年，一千年或者更久远之前，前人种下的茶树已遍满山野。从新垦的山路登顶，路旁老茶树的枝条已然苍老。挂着红布条的"茶王树"，有两人多高，树幅十余米，灌木型，丛生的主干像胳膊一般粗壮。当地老人家都说，自己小时候，那树就有那么大了，这些茶树起码有两三百年了。千年前的茶马古道，印刻着藏汉两族的情谊，这些故事都湮灭在苍莽的深山里了。

再往上走，春光正好，山里有史前的植物珙桐，还有千年的冷杉。春天来得晚，千百种山花恣意开放。茶树的枝条斜刺生出，叶芽的持嫩性好，草木清香与茶似可交融。年长的妇人正将枝条压下，采撷一芽二叶，阳光从林间射下，采茶人时隐时现，只有红色的装茶布袋在满目碧翠中异常显眼。断崖下，水流远去。

山间的数百株老茶树，经过开荒，重又见到天日。茶树的根就深扎在山里，遇到砂壤，遇到岩块，它们的根都是这样从容努力，枝叶向上，争取阳光。这里的茶闻起来有兰花的幽香，因为山里的花与草都会融入茶味，阳光与清雾，山间的蕨草，蓝色的野生兰，连香树……深山里还栖息着大熊猫、金丝猴、云豹、牛羚……

彭州上等的好茶，就生于此间最高最冷的山间，秉承了高山云雾独立出尘的品味，给了彭州茶无与伦比的骄傲。彭州的其余地方也有茶园，但有些长在平原的坝子里，采茶或成为一个旅游项目，并没有太多令人欢喜的品质。宝山另一片成规模的茶园，种植于1958年，系当时从全省各地找来茶籽种下，实生苗不分品种，茶有明显的主根，每一棵茶树都很有个性，叶张树势、发芽早晚及叶芽形态都不相同，茶亦清甜有内质。

徐世洪的夫人是彭州宝山村人，他就是宝山人的女婿。也因为这个缘分，他留在了这里，在这座茶山扎根。从2014年开始，徐世洪就和宝山村人一起将这些茶保护起来。几年来，徐世洪和他的同伴在彭州的山野，把那些被人遗忘的茶树当成珍贵的宝贝，和村委会一道新建了茶厂，开荒、种植、管理、精心制作。

彭州的老丛红茶成品清甜稠厚，有天然花香，可以随意泡十多道。这样的红茶，喝过的人没有不说好的。徐世洪坦承，真正的好原料才能做出好茶来。在他来之前，人们只习惯制作些绿茶，还不知道这些茶树能做成红茶。彭州当地也有一种"红白茶"，却是樟科植物"老鹰茶"，是在四川火锅店里经常遇到的清热去火的饮品，并不是真正的茶。徐世洪的老家在福建武夷山星村镇，是红茶与岩

❶ 2017年5月12日茶山首采
❷ 来自武夷山的徐世洪

茶的重要产区。红茶制作刚好是他的特长，制作红茶的工艺看似简单——萎凋后揉捻，经过一晚的发酵，最后烘干，但要做得好，必须在细节处用心。荒野的那些老丛，叶质肥厚有韧性，必须弄懂它的特性，来把控各工艺环节的时间及力度。

徐世洪这几年也尝试将武夷山的一些品种种在彭州，水仙、肉桂、金观音……有时候，他也把当地老茶树开面采的鲜叶制成乌龙茶，"一样经得起120℃的高温烘焙，就是滋味会薄一些"。这里，哪怕是六七月间的夏茶，滋味也显得清甜温润。因为夏季的回龙沟，气温就只有20℃多一点，那就是春天的感觉呢！

当天与我们一道前来寻访野茶山的，还有热心于茶的杨本民先生与茶人何丽荣。杨本民先生是彭州的本地通，何丽荣女士是茶艺老师。我们兴奋地沉浸于这片美丽而孤独的山野，感受这古老的山体，久远的时光和最新生发的灵芽。那些茶树已经不知道是什么树龄和品种，它们成为自然间的精灵，用小叶和紫芽诉说它的芬芳厚味。

❶ 外形油润的宝山红茶
❷ 红亮的茶汤，带着山间的花香蜜味

我们在茶王树下简单布了茶席，盘坐于岩石之上，光影正好，茶香稠浓。这里有着与武夷桐木关相似的高度与气温，一南一北，遥遥相望。那一天，我们细细采摘了古老茶树上的数两鲜叶，用阳光萎凋，揉后发酵一晚，第二天用炭火烘制而得几泡红茶，因为茶树的树龄古老，花香幽细，茶味既稠厚又有后韵。

　　当年陆羽来到彭州，流连忘返，在丹景山上，与无相禅师一道煮茶谈玄，茶味浸润着高山云霞与兰草的清芳。无相禅师即"金头陀"，在蜀地有许多传说事迹。他主持修建的金华寺，位于彭州市丹景山之巅。2019 年 3 月，我曾前往金华寺，寺中仍然保存着古老的华表、赑屃巨碑和外貌奇特的"石麒麟"。住持宏悟法师带我们去拜谒金头陀的舍利石塔。石塔经历了 2008 年的大地震，主体尚完好。寺中除了曾令著名美学家高尔泰欣喜若狂的石隙牡丹，还可以看到许多古老的茶树。

　　千年后的今天，我们有幸，在高山里采撷春光。

龙门『活化石』古树枇杷茶

不要以为四川的茶都是低矮的灌木，不会有那些高耸入云的古茶树。川地不止有最早的茶文化记录，在这里，还可以看到那些被称为"活化石"的古老野生茶树的真身全貌。

中国西南地区是茶树的发源地，四川是茶树的重要发源地之一，盆地山间的众多野生乔木古树茶可为佐证。在这些野生大叶种茶树中，生长于藏汉交界处龙门山脉的崇州枇杷茶最为有名。之所以称为"枇杷茶"，是因为其成熟的叶片形如枇杷叶，也因为茶的滋味有着特别的果香。1965年，枇杷茶就曾被评为全国21个优良茶树品种之一，属于珍稀的茶树品种资源，它经过自然界长期的演化，并最后经历人工驯化培育，形成的一个茶树群体品种。

古之蜀州即今之崇州，旧时亦称崇庆，从汉初置郡至今，已历两千多年了，这是一座人杰地灵的川西小城。清朝光绪版《崇庆州志·物产篇》就曾记载："枇杷茶高一丈，二丈，叶粗大、名粗毛茶，近有取其嫩尖充普洱者，味亦颇类……"清代即以此茶为原料，制作"龙门茶"入贡。

叶大如枇杷叶、
芽头肥壮的枇杷茶

崇州离成都市区车程不到四十分钟，崇庆路号称中国最美的公路，茶季的时候，油菜花如无边锦绣。崇州产茶历史悠久，既制绿茶，又制边销藏茶。藏汉交接处，古老的龙门山脉，高山巍峨，谷狭壑深。

崇庆枇杷茶起源于崇州市的三郎镇、怀远镇、文井江镇（原名万家乡）、鸡冠山乡（原名苟家乡）一带的邛崃山脉，生长在海拔 1000 米左右云雾缭绕的高山上。山区土壤为白垩纪酸性紫色土和侏罗纪酸性黄壤。目前，崇州有矮化的崇庆枇杷茶园近千亩，乔木型老茶树数千棵。

在鸡冠山的白云沟，成排成行的高大古茶树，有六七米高，颇似云南冰岛古寨广场旁的那些古茶树，也与易武国有林里的高杆古树的外形相似。除了大叶种的枇杷茶，这里还发现了稀有的乔木中小叶种古茶树，树高四五米，有些枝干曾被刀斧砍伐，但数年后又重新茁壮起来，这里的茶树品种非常多样。

崇州的文井江镇，地处川西平原与邛崃山脉的交界地带，被称为枇杷茶之乡。在明清时，因万姓人氏聚居于此，而得名"万家坪"，后又称万家乡公所、万家乡，2006 年才更名为文井江镇。此地属亚热带湿润季风气候，四季分明，春秋短，冬夏长，雨量充沛，非常适合茶树生长。这里的大山深处，可以看到密布的古茶树。文井江镇的大墙山，山陡路滑，车子开起来很费力，以至连离合器的皮带都传出焦味。还好从山脚不到半小时就可以到达山顶，近百亩的"枇杷茶示范园区"就在眼前。

大多数枇杷古茶树已为茶农驯化，行走路途中发现的茶园，是与棕榈树，杉树杂居的生态茶园，茶园中那些移植多年的枇杷茶树，已在这个时节冒出绿芽。我们所看到的这一片茶园，有三十多棵古茶树。有数棵古茶树被矮化过，其他的多是六七米高的大树，主干粗大，树干上银斑点点。这些古茶树最明显的特点，就是成熟的叶片大如枇杷叶，似巴掌大小，叶脉清晰。它们的茶芽一律是芽孢的形态，舒展开的芽孢有两三片鳞片，类似于笋的"壳片"。采摘一片芽叶，味道清甜微涩，迅即回甘，叶芽似有果香，就连枝干都有这样的清香，也因此，当地茶农有时候还煮茶枝来饮用。

枇杷茶具备发芽早、芽叶肥厚、发枝能力强、香高、味浓、耐冲泡等特点。底质好、制作工艺得当、品相好的枇杷古树红茶，价格已非常高，而原来农家制作的其他群体种绿茶，价格就低贱多了。

我们还在大墙村找到了更高大的古茶树，这些孤傲伟岸的野茶树，孤单地散落在一片片山野深处，四周杂木芳草丛生。行了不远的山路，就看到这棵约十米的古茶树，它被誉为"四川枇杷茶王"。胸径近 50 厘米，离地面约半米处的主干部位开始分叉为两个枝干，树型呈三角形，树势较旺。"茶王树"与竹林相处，

高大的古茶树，树势较旺　　　　　　　　油菜花田里也有古茶树

"茶王树"下的小茶树颇多，应是茶果落下自然生长的结果。

另一株在菜园里的老茶树，依然生机蓬勃。主干之外，斜生另一支干，皆已长满青苔，泛银白色。征得主人家的同意，我们采摘了些许鲜叶。上树略微需要些技巧，那一捧新芽叶，放在口袋里，没多久就有果香出现。

开满油菜花的另一片山头，也有许多古茶树。连接怀远与文井江镇的山涧或山顶，都可以瞥见古树茶的踪迹，就像散落在大山里的绿色珍珠。我们到达的这片山头亦多煤矿，古茶树分布相对密集。山间地头，野菜和可以入药的车前草密布山坡，大片的油菜花田，有着令人陶醉的香氛。山路的崖石缝边，就可以看到古树茶的踪影。采摘一枚此处的新生叶芽，比之前茶园里摘的略显苦浓。

入山不远，柑橘、松杉、核桃，这些经济作物与古茶安然共存，这是千百年来的茶的衍化踪迹。民间成立了更多保护古茶树的团队，勤劳的崇州人也将其开发出一系列的茶品。

1957 年起，四川著名茶学专家钟渭基教授就曾在四川各地深入普查、研究，发现长江及其上游金沙江沿岸的二十多个县（市）都有大茶树的分布，范围在北纬 27～30°、东经 102～103° 之间，这与黔北、滇东北发现的野生大茶树分布区相连接。雷波、马边等地，在人迹罕至的大山深处也发现大量的野生茶树。至今，在雅安天全、荥经、宜宾等地，都有发现树高十多米的古茶树。而崇州市是野生枇杷大茶树的集中分布区，故将其冠名为"崇庆枇杷茶"公诸于世。

钟渭基参考古地质学、古气候学和历史文化等方面专家的研究成果，认为四川大茶树是被隔离分居在云贵高原北麓的原种后代，四川盆地东南部边缘地带自然属茶树原产地的范围。

古老的枇杷茶，除了自身的优良基因，更得益于所处的山脉水汽、良好的生态环境、树龄与种植管理方式。在崇州，人们多把它加工成枇杷红茶，因其内涵物质多，滋味甘醇耐泡，韵味长久。也可以按古老的工艺制成蒸青绿茶，却略显苦浓。

我们在农家采回来的一捧芽叶，经轻微阳光萎凋十余小时后，揉捻，再以棉布包起，发现红变得并不明显，这是因为茶芽肥厚韧性大的原因。不到半两的成品枇杷红茶，似乎更像是"红乌龙"茶。干茶有着沁人的芳香，是满满的山野气息。冲饮之时就已传来花香，入口清润细活，留在喉间的甘甜丝丝不绝。那种从骨子里透出来的荒野枇杷茶香，令记忆再度回到山林之间。

有花果甜香
的枇杷茶

福建

碧水丹山风骨清，天下盛名武夷茶

武夷茶是茶中的王者这是最早的乌龙茶类，滋味浓烈而清芬，从明末清初开始，以其"岩骨花香"在之后三百多年的时间里备受推崇。工夫茶中"茶必武夷"，大红袍则享有天下盛名。

武夷山屹立于闽北境内，以丹霞地貌而位尊八闽、秀甲江南。郭沫若曾感慨道："桂林山水甲天下，不及武夷一小丘。"此话虽多有专美，然武夷之秀奇，亦确实不虚。

有"茶叶王国"之称的武夷山，九曲流水，有三十六峰、九十九岩，鬼斧神工，又谓"岩岩有茶，茶各有名""无峰不长茶"。

武夷山是有仙气的，这样的仙气会弥漫在清晨的霞光流雾中，在九曲丹山之间，在彭祖、朱熹、白玉蟾祖师、扣冰古佛的故事里……

武夷茶的时空

武夷山因茶而被形容成"月涧云龛"，这是充满诗意的画面。唐朝进士孙樵在《送茶与焦刑部书》一文中写道："晚甘侯十五人，遣侍斋阁。此徒皆请雷而摘，拜水而和。盖建阳丹山碧水之乡，月涧云龛之品，慎勿贱用之。"故武夷茶又有"晚甘侯"之美称。

武夷山脉绵延整个闽北地区，有建瓯、建阳、武夷山等地。古时建州府所在地为建瓯，这也是当年名冠天下的北苑贡茶的主产地。

霞光流雾中的武夷山

张廷晖，字仲光，建瓯人。五代十国时，闽王兴茶事，出于种种考虑，张廷晖将凤凰山方圆三十里的茶山悉数献给闽王，此地遂被列为皇家御茶园，因地处闽都之北，故取名"北苑"。北苑之称，始自于此。

北苑，是中国茶事的一个巅峰，是帝国极致的浪漫和华美，之后再难超越。如果去凤凰山寻茶，可见"凤翼庙"，那是祭拜"茶神"张廷晖的。这场神话般的茶事从北宋建朝伊始，凤凰山下开始"腾龙翔凤"，北宋开宝末年（975年），南唐灭，北苑正式入贡宋朝。"天下茶以闽为最，闽茶以北苑为最"。千年前，北苑贡茶那一百多道精微的制茶工序，令人慨叹万分。今日的乌龙茶，依稀有着北苑龙团凤饼的痕迹，融入了中国人对天地自然的理解与制茶中的阴阳转化之道。

宋徽宗赵佶在《大观茶论》中赞："本朝之兴，岁修建溪之贡，龙团凤饼，名冠天下。"周绛《补茶经》载："天下之茶，建为最，建之北苑，又为最"。士大夫与权臣丁渭、蔡襄都曾为朝廷监制贡茶。文坛豪杰范仲淹、苏轼、欧阳修、陆游都对北苑茶倾注了无限追崇与热爱，他们还都是点茶或"斗茶"的个中高手。范仲淹曾作《武夷茶歌》："年年春自东南来，建溪先暖冰微开。溪边奇茗冠天下，武夷仙人自古栽。"

茶神张廷晖的凤翼庙

由帝国最高统治者推动，文人精英皆倾心此"出尘之味"，于是，有了宋代中国文人的四般雅事：插花、挂画、熏香、点茶。这是当年最浪漫的文人"派对"活动，如今影响甚广的日本茶道与韩国茶礼，也可追溯于此。北苑御焙出产的龙团凤饼，举数万人之力，精耕细作，奢华绝美，今人已难以想象，更不用说复制了。单就茶饼上的龙凤纹饰，就让人叹为观止，古人形容其"龙腾凤翔，栩栩如生"。

凤凰山位于建瓯东峰镇，距建瓯城区16公里。因山形宛如一只凤凰匍匐饮水而得名。每逢晨雾或日落，登高远眺，整个山河之势如翔凤下饮之状，远近美景尽收眼底，风生水起。现在的凤凰山，茶园亦连绵几十里。

元代之后，北苑茶渐趋衰退，茶魂飘到了一百公里外的武夷山。元大德六年（1302年），朝廷在武夷山九曲溪的第四曲开设"御茶园"，办理贡茶的采制与管理。我们可以从元朝丞相耶律楚材的文字中去领略他对武夷茶的渴望，虽然身居相位，仍然觉得"经久不啜武夷茶，心窍黄尘塞五车"。

明末，红茶与乌龙茶在武夷山相继出现。从闽南开始的工夫茶茶法也开始流传，精致到苛刻、舒逸无比的工夫茶，"壶必孟臣，茶必武夷"。明末清初，许多遗老隐居山野独善其身，或出家为僧，寄情于云根石隙的灵芽。释超全是其中的重要代表人物。释超全俗名阮旻锡，闽南同安人，生于明朝末年，曾为文渊阁大学士曾樱门人，亦曾是郑成功的部属。他自幼习茶，尤其善烹工夫茶，明朝灭亡之后，他游历四方，尽尝天下名茶，后因慕武夷茶之声名，入武夷山为茶僧。在那里，释超全结识了明亡之后隐居茶洞，"采茗自活，以高蹈终"的李卷，传其工夫茶法，品饮武夷岩茶。他还常与闽南籍僧人超位、超煌、衍操等人一起采制岩茶，并以茶供佛，品茗论道。

大红袍，就是从那个时代开始流芳。

清朝"著名美食家"袁枚曾写道："余向不喜武夷茶，嫌其味浓如饮药"。这与现代很多人刚喝到岩茶时的感觉一样。直到有一天，袁枚到了武夷山幔亭峰、天游寺诸处，僧道争以茶献，他才得以零距离体验"上口不忍遽咽，先嗅其香，再试其味，徐徐咀嚼而体贴之"的饮茶法，遂觉"果然清芬扑鼻、舌有余甘"，一杯之后，还想再饮一杯，最后得出结论："武夷享天下盛名，真乃不忝，"甚至说"龙井虽清而味薄矣，阳羡虽佳而韵逊矣"。

从闽地开始，茶越过海峡，向台湾传播，据连横《台湾通史》记载："最早有柯朝氏将武夷山的茶苗，种植在鱼坑（今台北县瑞芳附近），而成为台湾茶的开始。"

民国时的武夷茶，已经成为茶中桂冠，一斤大红袍有时能够换到六千斤大米，"铁罗汉"的声名风靡东南亚。流传于中国沿海及南洋一带最精细讲究的工夫茶法中，茶一定要用武夷茶。

到今天，武夷岩茶更是资深茶客的最爱。稀有的正岩茶，依旧以岩骨花香的清正之味，卓然超群。

武夷正岩与『三坑两涧』

武夷山丹霞地貌系由火山岩所构成，从大约八千万年前的火山喷发，又历经地壳运动，这里经历了漫长而独特的自然演化。现在的地表多呈褚红色，这是因为岩石中铁等矿物质年长日久风化而有。武夷山岩石，主要是石英班岩、砾岩、红沙岩、页岩、凝灰岩等构成。表层的土壤，则是富含腐殖质的酸性红壤。正如《茶经》所说，"上者生烂石，中者生砾壤，下者生黄土"，非常适合茶树生长。

在这里，茶树生长在狭长的山谷或坡崖中石块垒起的梯台上，茶树周边，又有悬崖峭壁，或杂树野草，"漫射光"影影绰绰。传统意义上的岩茶又讲究客土，所谓客土，就是隔三五年就需要在茶园上增填附近的风化火山岩，作为茶树

火山岩下的茶树，石块垒起的梯台

❶ 山间的野生萱草
❷ 生态植被良好的坑涧产区

的养料，让茶叶更具备纯正的岩韵。

正岩产区的植被相当繁茂，多有野生百合与杜鹃花。岩壁和溪涧边，则有许多四季兰和菖蒲。初冬的山谷，百年老梅树一树红花，满满幽香，随之，落红满溪涧。

武夷山的"三坑两涧"，是旧时正岩产区的杰出代表，为慧苑坑、牛栏坑、大坑口、流香涧和悟源涧。每个坑涧都有其个性，如慧苑坑的水细绵稠、牛栏坑的香高味烈等。从九龙窠的母树大红袍景观处开始行走，最后从水帘洞出，或中途拐到磊石道观，从兰汤村出。一路但见岩谷陡崖，奇花异草，谷底渗水细流。早期的农家都已迁出，但仍可见到茶场农舍的基石与焙茶的茶灶等物。

武夷山天心永乐禅寺，是母树大红袍的祖庭，建造年代可追溯到唐代贞元年间。武夷山也是道家的圣地，止止庵是中国道教南宗祖庭，建于晋代，位于大王峰下水光石后，南宋名道白玉蟾曾任止止庵住持。清朝董天工编的《武夷山志》特别称道："武夷山千崖万壑之奇，莫止止庵若也。"

武夷山的正岩茶就在景区之内，周边则是半岩茶，此外还有很多高山茶与外山茶，古人称位于溪河之畔的茶为"洲茶"。正岩茶的价格远远高于半岩、外山茶和洲茶。

要喝得懂岩茶并不容易，特有的丹霞地貌给岩茶以内质，不妨把岩茶的味道与力道看成两个体系。工艺到位的外山茶，香高水路细稠，却没有骨感；而另一

马头岩与磊石道观

方面，正岩茶哪怕泡得淡也能感受到力道。如果把"上者生烂石"仅仅理解成内涵物的增加，还不足以了解岩茶，自然而蓬勃的生命力才最能滋养我们身心。

著名茶学家林馥泉先生描述岩茶外形，认为"须质实量重，条索长短适中，紧皱稍细。惟水仙品种，因属大叶种，条索可略粗，形状力求纯净，整齐美观。色泽须呈鲜明之绿褐色，俗称之为宝色。条索之表面，且须呈蛙皮状之小白点，此为揉捻适宜焙火适度之特点。"

武夷岩茶泰斗级人物姚月明老人曾在他的书中写道："茶在冲泡后要求热汤香长久，清而不俗，细而幽长，杯底冷香明显者为优。"

"岩韵"或称"岩骨"最难懂，哪怕一百本里都说了一百种岩韵的理解，人们也还是没能够明白，因为对岩韵的感知是喝出来的。我个人的体验是，岩骨是一种对口腔的打击力度，或从口腔到身体的感受。有"骨头"的茶汤感能往下沉，入口可以咀嚼，有饱满而丰富的口腔体验。找到标准的正岩茶和外山茶对比着喝，在专注的状态下比较、记忆，就能成为高手。刚开始，不妨从茶汤入口的细滑程度、冲击

福建

力、韵味、稠度、回甘等方面来理解，这些感受要细细从前味、中味、后味来辨识，不要茶汤刚入口就发表感慨，有时需要等上二三十秒来体验后味，或在中味时屏住呼吸来感知。"岩骨"就是一种力道，丹霞地貌的矿物带来饱满充沛的力道，滋味更沉更沁，风格清正，也会有体感。懂得正岩茶，才懂得什么叫过瘾的茶味。

最难的是关于茶汤活性的体验，有活性的茶极难遇，在手工岩茶中偶尔能喝到。"活"之一字，或如乳石清泉一般，能沁润口腔的每个细胞。

南怀谨老先生爱喝岩茶，说是武夷山"藏风聚气"，故得清阳之气。这是一位真正懂岩茶的人，两句话就把武夷山场的特征与岩茶味道说得很通透了。清阳之气是相对于"阴浊"而言的，生长在稻田那样泥土里的茶就会有浊味。山谷坑涧的聚气特征，加之武夷丹霞地貌（国内其他丹霞之地因风化年份与地形特征等原因都不具备），是岩茶内质的真正支撑，故得此清正又纯阳的茶味。

同样品种、相似树龄的茶树，因为长在不同坑涧，成品滋味区别甚大。有的表现香高，有的水细，有的滋味醇烈，个性斐然，除土壤品质与种植管理方式外，或与东西、南北走向、光照、风向相关。生长环境如同盆景般精细巧妙，让岩茶散发生生不息的魅力。

若论武夷岩茶品种，最常见的是肉桂和水仙品种，最有名的则是大红袍。和大红袍齐名的，还有铁罗汉、白鸡冠、水金龟，并称"四大名丛"。还有另一类特别的岩茶，属于古老的群体种，又称"菜茶"，每一棵茶树形态与滋味都不一样，故其成品茶称为"奇种"。武夷岩茶中，每一个品种都有故事，每一个品种有它独特的香气与滋味，典型的如肉桂的桂皮香与辛辣味，水仙茶的兰花香，佛手茶的雪梨味等。

冲泡好的岩茶

东西走向的牛栏坑，光照更丰足

树龄很老的水仙，采摘时要用梯子或爬到树上

山涧里的紫芽奇种

岩茶工夫

精邃的工艺是岩茶的骄傲，武夷岩茶手工制作工艺是最早入选国家非物质文化遗产名录的工艺之一，很多人看到岩茶工艺，都惊叹"太讲究了"。

很多人说，学会了岩茶的工艺，其他的茶类就可以无师自通了。岩茶的制作要通宵达旦，即使全部用上机器，做青环节也依旧要通宵守候。每当茶季，制茶人每天凑合着睡三四个小时，总会听说有人因过于疲劳倒在岗位上，可谓是用心血在做茶。

岩茶那么精贵，也缘于正岩地区一般只做春茶。天气正常的话，岩茶的采制从四月中旬就开始了，到五月中旬前结束。所谓春茶，其实也是谷雨立夏时节的茶了。

无论是传统工艺还是现代工艺，都分为初制阶段与精制阶段。历史上的传统工艺为手工制作，现代工艺基本上实现了机械化，但即使到今天，岩茶依旧保留了日光萎凋以及手工炭焙的传统。

岩茶的鲜叶采摘标准，与其他乌龙茶相似，称"开面采"，即是新梢长到驻芽后，采一芽三四叶，一般掌握中开面，对夹叶也会采。每年茶季，带山茶师就会带着一波采茶女工在山间忙碌，用特有的采茶法——掌心向上食指勾住鲜叶，将鲜叶压于中指上，以拇指指头之力，采折茶叶。

岩茶在传统工艺中被描述有十三道工序，这些工序到今天依旧经典。具体为晒青、晾青、做青、炒青、揉捻、复炒、复揉、毛火、扇簸、摊放、拣剔、足火、炖火等。现在除了少量高端茶仍用传统的手工制法外，岩茶几乎已实现了机械制作生产。其制法多描述为六个程序：萎凋（包括晒青和晾青）、做青（包括摇青和静置）、炒青、揉捻、毛火（包括摊放）、足火等。每一道工序都有它的讲究处，几天

武夷山中的采茶人

也说不完，虽然有一定标准，但在实际操作中，因为变化的因素太多，经验和"看青做青"的灵活性显得尤为重要。总的来说，一款好茶的产生，在工艺环节，就是去芜存菁的过程——把不好的东西去掉，把好的东西留下来。

萎凋：晒晾光影中的蒸腾

萎凋可以简单理解为"枯萎凋谢"之意，和新鲜蔬菜放久了就枯萎是一样的状态。从这个环节开始，人们要善于利用和消除青叶内的青气和水气，转化为花香。

岩茶中的萎凋环节，包括了日光萎凋（晒青）和加温萎凋。岩茶的萎凋强调日光的参与，有阳光，就会更有香气，日光下产生的热化学变化是空调或人造光线无法替代的。

从茶山辛苦采回的茶青，要尽快倒入青弧内，用手抖开，避免堆热红变。此时多是午后，阳光不至过热，可将茶青均匀摊于水筛中，置于萎凋棚上。经午后日光晒青后的青叶渐呈萎凋状，戴着草帽的人们开始将两筛并为一筛，抖匀后再晒片刻，这才移回室内的晾青架上，进入晾青环节。

在手工工艺中，有些品种还需双晒双晾。也就是待鲜叶稍复原时，再移出复晒片刻，这样晒青更为均匀平衡。

日光晒青让茶叶出现更清晰的香气

萎凋要到位，否则水闷气很重。遇到阴雨天就很难办，就需要在烘青间用柴火或木炭加温除湿，用火的热力来萎凋，但总是没有晴天那么好做茶。像大多数的乌龙茶区一样，北风天气最适宜了，晴好北风，一定出高香。

做青：通宵达旦候花香

制作岩茶让人通宵不睡的原因就在这个环节。

青叶的走水、花香的显现，绿叶红镶边的出现，都主要在这个阶段实现。传统手工艺中，做青包括了摇青、做手、静置这三个部分。

萎凋后的青叶在水筛内呈螺旋形、上下顺序滚转，翻动的叶缘互相碰撞摩擦，使叶缘细胞组织受伤，形成红变。摇几次，重摇还是轻摇，就像艺术创作，正所谓"看天做青，看青做青"。

做青虽然充满变化，但还是有些基本原则。这个原则就是：重萎轻摇，轻萎重摇，先轻后重，先少后多。第一道摇青在青叶入青间约一小时后进行，只需要手摇十多下然后静置。到了第八或第九次摇青，有时候需要摇百多下才静置。

做青间是封闭的，保证其相应的温度与湿度，武夷山的夜晚都比较冷，一般会烤上炭火。做手工岩茶的阿炜介绍，武夷山原来的土坯房墙壁特别厚，昼夜温差不像水泥房那么明显，很适合做青。

一晚七八次摇青

摇青中的"做手"

❶ 经过几道摇青后
红边渐显
❷ 姚月明老人设计
的小型摇青机

有经验的制茶师傅，会在第二次摇青时根据叶色，将四筛茶并为三筛，然后再摇青。摇青后有所谓"做手"的方法，顾名思义，就是合拢手掌，轻柔地捧起青叶，使青叶边缘互碰，大约十多次，弥补摇动时互撞力量的不足，促进叶缘进一步发酵。做手后需"围水"，即轻轻翻动茶青并将其铺成内陷斜坡状。

摇青有个有趣的现象称为"走水返阳"。看似很神奇，实际上是正常的水分流动。"走水返阳"指的是一般在三摇后，萎软的茶青再静置些许时间，此时枝梗叶脉的水分，又流动到叶片上，叶片则膨胀，似乎又鲜活起来，故称"返阳"。

整个做青过程一般从晚饭后开始，持续到凌晨四五点钟。鲜叶的香气也在不断发生变化，一晚上从清淡花香到青气，到刺激性的香气，再到花果香，变化非常微妙。每种青叶一晚上都要摇青六七道甚至八九道，摇到叶脉透明，叶缘出现朱砂红，也就是"三红七绿"，叶形呈汤匙状。这时基本没有了青气，靠近一堆茶叶来闻，会闻到花果香，这就是一晚做青的成绩了。

此时近凌晨，天光已现，疲惫的人们似乎又清醒起来。遂将茶青装入大青弧，用手轻轻翻拌抖动，或短时堆闷，然后装入软篓。一切准备就绪，抖擞精神，茶叶即将进入脱胎换骨的炒青阶段。

深夜里的手工炒茶

机器杀青

炒青：高温炼金术

手再厚也还是肉做的，手工炒茶并不是说你的手有多耐热，而是注重技巧与经验。比如要立起手掌，尽量使手掌厚处接触到茶叶，翻动接触茶叶时间最短，还要学会放松与灵敏等。不烫到手只是基本要求，还需要体验手触茶叶的手感、炒青叶散逸的香气、感受锅温等诸多因素。

炒青之前，需要用专用的磨锅石，磨去锅内的胶质焦化的物质，喷一口水入锅洗净，"滋"一声，烟雾滚滚。

炒锅的温度极高，用电子测温仪检测时发现，锅底往往有 300℃，就用这样的高温火力，来杀熟杀透茶叶。

炒法也不是单纯抖散，要和闷炒相结合，青叶水气多或少，叶片厚还是薄，是名丛或"菜茶"，各有各的炒青法。以往也有使用木质炒刀协助炒茶的，但很多炒茶人更喜欢手触青叶的直接体验。

揉捻：壮汉做的事情

揉捻时需要左右掌交替顺势揉动

未经焙火的毛茶叶底，做青到位的可见明显的绿叶红镶边

武夷岩茶的手工揉捻，真是件体力活，也是壮汉才做的事情。炒青好了，随着炒青师傅一声喊，揉捻茶工就要紧张上阵了。一般在揉捻台上用武夷山特有的竹栵进行揉捻，竹栵的底部棱骨凸出，系极薄的竹篾数片叠成，利于揉捻。揉茶工站稳了，双脚叉开，瞬间精神抖擞，顺势用力，上身随揉捻动作前后摇动，极有韵律节奏。

揉时茶叶刚刚出锅，茶叶就在左右掌交替中顺势揉动，手心极烫，要茶汁溢出，感觉黏手了，才会有茶味。揉后解块抖松，再行复炒，复炒有蒸热的作用，以进一步散发青气，表现茶香。复炒时锅温略低，时间约三十秒，但外行也不能轻易尝试。老茶师翻叶的动作都那么娴熟优美，一般人做不到。

手工"双炒双揉"，形成了岩茶独特的外形，所谓"蜻蜓头""蛙皮状"就是这样慢慢形成的。

初焙、复焙：走水出甜香

初焙也称"走水焙"，手工制茶时，初焙需要将茶叶焙至七成干。焙火间一排数个焙窠，炭火温度从高到低，焙茶则流水作业。此环节在于干燥水分，并使茶中糖分的香甜更好地表现出来。

焙茶人需要提前三四个小时打焙，因每天产量大，武夷

打焙

的茶厂和作坊多改用机器烘干，初焙极少用炭火了。

在焙间，看得到焙笼、焙筛、焙篓、软篓、茶筑、地历、谷斗、平面木四角架、焙铲、焙刀、抹灰刀、灰瓢、火钳等，这也称得上十八般武器吧。

焙茶用炭选择硬木炭、果木炭均可，适合不同的茶品种。埋炭是一番苦功夫，炭火升起时，满室火星如同烟花升空，焙间顿时热起来。烧炭的师傅脱掉上衣，脖子上围着毛巾，随时准备擦干汗水，豆大的汗珠密密沁出，裤子亦湿透了。

初焙只需十多分钟，其时翻动茶叶二三次，炭火顶上稍稍盖点灰，亦不见火焰，以高温锁住茶香，此时达到七成干。之后扇簸，去片末，并将茶索摊晾五六小时，此为"晾索"工艺。晾索现在用得很少了，多因为程序复杂的缘故，但晾索可以使茶叶更油润，不至出现不清爽的闷味，也利于后熟。晾索后，再交给茶工挑拣剔选。

此后进入复焙程序。复焙的温度就低了些，正所谓"低温慢焙"，传统工艺中的复焙有时候还垫上毛纸，使某些特定的小品种不吸火香。复焙约两个小时，焙至足干，然后进入"吃火"工序，又称"炖火"，此时需半盖焙、全盖焙，以提高茶味醇度与熟化。以往还有用纸团包茶，包后再补火一次的传统，这是避免长途运输团包吸潮而做的措施。

林馥泉先生曾在书中写到，民国时制茶的庄主多是闽南人或潮汕人，岩茶受他们的影响也很深，人们的喜好也影响了岩茶的焙火程度。

据原福建省茶叶质量检测站站长陈郁榕老师介绍，新中国成立后，等茶季结束了，初制好的武夷岩茶会按行政区划统一调往建瓯茶厂，按茶叶质量归堆、拼配、焙火。现在，依靠制茶机械，岩茶可以实现规模化生产，会将初制阶段含水率约为 6% 的毛茶存储到梅雨季节之后，再行拣剔、拼配及焙火等精制工序。

具体来说，现在的精制是在毛茶审评归堆后进行，目前大部分茶厂多先分别拣出梗片，然后进行筛分和风选，最后匀堆、焙火。匀堆既有相同品种的拼配，又有不同品种的拼配，比如肉桂和肉桂拼，肉桂和水仙拼成商品大红袍等。精制阶段的焙火可以一次到位，但也有人选择二到三次或更多次数的焙火。

知名岩茶制作人陈德华先生认为，茶叶从焙干到吃火，可以一次性完成，基本上能一步到位，焙成产品投放市场。刘宝顺先生就特别推崇精制时一次焙到位，他说，一次能焙到位，何必要分几次来焙呢？一次焙火，这才是工艺成熟的表现，也会减少茶末的产生。

不同的人有不同的焙火风格，总之，要看茶焙茶，并非焙火次数越多越好。制手工岩茶的破水先生相信，焙多焙少说到底就是一个度的把握，看其是否合于自然之道，关键看结果如何。他认为，滋味同时要保留香和水，其次要焙透，耐存放（有"蛤蟆背"但不能有高火味）。他喜欢以多次文火慢炖，认为这就和萎凋双晒双晾、走水焙时焙到约七成时要晾索，平衡叶片叶脉的含水量，是一个道理。不同的品种与品质特征也决定了焙火的方式，这就是适焙性的问题。

很多人疑惑，岩茶是喝轻火还是足火工艺？需要注意的是，高焙火的茶与足焙火的茶是不同的概念，前者过高，后者恰好足够。潮汕地区依旧有喝高焙火茶的传统，这些茶大多品质不高，只为喝火香与甜水，缺少茶汤应有的稠度与醇厚。而许多针对老茶客的高端茶其实依旧是做足火或中足火。好茶耐焙，火功到位，香沉水底，汤水厚稠而化，其韵味强，久储也不返青。目前市场上高端茶的主流为中足火，而针对北方市场或新市场的多以中轻火为主，表现鲜爽度和茶本身清晰的香气。关于岩茶叶底出现的"蛤蟆背"，是颗粒状的小泡点，不管电焙还是炭焙，只要焙得到位，都可以出现。

戴云山间观音茶

闽北与闽南是福建茶的两个臂膀，北有大红袍，南有铁观音。近三百年前，铁观音茶被发现，盛名流传至今。

闽南戴云山脉，巍巍高旷。源自闽南的工夫茶，有最精湛的茶器与最讲究的茶法：炭与风炉煮出的新鲜沸水，细细冲注在孟臣罐里，浓稠的茶汤低斟在薄而浅白的瓷杯里，啜一口，就把生活所有的烦忧放下了。

闽南地区更是一片醉人的茶香世界。漳州、泉州，几乎每个县都产茶。美丽的"福建南大门"漳州诏安县，与潮州凤凰山毗邻，民间饮茶之风浓厚。当地最有名的是"八仙茶"，于 1965 年为诏安农艺师郑兆钦先生发现，三年后开始在八仙山的汀洋茶场繁育推广，也是新中国成立以来唯一新选育的国家级乌龙茶良种。

闽南还有平和县的白芽奇兰，有着奇特的兰花香。白芽奇兰母树发源于崎岭乡彭溪村，如今盛产于闽南第一高峰、海拔 1500 多米的大芹山脚下。

漳平水仙是乌龙茶里面唯一的紧压茶，似豆腐干的外形，包装棉纸透出幽幽的兰花香。一百多年前，水仙茶树从建阳水吉被引种到漳平双洋镇的大会村，当地人融合了闽北与闽南的制法，使用特制的木模槌压成小块方饼，再包上棉纸，盖上印章，兰香桂馥的漳平水仙茶一路从潮汕卖到南洋，在民国时期名扬海内外。

与安溪相邻的永春，亦种植有铁观音，然而佛手茶才是永春的拳头产品。佛手茶，又名香橼种，灌木型大叶种，因其叶大如掌，品饮起来有佛手柑的果香而名。永春除了佛手，还有闽南水仙，清朝咸丰年间就由永春仙溪人郑世报从闽北带回，种于鼎仙岩处，后经海外侨民推广传誉，扬名东南亚。

晚霞中的戴云山脉

❶ 种植于闽南的水仙茶树
❷ 漳平水仙

在整个闽南，茶与安溪似乎有着更深的缘分。这片土地，曾经因为山而贫困，又因为山间有茶而富裕。安溪人走南洋，走中国所有的茶叶市场，"安溪茶帮"，是一个敢拼又聪明能干的人群，他们对茶和茶的营销，甚至对制茶器械的研究，很早就走在行业前面。关于安溪的茶事，就像西坪千米高山的旷远，留给我们的故事与思考太多了，一本书也难以说透。

圣妙香 『清溪』

安溪地处戴云山脉东南坡，境内按地形地貌之差异，素有内外安溪之分。内安溪地势比较高峻，更适合茶叶的生长，主要有祥华、感

111

闽南多石屋，
有尖细的屋角

德、剑斗、芦田、西坪、虎邱等乡镇。

西坪的高山上，古老的石屋，尖细的屋角伸入蓝色的天空。这是铁观音茶的发源地，这个坐落于蓝菖山北麓的村落，海拔高达 1265 米，雨水多，雾气缭绕，土层深厚。

在安溪县三千平方公里的大地上，高山湖泊星罗棋布，这里居住着一百多万人口，拥有六十多万亩茶园。

安溪原名"清溪"，意为溪水清流。北宋更名为"安溪"，取溪水安流以致太平之意。安溪产茶历史悠久。明代的《清水岩志》记载："清水高峰，出云吐雾，寺僧植茶，饱山岚之气，沐日月之精，得烟霞之霭，食之能疗百病。老寮等处属人家，清香之味不及也。鬼空口有宋植二、三株，其味尤香，其功益大，饮之不觉两腋风生，倘遇陆羽，将以补茶经焉。"

除了知名的铁观音品种，安溪还有五个国家级乌龙茶良种：梅占、黄金桂、大叶乌龙、毛蟹、本山。因铁观音名气太大，其他品种变得寂寂无闻，种植面积也极少。其中梅占尤为特别，有"梅花占魁首"之意，发源于芦田三洋，有梅花香气、小乔木的梅占品种，适制性广，除了能制乌龙茶，亦用于制作红茶、绿茶。黄金桂发源于虎丘罗岩，有"透天香"之誉。大叶乌龙，发源于长坑珊屏，树势大，口感醇厚、花香幽细。鲜爽滋味明显的毛蟹则发源于大坪。

安溪铁观音的发源有两种传说，一个是茶农魏荫梦见观音大士赐茶，后在打石坑处找到母树压条，一年后分植于铁锅上，又将茶种给予乡亲，故人称茶为"铁观音"。另一个传说则是清代举人王仕让在后花园发现此茶后进贡，由乾隆皇帝赐名，取"重如铁，美如观音"之意。两个传说都从安溪的西坪乡开始，高大旷远的西坪，是铁观音最早的发源地。

铁观音品种"红心歪尾桃"的特征

"未尝甘露味，先闻圣妙香"。爱喝铁观音的人常觉得它的迷人之处就在于香气，而铁观音之妙处，又绝不仅限于它的兰桂之香。上品铁观音，更在于汤质细腻甘滑，茶韵隽永。

松岩村的魏月德是魏荫铁观音第九代传人，他的茶厂中写着"天地人共创香味韵色形"。西坪的山头植被略少，茶树高大，夕阳下的大山，风吹着令人清醒，这片被上天眷顾的土地，美丽而旷远。

感德镇的槐植、槐东村可以更容易找到好茶，铁观音茶热销的时候，那里的茶价位最高，制茶的机器更为现代。我来得最多的还是祥华镇，这是铁观音茶的重镇。

祥华人杰地灵，是清文渊阁大学士兼吏部尚书李光地的诞生地。此地多为丘陵，境内长年朝雾夕岚，温和湿润，十分适宜铁观音生长。祥华的新寨村，海拔在 700 米左右，大山的梯田里种满了茶树。而农家炒茶的香味，在风吹过的时候，一下子围绕在夜空的四际。

祥华有八个村子，詹姓是最大的姓。在这里，几乎户户都种茶。炒茶的师傅在茶季一天只能睡三四个小时，一直持续到茶季结束。

铁观音重镇祥华

铁观音故里，茶乡起落

在当代茶事中，铁观音茶可以称是中国茶的翘楚。在安溪民间，也有很多古老的饮茶习俗，缺医少药的年代，人们会留点老茶，煮浓，加盐，用来治疗发低烧、拉肚子等毛病；有时也会用于小孩积食的对治，按当地人说法，"打个嗝、放个屁就好了"。

民国时，安溪人开设在东南亚地区的茶号就有一百多家。之后物资匮乏的年代，安溪人只能以种植粮食为主，少量种植茶叶。改革开放后，安溪人最先夺回了闽南、潮汕地区及东南亚等传统销区的市场，又走到全国，甚至包括日韩、欧美在内的国际市场，茶园也飞速发展。20世纪90年代，尤其到1995年后，需求量剧增，此时，甚至连原先的田地和林地，也变成了茶园，茶农渐渐富裕起来。2000年之前，传统"重摇青加焙火"的工艺，受台湾轻发酵乌龙茶的影响，铁观音一跃成为绿圆紧结、鲜爽甘香的清香型铁观音，一时成为市场新宠。之后，新一代制茶师又调整发明了"拖酸""消青""消正"等新制法。

2012年以后，新工艺带来的问题也渐渐出现，加上人们对制茶行业农残的担心，铁观音市场渐趋黯淡。

这几年，安溪茶山看起来更是成片肃整的绿，只是采茶季不再热闹，有些茶园未采就都修剪了，一批采茶工跑到了潮州。行业虽有起落，但人们依旧相信，铁观音的独特韵味是其他茶无法替代的。

铁观音热销的时候，有全国各地的茶商进来收茶，包括国外的茶商。来到这里的茶商，每天都要不停地品尝各式的茶，"喝茶喝到怕"。先看茶样，再闻茶香，用汤匙舀起排成一列的六七样茶汤，让茶汤停在嘴里，再迅速吐出来。和品

传统工艺的铁观音有明显的焙火工艺

进入21世纪，铁观音形成绿圆紧结、鲜爽甘香的风格

其他乌龙茶一样，品评一道铁观音，没有几年的功夫，是没有发言权的。每道茶，都有不同的汤色、茶香、韵味，而一个细微的指标，就决定了它的优劣和价格。细节上，可以去观察茶样，看看是否沉重紧结、匀齐；有没有清晰的兰香或乳香；好的茶，水路细腻，汤感稠厚，滋味饱满，回甘快而明显。当然最重要的是要考察"观音韵"显不显。

潮汕地区是传统乌龙茶的大市场，潮汕来的茶商每年要收上几千斤的铁观音茶，拿到汕头一带再焙火。他们也喜欢陈年铁观音，认为"可以当药"。20世纪90年代中期以前的铁观音不是紧结的球状，反倒和岩茶一样，呈条索状，茶性温和，香沉汤底，韵味长，深红的茶色，深红的茶汤，有浓稠的滋味。

观音韵　来之不易

最好的铁观音当然是春茶和秋茶，春茶水细、秋茶香高，若是到了夏茶和暑茶，则滋味短薄，多带苦涩。

与其他乌龙茶一样，铁观音从采茶开始，经历了晒青、晾青、摇青、静置、炒青、揉捻、烘焙等多道精细的工序。讲究兰花香的铁观音，从柔适的阳光晒青开始，叶片在凋萎与鲜活间轮回，一夜静置，适时轻摇，梗与叶脉水汽青气消散，花香隐伏流动，绿叶红镶边出现于清晨。高温杀青后揉捻、烘热、压形、又团包，古时的乌龙成了今日的"蜻蜓头"，青蒂绿腹，色泽鲜润，壮结沉重，落入盖碗，清脆有声。

如果说武夷岩茶还保留着传统工艺，安溪铁观音就有很多创新和不同：人们多依靠空调进行鲜叶萎凋，"少摇青多静置"，一般只做青二到三道（岩茶要摇青七、八次）；静置时间更长；揉捻后需要摔包，以去掉红边，让干茶更墨绿漂亮；成品使用抽真空的袋泡包装，储存依赖冰箱等。

❶ 叶片在凋萎与鲜活间轮回
❷ 铁观音的摇青
❸ 制作时有阳光萎凋更能表现花香
❹ 第二天清晨，出现轻微红边的茶青
　　进入杀青环节
❺ 通过包揉渐渐形成紧结的外形

铁观音的未来

　　只种植茶树的茶山，看起来更加单调，红色的土层裸露得厉害。除水土保持之外，还有很多客观的问题摆在茶农的面前，包括土壤的肥力，杂草与病虫害的治理等。

在祥华乡东坑村，很多人开始理解张碧辉的做法，他停止修剪茶树，开始让草生长。这两年来，他不施肥，不打农药，让茶园里的草与林木长得更旺，他相信，"与万物和谐共存共荣的永续经营"的自然农法，会带来与众不同的茶树生命力。"自然农法讲的自然也不是完全放任自由，也有农法，茶园上的草剪下来可滋养土壤，种更多的树来固定水土，遮阴，抵挡虫害"。张碧辉为茶园种上了上千株桂树、红豆杉、竹柏等树苗，这些树苗花了近万元。可以预见，再过些年，这片茶园的生态就会很漂亮了。刚开始实施自然农法时，虫子把部分茶树啃光了，但这片茶园正在恢复，张碧辉说，不用担心产量，一定会越来越好。"你信不信，我们的产量可能还会胜过之前的惯行农法？"张碧辉是一个很执着的人，他很希望乡村里更多人和他一样实施这样的农法。

张碧辉的茶园，开始让草自然生长

在充满生机的茶园，掬起一捧土壤，土质疏松不板结，有泥土的芬芳，茶园里也有各式花草。当代"茶界泰斗"张天福老先生，生前一直提倡有机茶园的种植，2009年，安溪龙涓乡内灶村的张天福有机茶示范基地开工投产，张天福老先生谈到，品牌茶一定是有机茶。这片新茶园开垦之初，运用了"梯层茶园表土回园条垦法"，平时管理上，不施化肥和农药，确保茶产品天然无污染；利用表土作基肥，施用绿肥、有机混合肥，从而丰产、稳产、优质；建立等高梯层茶园，每层设有横排蓄水

实施自然农法的茶园

健康的土壤更松软有活力

沟，梯层、梯壁绿化，这样茶园水土不流失；采摘时用机采，能提高功效，实现了茶园现代化。如今，这些有机茶园也生机勃勃，有着更美好的未来。

我们在茶园的发展中，也看到时代的快速变化，匆匆而逝的时间让万物生发、变化。茶味中的花香深韵，是厚土与阳光的真味。

「仙山云海」，白茶之路

古老的传说中，尧帝时的太姥娘娘，曾用白茶赐予人们抵御瘟疫，白茶医治了万千生灵。一直到今天，白毫银针还是民间很多人珍藏的必需品，而太姥娘娘的传说也已经数千年了。茶与民生，千年来密不可分。

茶与中药炮制的原理原本甚为相似，中药讲究"以自然之道养自然之身"，不妨把茶看成是一味温和的中草药，这片独特的叶子可以被鉴赏、有趣味、承载人类的文明。"茶性原本极寒"，通过工艺中的日光与炭火来调节转化，之后的成品茶有寒凉与温燥的不同秉性。福建白茶尤其重视它的"凉"药之效，所谓"一年茶、三年药、七年宝"，讲的是依靠日晒工艺的白茶具有清热解毒之效，储之愈久则效用愈显。

在民间，人们常采集各式中草药，新鲜时喝不完，就借助阳光晾晒干燥，贮藏着以应不时之需。山林间各式各样的草本可用以治病养生，至今，福建广东一带还有非常多的青草凉药，用以清热解毒，或煲汤养生。简单的晾晒就是白茶的工艺，白茶的晾晒也体现了最原始的茶的本味。

日光萎凋中的白茶

这样的白茶或许是中国最早的一类茶了——采摘茶叶，以中草药的方式晾晒，以最古老的传统将茶拿来药用。从这个角度看，原始工艺的白茶，其出现极可能比蒸青团饼和炒青茶类都要早得多。

简单而极致的制茶工艺

发源于福建的近代白茶工艺，在晾晒为主要工艺的基础上，又讲究细节，如看茶制茶的并筛、堆积、炭烘等。在今天，显毫且芽头肥壮的品种成了人们新宠。大叶种白茶品种如福鼎大白、福鼎大毫、政和大白、福安大白等，依茶青等级不同，成品后分为白毫银针、白牡丹和寿眉；而小叶种（群体种）则制贡眉；水仙品种制成的成品则称"水仙白"。

白茶的制作工艺核心在萎凋和干燥两个环节。萎凋主要有三种方式：日光萎凋、萎凋槽萎凋、萎凋房萎凋，也有几种方式相结合的复式萎凋。萎凋是白茶品质形成的重要工序，萎凋房和萎凋槽内的萎凋时长一般在一至两天；日光和室内结合的萎凋一般在二至三天完成，亦视气候与茶叶状态而调整。干燥主要有电焙和炭焙两种方式。

白茶的制作看似简单，其实也很讲究细节，每家每户都有自己独到的做法，彼此之间视为核心的"秘密"，也有看青做茶、看天做茶之说。比如传统的日光萎凋，并非就用一点阳光那么简单，细节的掌控显得更为重要。要依温湿度高低、日晒的强度、风向与茶叶本身的变化，适时进行调整。每到茶季，工人们都忙碌地将竹匾搬来搬去，精心呵护茶叶。后期，还要确定合理的堆积时间、烘焙时长和温度。近年来，有人们称之为"养茶"的做法，兼顾到制茶的效率，让萎凋仅一天、含水率

白毫银针

白牡丹

利用北风和阳光
萎凋的政和白茶

8%～9% 的茶叶，继续在布袋中堆放十多天，变得醇和，将干燥工序推至后期。上等的福鼎白茶，以白牡丹为例，毫心多而壮、叶张细嫩；叶面灰绿或翠绿，色调和，匀净；冲泡后毫香显，清甜醇爽、浓厚、毫味足。有些成品茶边缘微红带褐，这是发酵（酶促氧化）带来的变化。工艺环节掌握不到位，就容易出现茶香混杂甚至有青味、焦味，叶片红张、暗黑，以及汤色混浊、滋味不鲜爽等情况，从而影响茶叶的品质。

在早期，白茶是以小芽头的土茶为原料的。根据袁弟顺先生编著的《中国白茶》一书记录，在清嘉庆初年（1796年），福鼎人就用菜茶的壮芽为原料，创制白毫银针。约在1857年，福鼎大白茶茶树品种才从太姥山移植到福鼎县点头镇。由于大白茶所制银针外形品质优于菜茶，于是福鼎茶人改用福鼎大白茶的壮芽为原料，加工白毫银针，出口价高于"土针"十多倍，约在1860年，"土针"逐渐退出白毫银针的历史舞台。

另有说法认为，白牡丹的工艺源自建阳。据称，建阳县水吉（含漳墩、回龙、小湖）一带生产的白茶历史悠久，曾于清朝同治年间首创"白牡丹"。而政和县也有自己的政和大白品种，产量可观。总之，福鼎、政和、建阳，甚至周边的福安、松溪都有可观的白茶产量。今天，白茶市场如此火热，福鼎亦成为最重要的白茶产区。福鼎是靠山面海的仙居之地，其主产区有点头、秦屿、白琳、磻溪、管阳等乡镇，近年成为寻茶者的"朝圣"之地。

白茶圣地
太姥山

福鼎的茶因太姥山而有仙气，人们因太姥山而有福气。神仙洞府般的太姥山国家地质公园位于秦屿镇——2011年正式更名为太姥山镇。秦屿古时在海域之中，宋代称藳屿，因岛上有"榛树"而得名。岛屿又似浮在海面上的两朵莲花，故又被称为"莲花屿"。秦屿镇上有许多讲福州话的人群，其先民据说很久起以前就已经从福州迁徙而来了。

每次来太姥山，都能感受到山间迷蒙的仙气。春茶季，山间杜鹃花开正浓，姹紫嫣红的花瓣沾满雨露，远山叠翠。

在太姥山的青龙洞，有一棵三米多高的老茶树，堪称稀有。老茶树是山里的群体种，枝干黝黑苍老，四月间枝叶繁茂，茶芽滋味清奇，不知其树龄多长，正是太姥山产茶的活标本。从青龙洞的寺院后门可以顺着山洞和石阶往上攀爬，石阶时或深藏在巨石之间，洞口狭窄处仅容一人侧身通过，怪石嶙峋，疑是无路，转而又柳暗花明。上山的路可到达鸿雪洞，也就是知名的绿雪芽老茶树所在地。近旁有唐代建造的太姥娘娘塔，塔墓上有唐玄宗所赐"尧封太姥舍利塔"碑题。被称为"白茶祖"的绿雪芽，枝条苍劲老迈，芽叶依旧嫩绿翠美，在崖壁与云雾间，不知生长了多少年。

这里是景区，更是自然的山野。山里的寺院与茶，都有深密的关联，出家人修行，也采茶、制茶，泡茶饮茶，与游人以茶结缘。

离景区不远，太姥山镇的方家山白茶小镇，雨后的天空清丽可人，让人脑海蹦出"风水宝地"的字眼。知名的白茶制作人方守龙的日光玻璃房非常独特，成为菱凋做茶的另一个创新，玻璃房能通风、能蓄积热能，摆脱了雨天制茶的困扰。房间里用蓝色的布遮着，可以自由调节阳光的强弱。

春茶季，杜鹃花开满山间

被誉为"白茶祖"的绿雪芽

每逢茶季，全国各地来访的人很多。方守龙先生就用两个旧的大瓷碗泡白茶，多人围成一桌，他专注的神态让现场都安静下来。大家的问题常常千奇百怪，注完水，他总会补着回答上一两句。

我于很多年前就喝过他的茶，干净厚醇。此次拜访，又喝到他六七个不同年份与工艺的白茶，茶汤皆干净有力。问及工艺及种植方式，他据实相告，并没有完全手工或炭烘，"行业不要卖太多概念"。他坦陈，2003 年前，他家的茶园还会用化肥，之后才按欧盟有机标准种植管理。生态良好植被多样化的茶园不必用农药，虫子自有天敌，万物生长有序，大自然有安排。

高山茶香

太姥山是白茶的源流，但产量不算大。近年大受追捧的福鼎白茶原料，出自不怎么出名的磻溪和管阳。磻溪镇和管阳镇属于高山区，山林碧翠，环境极佳，离海边更远，不会受到海水和海风的影响。

白茶的诸多山头，能感受到更多土壤、雨露、山间植被与茶味的关联。

管阳镇山间的茶园

采茶的老人

管阳海拔较高，大部分位于海拔 400~600 米，其中西坑、天竹、河山和天顶山等地也是优质白茶集中产地。管阳有很多早期茶园，石头砌起的护坡能够更好保护水土。茶园边上的植被多样化，整体生态环境良好。管阳的白茶也受人追捧，在品质与口感上的表现稳定。

从市区一直向东北方向走，在福鼎与温州苍南县交界的地方，都有人在生产白茶。老年人在茶园里采茶，路旁的竹匾上正晒晾着白茶。也有的厂家为了效率，直接将茶在萎凋槽内加工完成，但多有生青之味。因为地界已属浙江，人们甚至将一半的茶按龙井的工艺做成扁平型的炒青绿茶。

在政和白茶主产区的铁山镇，山林更为茂密，所制的政和白茶滋味粗犷厚重，有山野的气息。相形之下，福鼎的白茶则鲜美细腻。政和的白茶，多依赖自然风干，最后晒干，手工制作的白茶，亦是在竹匾上经历着忙碌而有节奏的历程。

这两年，越来越多的人来福鼎寻访茶山，看老茶树，磻溪渐渐成为资深茶客最爱的山场。磻溪位于太姥山西麓，森林覆盖率达 88%，平均海拔 600 米以上。来到磻溪，就能体验常年云雾的湿润之气，山林中自然的气息更为浓重。磻溪镇多高山茶，磻溪山里的仙蒲、黄冈、大洋山、吴洋等地都是山林茂密生态良好的高山茶区。实际上，磻溪的白茶产量也比较大，也有不少制茶名家。

磻溪山间溪流清澈，各式杂树繁密。行进在弯曲的山路上，渐渐看到抛荒多年的知青茶林，绵延山间，茶树俱已两米多高，枝丫自由生长伸到天空。这样的抛荒茶产量不大，但内质独特，制成的贡眉和荒野茶越来越受追捧。

承袭之路

点头镇是福鼎白茶的集散地和最大产区，也有着最热闹的茶市。镇上的闽浙边贸茶花交易市场，现在是鲜叶交易的集散地，凌晨四点多就开始人头攒动，人们从四面八方蜂拥而至，或步行挑着茶担，或用摩托或工具车，载着满满的鲜叶和希望。制茶的厂家也有不少来这里收购鲜叶，鉴别鲜叶的品质，讨价还价。茶季的每一天，这里都热闹非凡。点头镇位于八尺门内湾，清末时白茶就已经通过水路运至福州港，再行销世界各地了。到了现代，白茶在京津地区热销，也是由点头茶商引领带动的。

时光再往前推，1857 年，茶商陈焕在太姥山发现福鼎大白母树后，带回繁育的地方就是点头镇柏柳村，所以柏柳村又被称为"白茶第一村"。近代，福鼎大白在全国繁育的面积极广，不论是产茶大省四川和贵州，还是纬度最北的山东和甘肃，都可以见到福鼎大白的踪迹，故被称为"华茶 1 号"。1880 年，又是在点头镇的汪家洋村，选育出了"华茶 2 号"——福鼎大毫茶，与福鼎大白并称为"绝代双骄"。

在点头镇，面海的茶区普遍产平地茶，种在原先田地里的茶，因为土味重，卖不出好的价格。海拔更高些的翁溪村和后井，柏柳村靠管阳方向的，更受人喜欢。

在柏柳村，非遗传承人梅相靖先生依旧保持着炭火烘焙白茶的习惯。白天他用方长的竹匾晾晒白茶，夜晚一笼笼地焙烘，这样的工作要持续到深夜。炭烘的工作极需要耐心，举起和放下烘茶的焙笼时，都不能使茶叶末落入于炭火中。渐渐地，室内就满是鲜美馥郁的白茶香了。

点头镇上的鲜叶市场

125

对于福鼎茶叶的近代史而言，曾经的白琳镇声望更响。19 世纪 50 年代，闽粤两地茶商曾以白琳为集散地，设号收购白琳工夫红茶，远销重洋，名扬世界。20 世纪初，人们发现以福鼎大白茶代替原有的小叶种，精选细嫩芽叶，制成工夫茶，具有鲜爽愉快的毫香，汤色、叶底艳丽红亮，因此又名"橘红"，意为橘子般红艳的工夫红茶。白琳工夫曾和政和工夫、坦洋工夫并称闽红三大工夫红茶。在清代，白琳就已经是重要的茶叶出口基地，民国时期的省级示范茶厂和新中国成立后的福鼎国营茶厂也都设立在白琳，当年从国营茶厂走

梅相靖先生正在烘茶

出来的制茶师傅，如今都是福鼎白茶产业的担大梁者。如今，白琳镇依旧有较高的白茶产量，种茶规模也大。只是，要喝到白琳工夫有点难了。当年花茶热销时，这里也曾大面积种植过茉莉花。

福鼎当年也热销炒青绿茶，清朝郭伯苍的《闽产录异》中有关于莲心绿茶的传统制法。20 世纪 30 年代始，白琳镇的莲心绿茶就曾名闻海内外，只是带有馥郁粟香的炒青绿茶现在很难找寻了。我曾在福鼎的德哥家喝到他试制的莲心绿茶，汤色黄绿清澈，香气清幽，有特殊的"鸡骨香"，味醇鲜爽。

福鼎白茶的工艺，除了当年出口时加了轻揉捻的新工艺外，现在依旧有不少的创新，比如发金花、压制白茶饼的做法等。这些年，陈年老白茶越来越成为稀有的产品，其实，因为 2000 年前福鼎没有什么私营茶厂，所以也不可能留下多少老茶，对于今天市场上出现的老白茶，一定要认真考察它的品质。老茶有自然风化的蹙缩感，人工做旧的则整体呈暗褐之色。真老茶叶底不炭化，有活性。

2000 年之后，福鼎的私营茶厂越来越多。一批老厂人，南下云南，北上京沪，营销推广，又于近些年贷款建厂，创建品牌，心中自有很大的梦想。随着福鼎白茶热度的提升，越来越多的白茶品牌有了自己的影响力。正因为福鼎有为产业奔走的主官，有机遇，有大品牌，也有百千个小作坊，有隐于民间的制茶痴人，有无数寻找机会的人们，才成就了白茶的今日盛况。

对于"新兴贵族"白茶而言，快速发展时更需要理性。有良好的茶山生态与绿色，有一群对茶叶内质、工艺讲究的人，营销上不必求多，确保原产地的纯正与品质，这样的茶才会持续为人热爱。

政和深山里的古老茶香

白茶源自福建，闽北的政和县亦是经典的知名产区，这里山多，白茶滋味厚重，有山野气息。我特地来寻访政和那些古老的、生长在荒野里的白茶，它与它的主人一样，充满野性和真诚。

政和县产茶历史久远，县名亦因茶而起。多才的宋徽宗酷爱点茶，他的政和年号给了这个原来叫关隶的地方，关隶也就成了政和县。

光绪五年（1879 年），铁山村人发现了政和大白茶（一说在咸丰年间发现）并得以大量繁殖推广。陈椽的《福建政和之茶叶》（1943 年）中记录了当时繁盛的茶事："政和茶叶种类繁多，其最著者首推工夫与银针，前者远销俄美，后者远销德国；次为白毛猴及莲心专销安南（即越南）及汕头一带；再次为销售香港、广州之白牡丹，美国之小种，每年总值以百万元计，实为政和经济之命脉。"

现在，全县多种植政和大白与福安大白品种。政和大白茶植株高大，叶形椭圆而厚，芽叶肥壮，茸毛特多。制出的白茶滋味更为醇厚亦鲜爽，是许多白茶爱好者的最爱。政和山多，白茶的品质就有了山野气，至今仍有很多茶叶藏在深山不为人识。主产区有铁山镇，山高林茂，滋味甘醇；亦有石屯、东平两个乡镇，所产之茶有高山气息；而岭腰乡锦屏村，涧水美而澄绿，人称"翡翠锦屏"，是政和工夫红茶的发源地，此地有政和最高峰香炉尖，多古民居和古廊桥。

政和多板房和廊桥，前些年白茶的萎凋，多在这些通风良好的板房和廊桥内阴干。

在杨源乡筹竹坑，有一座特殊的野茶山。这座茶山的主人姓范，我通过好友"茶小隐"联络上了他，大家都称老范为"猎人"。茶小隐告知我，"猎人"是一位很有个性的朋

127

猎人范礼明与他的野生茶树

友，性情耿直。初见面时，却看到他刚毅的面貌下目光清澈，亦见柔和。"猎人"在政和高速出口用面包车接上我们，从筼竹坑的廊桥又来到了山间小道，最后换了辆改造过的北京越野，我们一行五人挤着颠簸在只有一车宽的盘山路上，望着山崖碧翠起伏，离茶林越来越近。

听到"猎人"的名字，本以为是很有杀气的人，他也确实有"杀气"的一面，对看不惯的人和事疾恶如仇。他曾经打过一千多只野猪，"就让他们把我当作'虎狼豺豹'吧"。因为野猪经常出没农家的田舍，拱坏庄稼和田园，每每是农家喊了他才上阵。这几年也不让打猎，猎枪早就上缴了，可"猎人"的名号就留了下来。

"也是因为打野猪才发现了这片茶林，当时领头的猎狗被野猪拱破了肚皮，支起担架抢救，在猎狗流淌的血迹处，才发现有这么大片的茶林……"

"猎人"的眼光很厉，似乎可以穿透人心，"在山里待久了"，五十岁的他最喜欢一个人行走，走上十天半个月，在完全没有人迹的山里，单身的行囊，最简单的设备，"你难以想象，在完全无人的山间清晨，看着雾气慢慢升起，看日出看日落，看一望无际的地平线，经历过这些，人世间所有的东西都不值得执着。"

他也相信自己"杀业重"，"就在山里的溪涧放生了几千只鱼，或许可以抵消一些过去的杀业"。那一年五月的母亲节，黄雀的窝翻了，他在工棚栏杆上细心地支了一个塑料瓶，小心地将鸟窝置于瓶里，母黄雀忘却危险、一趟又一趟飞来飞去，衔着虫子喂刚出生不久的五只幼鸟。

跟随他的猎狗已经繁衍了两三代，"虽然不打猎了，也舍不得送人，还是要将它们养下去"，几只变成一群，还是在山里跑，看家护院，这些猎狗被尊重，自由生活在山林。

五月的路旁，映山红残谢了一半，余下的仍旧风姿绰约地盛放。车停了，再踏上原始林里的小路，沿着溪涧而上，是一大片令人震撼的茶林。

唐代黄巢兵乱后，军队结地安居，叶姓人家在政和这个山里散播繁衍，乱了家族规矩的叶老幺及其妻妾，被族人流放到了这里，族人以为他们早已饿死，没想到竟子孙成群，他种下的茶树也顺着溪涧繁衍至今。

如果不是 20 世纪五六十年代飞播的杉林，茶树都还生长在原始林里，现在倒是有一半生长在次生林（杉木林与原始林交界处）了。"猎人"称之为"瓜子壳"的品种，新芽叶一长出来就是对夹叶，香高味醇。还有不知道从什么时候开始的政和大叶种，芽叶肥壮，叶张隆起，属于小乔木，高的茶树竟然有三四层楼那么高。没见过的人，很难相信政和还会有这么粗壮高大的茶树。种在这里的有性繁殖群体种，完全靠天然滋长。看过的人都说震撼，完全不施药，不用化肥，天生天养，最符合理想主义者的状态。尤其是原始阔叶林里的茶树，另有原始不雕琢的美。北京的客人订了很多茶，因为他们知道这是最天然的茶园。

这里的茶一年只做一季，因为茶叶芽发得快，一下子要安排上百名采茶工进山，必须是周边村子里的人，原来还是五十多岁的妇人，十多年后，还是只有这些已经六七十岁的老人能采。原始林里的情况太复杂，有蚂蟥，咬人后要喝饱血才走，"那个老树的洞里曾经住了眼镜王蛇，后来自己迁走了"。十多天的采茶期，安排工人也是一件很复杂的事，垃圾、生活用品，上百人的衣、食、住……曾经只有部队的帐篷用于制茶和采茶工休息，现在搭建了简易的铁皮棚。刚采回的鲜叶就先放在棚里的棉布上，"全程不落地"，到了晚间，再用车子拉到几十公里外的厂里。茶厂在乡间，路况好很多，有电，靠着山，面前是一望无际的稻田。

深山里的大叶种茶树

在原始的茶林里，顺着溪涧走，有古老的坍塌了的石墙，有前人留下的路。溪里的鱼很多，不会被打捞，因为请来做饭的阿姨信佛，吃素。

"你们是今年茶季第一波我带着进山

密林里令人震撼的古茶群落

树高六七米的老茶树

的客人"。这天中午，"猎人"给我们冲冰糖茶，在以前，这是政和民间很高的待客礼节，因为过去冰糖极难买到，在茶水里加上大大一块冰糖，搭配有点火香的炒青绿茶，香甜沁人。

茶季时间很短，必须选择好天气来做茶。"下雨了就不做了，这片茶本来就是老天爷给你的，用不着焦虑"，现在的状态"猎人"很满意，觉得用不着赚更多的钱。他在政和城郊流转了一块地，既是家，也是仓库，在废弃的涵洞里盖了两个恒温恒湿的仓库，这些年来做的茶就放在那儿。"客人要了可以帮他存"，他喜欢亲力亲为，独自一人安排采茶、做茶、寄货，"请不到人，请到了也没用，做不清楚。"

政和白茶的萎凋更注重利用阳光

茶叶的包装纸用的是竹浆纸，那是最天然的原料，"可惜会做纸的人都不好找了，要在更深的山里面，用竹子和石灰，花费大量时间来做，成本很高了。"

竹浆纸，锡箔纸，迷彩绿的包装盒，与他一样个性铮然，那是一个理想主义者的作品。那些名字叫作"野山眉""野小白""野大白""一枝煮"的茶，有着典型的山野气，异常清甜，茶味甘醇有劲。

在茶的工艺上，"猎人"很有主见，他有时候会用上十几天来做一款白茶的萎凋，茶味够浓稠。他的车间有三层楼，屋顶可以翻动，需要时，晒棚还可以"一键启动"，从室内延伸到户外，接受阳光萎凋和北风的吹晾。他认为，做茶没有固定不变的方法，就是体验它，根据老天爷的指令适应它。

如果问我深山里面有什么好眷念的，那就是浓浓的洁净茶味。喝过这样茶的人，就不会忘记茶的清甜厚味。人世间仓促多变，难以物化的美好，就提炼在一杯茶里，没有污染，没有过多索取，只有"质本洁来还洁去"的芬芳。

福州茉莉花茶，一座城的千年芬芳

地处亚热带的福州，茉莉花是炎夏里最温馨的存在；采一朵茉莉斜在耳鬓、别在衣袖，微风也会沁人。当茉莉花与茶窨制在一起，就将整个春天的芬芳和夏花的灿烂融合在一起了。

早在唐代，福州就有柏岩茶、方山露芽等关于茶的记载。谈起茉莉花与茉莉花茶，福州更是一座充满荣光的城市。茉莉花的故乡在印度，西汉初年陆贾的《南越行记》里就提到了中国岭南的茉莉花。及至宋代，福州茉莉花就已与茶配伍，《调燮类编》等史料都记载了福州茉莉花茶的采制与品赏等茶事。宋人梁克家在《三山志》中写道："此花独闽中有之，夏开，白色、妙丽而香。"认为只有福建一带才有茉莉花。清咸丰年间，福州茉莉花茶作为皇家贡茶，开始进行大规模的商品化生产。一千年来，福州城的茉莉花，还有这个城市如茉莉花一般的女子，芳华、清艳、灵气、甘醇，正如福州女子林徽因所形容的"人间的四月天"。

1933 年，福州茉莉花茶进入发展鼎盛时期，就连北方人也蜂拥而至，但随后又因战乱一度萧条，到新中国成立以后才慢慢恢复。

冰心最喜茉莉花茶，她说："不但具有茶特有的清香，还带有馥郁的茉莉花香。"冰心一家后来移居北京，但喝茉莉花茶的习惯一直不改，喝北京的自来水，是一定要加茉莉花茶的。冰心深情地说："沏着福建乡亲送我的茉莉香片来解渴，这时我总想起我故去的祖父和父亲，而感到茶特别香洌。我虽然不敢沏得太浓，却是从那时起一直喝到现在。"

茉莉花是福州的市花，因为福州酷热的夏天造就了茉莉花独特的香甜。茉莉花有不同的品种，可以分成单瓣、双瓣、

单瓣茉莉花，香气鲜灵

多瓣等，福州的单瓣茉莉花曾经最为经典，窨出的茉莉花茶更为鲜灵。今天虽已多用双瓣茉莉花来窨制，福州的花茶依旧有着鲜明的个性，被誉为"中国春天的味道"。茉莉花与这座城市一样，精致且充满灵气。在福州人的记忆中，其他茶再香，也难以忘怀带着冰糖香的茉莉花茶。许多老人，离别福州几十载，仍无比怀念茉莉花茶独有的滋味，花香已经浸透他们的心，那是故乡的滋味。

当代花茶传奇

改革开放前，中国出口的茉莉花茶 95% 以上为福州出产。20 世纪 80 年代初，当工夫茶还是稀罕事的时候，福州茉莉花茶已经走遍大江南北。至 90 年代中前期，福州市茉莉花茶厂有近千家，仅城门镇就有四百多家，全市茉莉花茶年产量达到八万吨，占全国总产量的 60% 以上。

三伏天的太阳火辣烤人，花农异常辛苦：清晨待露水消干才能开采，或值中午，烈日炙烤，必头披湿毛巾，戴上斗笠，或是当年时尚的白色丝布大圆帽，以防被骄阳晒伤。即便如此，一个花季下来，也必会晒得满脸和手臂黝黑。

茉莉花茶卖得好的时候，福州北岭及郊县闽侯、连江、罗源等县，漫山遍野都种植有茉莉花，一到暑日，这里的茉莉花开得最为绚烂。茉莉花从乳黄色的小花苞慢慢长大为洁白的花苞，在最洁白饱满的时候绽放。虽只有指头大小，其花之美，其色之洁，其香之甜，无不令人心动。洁白的花朵开放之

三伏天的茉莉花最香

后，过一日就会变成紫色，随之凋零。其洁白明艳不过几时，生如夏花，或是如此。

20 世纪 90 年代末，城市化进程加快，花田变少，花茶的市场销路也一度停滞，最后坚持下来的茶企只剩二三十家。与福州的茉莉花茶同时沉寂的，是当年那些广袤的茉莉花田。

但事实上，无论市场如何逼仄，茉莉花茶制作的传统工艺在福州却一直存留着。茉莉花茶的窨制精细繁复，窨制一次前后就要三天。九窨茉莉花茶，单单制作时间最少就需要一个月，相比于当天炒好就能喝的绿茶要烦琐得多了。也因此，与偏寒性的绿茶相比，花茶也温和得多。

在花茶里，留着春天的味道，只要有这一点，这种味道就会一直传递下来。除了福州，苏州、北京、成都、杭州都有这样的茉莉花茶情结。

1882 年，台湾引种福州长乐的茉莉花，开始窨制茉莉花茶；1884 年，四川从福州引种茉莉花苗；1938 年，福州的窨花技艺传到苏州。这些地方后来都成为茉莉花茶的重要产区。

2009 年 9 月 24 日，国家质检总局批准对"福州茉莉花茶"实施地理标志产品保护。2014 年，福州茉莉花茶传统窨制工艺被列入国家非物质文化遗产保护名录，福州茉莉花茶再次迎来快速发展期。

花茶的手工技艺

福州花茶厂多在乌龙江畔。那一天，我们寻访茉莉花茶工艺传承大师，来到仓山区的湖边村，未至茶厂，先闻花香。在仓山镇一座老宅子里，高愈正一家正在制作茉莉花茶。高愈正先生是茉莉花茶的省级非遗传人，他的花茶厂产量不大，却颇有影响，他说："我父亲当年就在这里制茶。"2018 年，高愈正与高愈端兄弟获得全国茉莉花茶制作大赛的特等奖和一等奖，是唯一一对同时获奖的兄弟。

花开在家里，是一种精致，所谓人间的美丽，无非是温馨的一处空间。福州很多人家的传统，是把茉莉种在家里的院落或阳台上，开花时摘两朵或用线串起一串，别在身上，馨香隐约。高愈正与高愈端兄弟俩的花茶厂，烙上了浓重的地域文化印记，我们在这样的酷暑天，更容易被这种气息打动，那是久远的记忆。这种香气，不论是茶，还是气候，或是某种物件散发出来的——陈旧的竹焙笼，破损的地方用胶带封了起来；在院落里泡一壶花茶，用的是大红大绿的保温瓶和最简单的飘逸杯，泡出来的却是正宗的冰糖香。

可惜的是，单瓣的茉莉花越来越难找，精细的手工与炭烘工艺也已少见。效率与科技成为时代发展的主题，城市高速发展，兄弟俩能做的，就是把古老的手艺传递下去。高愈正使用带滚轮的铁桶式焙窠来烘焙花茶，焙窠与炭火，不知会不会哪天就消失了。

傍晚五点半，阳光依旧浓烈。这时，新鲜的茉莉花送来了，天蓝色的丝网袋里盛着满满的花香，高家人一起忙碌起来。

花茶利于健康，但要真正做得好，远没有那么简单。哥哥高愈端在筛，高愈正带着儿子高时祥在窨制，这是一幅挥汗如雨的繁忙场景。父子传承就这样一代代继续下去。

高愈正窨制茉莉花茶的手艺，源于其父高朝泉老先生，他曾是福州茶厂技术科长，写下了上万字制作十窨茉莉花茶的"秘笈"。高愈正很恭敬地将这些字裱好挂在墙上。"这些工艺我父亲都记录并总结出来，用毛笔写出来。"老高说，他从小看着这些工艺长大，现在也是按照这套工艺制茶：

　　　对象嫩茶与鲜花，窨出花茶人人夸。

　　　窨制工序有十道，七项指标不能差。

　　　十二要点先提出，抛砖引玉同仁修。

　　　技术要点抓关键，火功水分和时间。

　　　烘坯要熟谨防老，不高不低当中好。

　　　花开要匀吐香足，大如虎爪小似杯。

　　　窨前茶干吸香善，多吸一点增点香。

　　　坯温要和不烂花，三十至三十五度延生机。

　　　茶花拌和要均匀，前后配比勿烂群。

　　　静置窨花茶要松，花须氧气叶清香。

　　　通花掌握三要素，温度花纹和时间。

　　　收堆要检温差度，收时温降八至十三度。

　　　起花要检吸湿度，头窨求棉，二窨求软，三窨要求半硬软（软中带刺）。

烘茶把住技术关，头窨求清香，二窨要留香，三窨带鲜香。

机口鉴定用手捏，头窨要刺，二窨要硬，三窨手不粘茶。

烘后茶叶要通凉，温度要降二十至三十三度。

提前茶干7%左右，吸收香水2%到3%。

装前要检水分准，边起边拼保鲜香。

——高朝泉，一九九零年仲春。

谈到这些要诀，高愈正先生眼中放光："每次看到父亲写的这些要诀，都是对自己的激励。"高愈正从小就在父亲的带领下学做茉莉花茶，与哥哥一直坚持了四十多年。

福州三伏天时的茉莉花最香，窨花却极辛苦。我们来的这一晚是第三窨，茶一百三十斤，花九十斤，其他时间并不能窨出那么香的茶，春尾或秋初，都不如三伏天。

一层花一层茶，这样的过程就是窨制了。最后再用茶叶盖面。晚上茉莉花正要开，形成虎爪状，花香浓密而幽远。每道窨制9~12小时，中间半夜通花（拨开摊晾）一次。讲究的九窨制法，窨好烘干，过数日再窨，这样反复九次，窨花

❶ 高愈正父亲的制茶口诀
❷ 虎爪状将要开的茉莉花
❸ 筛花

量和窨制时间随次数递减，但第九窨时或仍达九个小时。每道窨好后须将花与茶分筛，再用炭火将茶烘干。

为了追求鲜灵浓纯，每一道环节都马虎不了，茶坯炭烘，拣花要细，静置要松，拌花要求均匀……高愈端说，半夜通花时，花香浓得醉人，再累也是享受。"别人说茉莉花茶制作过程中手工炭焙太麻烦，我感觉一点都不会。无论科技怎么发达，我还是会坚持最初的工艺流程，只有这样，才能做出真正的好茶。"高愈正说，"我现在就是把茉莉花茶当作一件艺术品来做。"

离开时，高愈正先生送了我们每人一串茉莉花，花香甜美幽长，馨馥环绕周匝。

花茶均匀拌和

窨制中

花茶的炭火烘干工序

第三窨的花茶

石亭绿：一莲花不老，过尽世间春

这是闽地最早有茶文字记载的地方，人们津津乐道的是，这里的记载比《茶经》的出现还早四百多年。

那块刻着"莲花荼襟，太元丙子"的摩崖石刻，令人牵念向往。距今一千六百多年前，那是魏晋风骨的年代，清峻放旷的阮籍醉了，南山下的陶渊明悠然种菊。有人结茅于南安的莲花峰，植茶煎茗，在南安九日山莲花峰，崖石上凿下了这几个字。这是福建最早有茶的记录，更珍贵的是，直至今天，山间仍有茶园与茶香，绵延千年而不败。

其实莲花峰离城市并不远，虽然在行政上划归于泉州南安的丰州镇，实际上离古老的泉州城更近一些。从福州到泉州，动车一小时多就可以到达。丰州镇上桃源故闾，物事皆见古风，古镇又以桃源村遗风为浓，古迹繁多，入村就可见城隍庙、关帝庙、宗祠，甚至有供奉唐太宗李世民的祠堂。曾经的世外之所，也开发迅速，古迹与现代建筑共存，只是其中一半如犹抱琵琶。

莲花荼襟石刻

莲花峰至今仍盛产石亭绿茶，只是莲花峰上的故事已经沉睡，人们或可从石刻中猜想些许的繁华浪漫。宋时茶事兴盛，此地有浓厚的斗茶之风，石碑记载："嘉泰辛酉（公元1201年）十有一月庚申，郡守倪思正甫，遵令典祈风于昭惠庙，既事，登九日山憩怀古堂，回谒唐相姜公墓，至莲花岩斗茶而归。"而今人不知如何斗茶，唯以茶贵为斗茶资本。

桃源石亭茶果场的小傅用摩托车载我上山，山高仅百多米，我们十分钟就至山顶。九日山因"邑人以重九日登高于此"而得名。九日山的山脚就有茶树，实际上，以莲花峰为中心，附近的乌石山、石坑山等均有石亭绿茶。当然，莲花峰上的茶是最上等的，有土壤也有气候的因素。小傅津津乐道的是，石亭绿茶曾被带到"万隆会议"上，招待亚非各国记者和友人。

二月的春风拂面，已经有温煦的气息。半山腰有些老茶树，茶农正在修整茶园，过两天就是惊蛰，正是"桃始华，仓庚鸣，鹰化鸠"。此时黄莺啼叫，燕子飞来，春耕开始，惊醒了蛰伏在泥土中的虫儿，正是劳作的时节。

此地盛产花岗岩，山上的土壤多以烂石为主，间杂黄色的土壤，植被茂密。龙眼树是早些年就种了的，那时，茶树不能卖钱，就发动大家多种龙眼树；这几年龙眼也不值钱了，就又种上了茶树。因此有明显的两类茶园，一类老树茂盛，一类新茶错落有致。

很多茶山在历史上早已成名，却惜无老茶，令人惋叹。台刈，是产业上常见的增产技术，系将老树从根颈处剪去全部枝条，抽生新枝。台刈于此地并不适宜，看似能更新树丛，数年后增加产量，却消耗了内质，失去了石亭绿的一贯的口感与内在的意义。就像云南的古树茶，如果都台刈了，价格也就不到现在的两成了。

成排的老茶树

大部分的茶只是发了一点点芽孢，正是"蠢蠢欲动"时节。唯独山体左侧一棵老树早已抽芽，芽形甚好看。

石亭绿有典型的"三绿三香"之说，"三绿"系茶绿、汤绿、叶底绿，"三香"则是绿豆香、兰花香、杏仁香。其实最好的香是自然的香，由茶的土壤与内质为构成要素，再经由恰当的工艺，茶香既不矫饰，也不漂浮。

在山间游走，有幸还可以看到较多的老树，与龙眼、老樟树同在。老丛也有数十年了历史了，树丛一人多高，且多系丛生，这也是灌木茶的禀性。生生不息的文化，和生生不息的茶根，茶籽落了又生，生了又长……

从茶园回头转上，就是莲花峰顶。莲花峰，古称莲花岩，因裂石八瓣，状似莲花而得名。此处碑联石刻众多，宋代傅宗教游莲花峰时留下了"天朗气清，惠风和畅，男女携筐，采摘新茶"的记录；北宋大中祥符四年（公元 1011 年）泉州太守高惠莲题刻"岩缝茶香"；清道光皇帝御赐的"上品莲花"皆刻于莲花峰上。最著名的石刻，还属朱熹的《咏石莲花》："八石天开势绝攀，算来未拟此心顽。以吞绕白萦青外，依旧个中云梦宽。"

背面的石刻在阴林里，茶树因为缺少阳光，树势生长衰微。摩崖漆红石刻："莲花荼襟，太元丙子"，太元是晋孝武帝司马耀的年号，太元丙子即公元 376 年，可谓此千年一叹了。"荼襟"或是指茶园如襟如带，层层叠叠吧，抑或是指茶的情怀？

上山赶得急，热汗微流。此时触及古石，心甚喜悦。此地虽未远离城市，却已离得喧嚣了。莲花峰顶，山势开阔，而四野并非茫茫，极目所及，却是泉州新城环绕，人类的足迹早已使山林的梦想越来越小。峰上有宋代诗人戴忱的石刻：

莲花峰上的众
多石刻

宋代诗人戴忱的石刻

"此石非顽石，成因浩劫尘，一莲花不老，过尽世间春。"花未曾老，却阅尽人世春秋，令人感慨。

因戴忱的诗而有了山顶的不老亭，现在是泉州开元寺的下院。亭子石砌而成，厚重古朴。那些僧人在久远的时间里，植茶自煎，满坡云雾。

征得小傅的同意，我们采摘了那棵老丛树上的新芽。采撷寸芽，为识茶香，不忍离去。采摘之时，天空开始落些小雨，"四序有花常见雨，一冬无雪却闻雷"，这是唐代诗人韩偓咏九日山的诗句，也是此山气候的真实写照。

来到古镇上，可以品尝到去年的秋茶，产量不大，过了年，往年的春茶也就找不到了。秋茶甚香，当地饮茶人认为有绿豆香最是难得，而实际上，老丛虽无明显的绿豆香，滋味却相当不错。与其他地方的绿茶相比，石亭绿显得温润醇雅，滋味悠长。石亭绿茶的价格并不是很高，但它又极其珍贵。

采回的莲花峰茶芽，我以蒸青法试制了两泡茶，滋味清香甘甜，另有一丝温润，令人感慨。莫非茶中还带着不老峰上的云雾，在我杯中缠眷？

全石砌成的不老亭

石亭绿茶

遗世独立 桐木关

走过很多茶山，至美者当属桐木关。大山有着异常安静又博大的力量，万千生灵于此自由自在。它洁净无染，笼罩着云雾的面纱，遗世独立。

桐木关之名缘于山中多油桐树，地属于武夷山自然保护区，距武夷山市区不足一小时车程，海拔却骤然升高。它在华东六省一市的最高峰黄岗山（海拔 2158 米）的庇佑下，头顶"鸟类的天堂""昆虫的世界""世界植物活化石公园"等桂冠，百年来吸引着无数中外研究者沉浸其中。福建空气好，而桐木关又是全省负离子含量最高之地，老天爷留下这块风水宝地，给了它最早、最好的红茶，最讲究"工夫"的红茶工艺，今天欧美地区的饮茶源流，亦可追溯至此。

当立夏之后，武夷山骤然进入夏天，桐木村仍然是一个清凉世界，茶树才刚刚开始繁茂。溯武夷山九曲溪进山，在狭窄难走的山谷公路中，清冷的空气迎面而来，桐木的夏夜是要盖厚被子的。自然保护区的树木不允许砍伐，动植物资源异常丰富。在桐木关，除了常向游客讨花生吃、一点也不见生分的猴群，深山里还时常会有黑熊和野猪等野兽出没。

桐木关的茶园

千年雄关，世界红茶之源　　　　桐木关的正山小种

　　桐木关位于福建、江西交界，闽赣古道贯穿其间，这是古代交通与军事要塞。今天在桐木关隘上似乎仍可见当年的旌幡高悬，金戈铁马，人曰："武夷千年古关隘雄镇南天沐风雨，古来多少征战事无数英魂萦此间。"

　　雾气弥漫，天高且蓝，漫山松柏，无边毛竹，山谷沟壑纵横，瀑流飞练，而茶树则弥山披谷，如精灵一样出没于自然间。这就是名扬中外的"正山小种"红茶的发源地和主产区。

世界红茶之源

　　业界比较公认的考据认为，正山小种即是最早的红茶。关于正山小种的出现，有几个典故，可以追溯到四百年前。一说是 17 世纪初（1610 年左右）荷兰人将茶转运至欧洲，正值明朝万历三十八年，从隆庆到万历年间福建漳州的月港曾有大量茶叶出口，只是未见确切的正山小种茶的资料。另有传说清军入关时睡在茶农家的鲜叶上，导致自然发酵，茶农舍不得，只好用易燃的松木烘干茶叶，意外地使茶叶产生了一股特有的松香味和蜜香，误打误撞出现了烟熏红茶。清军入崇安大约在 1653 年，比第一种说法要晚了 43 年，仍旧是传说而已。

另有资料记载，1556 年葡萄牙传教士加斯博·克鲁兹神父来到中国传教，回国后曾记录他的见闻："凡上等人家皆以茶敬客，此物味略苦，呈红色，可以治病，为一种药草煎成之汁液。"这里写到了红色茶汤，或可证明当年红茶就已经步入西方大门。另有萧一山《清代通史》卷二载："明末崇祯十三年（1640 年）红茶（有工夫茶、武夷茶、小种茶、白毫等）始由荷兰转至英伦。"印度与斯里兰卡的红茶种，曾从桐木关带出，而那些制茶工人却再也没有回来。

至于历史上红茶为先，还是乌龙茶为先，很多观点认为相对容易制作的红茶更占先机。经常制茶的人就会知道，茶叶在采摘之后如果不及时杀青，不经意压到或在自然萎凋的过程中，都容易发红，红梗红叶或半红半绿是很常见的现象。正山小种早期都有"过红锅"的工艺，说的是发酵的茶亦需要在锅里炒干，亦可以推测明朝中后期，当炒青茶成为主流，红茶的出现是自然而然的事情。

可以毫不夸张地说，当时桐木关的红茶是世界上最好的红茶。甜美的红茶成为全世界的嗜好。1662 年，葡萄牙公主凯瑟琳嫁给英国国王查理二世，嫁妆就包含贵重的红茶和精美的中国茶具。之后，英国宫廷开始推崇武夷桐木产的红茶，"下午茶"遂成为西方社会时尚的生活方式。正山小种茶味浓郁、独特，远销英国、荷兰、法国等地。英国著名诗人拜伦也在他的大作《唐璜》中提到过武夷的茶。然而，红茶贸易的利益之争也牵出改变世界格局的美国独立战争与鸦片战争。一片微小的茶叶里藏着世界，茶汤也映照着人性复杂的一面。

桐木的三港村有一座百年前的天主教堂，1921 年从下挂墩迁址而来，记载着 1823 年法国生物学家传教士罗公正来到桐木挂墩自然村的事迹。门口的铜钟在礼拜日就会响起，那些久远的过往与传教士们都已无处可觅，隐约可见当年这个偏僻高冷的村落与世界的关联。

高山禀赋，松烟正香

正山小种出现之后，周边的星村一带也出现了很多红茶，之后有了获得过巴拿马金奖的"坦洋工夫"，又流传到祁门，产生了世界著名三大高香红茶的祁红。到了 20 世纪，在抗日战争之后出现了滇红、新中国成立后出现了川红等，到了今天，只要是有茶的地方，很多都流行"绿改红"了。

正山小种红茶的原料多为桐木关野生的菜茶品种，亦最接近天然。所谓"菜茶"，指的是以茶果有性繁育的群体种，又称"老品种"，"实生苗"等，多为小叶种，在山林间自生自灭。除了制作成数百年前最经典的正山小种外，十多年前人们开始制作不烟熏的"赤甘"，"小赤甘"为细嫩者、"大赤甘"为成熟叶者。市场上亦有很多人追捧百年以上的老丛茶树制成的高山老丛红茶。2006年开始，出现了单芽制成的金骏眉，从上至下流行全国，被称为"最贵最好的红茶"。桐木的这些红茶，都有着清甜甘醇的滋味和高山云雾的气息。

桐木的茶并非只有小叶种，除了原生的菜茶（奇种）品种外，还有少量水仙、梅占，甚至肉桂、毛蟹、105（黄观音）等。菜茶也可见中大叶种，只是少有人知道。水仙等乌龙茶品种可制成乌龙茶，水细、高山韵足、只是欠骨感，十多年前也会用来做武夷岩茶的拼配用料，今天已多用来制作红茶。老丛茶树生长于千米高山人迹罕至之处，茶树苍老，产量少，内质禀赋优异。

这些老茶树，并非生长在今天常见的多行、密集、矮化种植的茶园里，而是随山势散落，生长在山谷溪涧边，早晚云雾为伴，鲜叶嚼起都有兰花香，随即回甘，一个人采完一棵大树的鲜叶要一两小时。

以桐木菜茶单芽制作的金骏眉，名满天下后，全国茶区曾大面积仿制。正宗产于桐木村的金骏眉产量非常稀少，可以说，市面上每一万斤的"金骏眉"里，都难以找到一斤是桐木村生产的，可见概念盛行与市场监管之混乱。正宗桐木关的金骏眉，多于清明至谷雨间采制，因为是古老的群体种，成茶的芽头呈金、灰、黑三色，此是一重要鉴别特征。又因底质厚韧，即使是单芽，工夫茶法正常投茶量亦可用沸水冲泡15～20道，超乎很多人的想象，这是更简单的鉴别办法。高温冲泡之下，蜜香不改，气韵幽长，细品有桐木高山气息，每一口茶汤皆甘润细活，尤为迷人。

在手机只有微弱信号的桐木关，很多人会不习惯。这时候需要暂时放下俗务，在这样远离人烟的小村落，感受细雨霏霏，云烟纱笼。若遇到难得的晴天，光影照青苔，清涧花幽，上百年的老丛奇种与云雾相绕。常常又是一夜雷雨交加，清晨时桐木山谷雾浓，光影恍惚，此处立夏犹沐春风。

桐木关有二十七个自然村落，知名者如麻粟、江墩、庙湾、古王坑等，都有许多漂亮的茶村落。从皮坑口进来，就可以看到很多古老的制茶木楼，因为用于制作茶青，当地人也称"青楼"，这是用于制作传统正山小种的空间。当松烟味的正山小种在市场上销量减少的时候，很多"青楼"都已废弃，所幸总有人怀念传统正山小种的"桂圆汤香、松烟味"，所以哪怕辛苦些，有几座青楼还在使用。

烟熏正山小种需要用到大块的松木，烧制松木的热气难免带上松木油烟，加热青楼上的青叶，使茶叶在萎凋阶段就带上了松烟香。这种萎凋方式很辛苦，多在夜晚进行，每三四个小时要起床翻动鲜叶，一晚上睡不好，在常年熏得乌黑的木楼内，制茶人一小会儿就会被烟呛得满是眼泪。现在，粗壮的老松木很难找了，桐木关不允许砍伐，外购又多有限制。

❶ 生长于千米高山的老丛菜茶
❷ 大的一棵树需要几个人同时采摘

传统制茶的"青楼"，特殊设计的烟道可以将热量传递给茶叶

桐木关除了传统的正山小种有松烟香，早年出口的经过滚切的烟小种，烟味更浓，外国人品饮时要加入牛奶和方糖。烟小种系使用松脂油加以烟熏，因为近年出口价低，内销又不受欢迎，现在已很难找到这种茶了。这些年，市面上正山小种的松烟味多不纯正，这是因为工艺经过"改良"了：萎凋时并没有放在青楼上制作，改放在萎凋槽里，发酵后才进青楼烟熏烘干。这样的茶喝的时候虽然能够喝到松烟香，却在两三道后迅速变淡，松烟味并没有深入到茶骨中。老茶客们知道，传统工艺的正山小种，存储些年，滋味更醇厚，松烟味沉隐，桂圆汤香浓，茶汤稠稠的，从公道杯倒出来的时候就像油滴一样。

如今能找到的桐木关红茶更多是不烟熏的赤甘和老丛红茶了，因为工艺不同，就找不到松烟香和桂圆汤味了。但即便如此，桐木关的天地给予茶独有的内质，一直是吸引茶客的重要原因，这是外山茶所不具备的厚韵。桐木高山老丛红茶，往往会带上一丝苦韵，在喉咙处又回甘，有人称之为"遁喉"，这也是它的特殊之味。

烹小鲜
制茶亦若

我几乎每年都要来桐木关，当茶季遇云光晴好，就会自己采一些独特的紫芽和野茶，试试会有什么样的滋味。在桐木古王坑 1300 米海拔的高山，我曾单独采过几棵岩壁老丛，试以阳光萎凋、手工揉捻、过红锅、炭烘，冲饮时从始至终都有兰花香，至今难忘。

陆羽说"野者上""紫者上"，这些菜茶里就有很多紫芽种，香高味醇。在石缝间生长的老树，生命顽强，此处多林间腐殖土，亦是昆虫的王国，却彼此平衡共生。茶园无须化肥农药，脱尘出俗，于此世间已是难寻了。

新采回来的鲜叶，自然萎凋时若有阳光参与，茶叶能出现兰花香。萎凋的目的在于走水、走青气，萎调到位自然清透不青涩。到位表现为梗软、折不断但叶边不干。之后进入揉捻阶段，手揉到能出茶汁泡沫时即可，若用机器揉，则有松、紧、再松的手法。

桐木的红茶多采用冷发酵法，即将揉后的茶置于竹筐内，上覆湿布（增加空间湿度），置于自然环境下或室内空气流通处，不加温，任其发酵，视温湿度不同，需 5 ~ 10 个小时。

山间的菜茶多见紫芽

❶ 新采回的鲜叶
❷ 阳光萎凋更易出兰花香
❸ 传统正山小种有"过红
　锅"的工艺，现在很少
　人使用了
❹ 过完红锅后再次揉紧

　　茶叶发酵后我喜欢用高温过红锅，此做法源于桐木，甚觉必要，但因其繁复且工作量大，人们多弃之不用。过红锅时的高温焖炒能去掉青气杂味，且高温作用使茶有更多甜度。最后的烘干程序，我更喜欢用炭火烘干，烘温宜低。

　　之前多遇见青涩底较重的红茶，盖因前期青叶量多、萎凋走水未匀、未透，或后期为了做出花香，发酵偏轻就过早烘干。制茶亦若烹小鲜，哪怕原料的底质足够好，若无到位的工艺，亦是遗憾。

　　桐木关的红茶可以陈储多年，不用担心它会随着时间流逝而变得味薄浅淡，反倒能慢慢沉淀厚醇下来，虽然随时光消逝了一些茶香，却细化出这片天地赐给它的深沉厚韵。

浙江

西湖龙井：江南的恩宠

龙井大约是最出名的茶了，北至鲁陇，西至蜀黔，都会有类似龙井的炒制方法。而西湖之西这片山林，得到辩才和尚、苏东坡与乾隆皇帝的偏爱，益显珍贵的身世。几个世纪以来，西湖边过往的诗人、歌伎和隐士的灵气，仿佛都化成了龙井山林里的光与雾。

龙井源自西湖狮峰，这是西湖畔的风水宝地，茶与五老峰下的云雾为伴。提西湖龙井茶，必会言及"狮龙云虎梅"，这是什么来历呢？据《浙江通志·茶叶卷》记载："凡狮子峰一处所产茶叶，以'狮'字为商标。此外，龙井、翁家山、上下满觉陇、杨梅岭、理安、赤山埠等处出产，以'龙'字为商标；云林、法云弄、天竺、鸡笼山、云山、徐

狮峰高山上，林木繁茂

村等处出产，以'云'字为商标；虎跑、小天竺、白塔岭等处出产，以'虎'字为商标。"新中国成立后，梅家坞龙井茶很受重视，这一带快速发展，故增加了"梅字号"龙井茶，从而形成了"狮、龙、云、虎、梅"的龙井茶五字号之说。

龙井香 春光秀色

　　黄莺啼叫在柳浪的时候，春天的气息从灵隐寺的香火穿过，从梅家坞走到狮峰，家家已忙于茶事，似乎是因为龙井茶热销，提醒人们春天已经到来了。

　　对龙井茶客而言，狮峰代表着更高的品质。乾隆皇帝六下江南，四次前往龙井茶区，狮峰山下胡公庙前的十八棵茶树就成了"御茶"。这些茶在林间花下的传说中，诸多光环加身。龙井村与翁家山、满觉陇、杨梅陇都是可圈可点的茶区。西湖西南面的茶，在水汽与云雾的浸润中，在白砂岩上，松软透气的土壤给予它更多的香郁甘美。在云栖，还留有一片生态极好的茶园，已取得有机认证，土中有蚯蚓，园内有蜘蛛，花草林木和谐共生，茶园边上紫藤花开多浓，茶芽就发多快，这种环境下的茶尤为清甜，甘润可人。而西湖畔的梅家坞，龙井绿茶也在三分叉山上泛着碧色。梅家坞是西湖龙井茶的集散地，农家依山傍水，茶香浓，人气旺。

紫藤花开的时候，采茶季也开始了

胡公庙前的御茶

『43号』与『老龙井』

西湖区的龙井茶树，品种主要有龙井43号、龙井群体、龙井长叶等，另外也有迎霜、鸠坑种等品种。其中以龙井43号和龙井群体种最为常见。

龙井43号采摘早，产量高，叶形匀净，做出来的干茶外形漂亮。这是中茶所从龙井群体中选育出来的无性系国家级品种，以扦插苗多行密集种植，它育芽能力强、发芽整齐（芽叶长、呈锥形），一般三月上旬就开始发芽，中下旬就可以开始大面积采摘，是市面上的主流品种。

而群体种，即当地老品种，又称"老龙井"，靠茶果子繁育流传了千百年。老树种具有更强的抗逆性和适应性，但个体间性状差异大，在同一群体内常包括若干个不同类型。有的芽叶色泽黄绿，绿色，甚至紫色；发芽期有早、中、晚不等；叶形有长叶、

高山上的群体种

圆叶和瓜子形。所以，群体种制成的干茶，外观不整齐，色泽不匀，条索扁平，茶形阔开，外形多样化，显得花杂。芽头略大，较饱满，没有龙井43号秀气。

"老龙井"采摘一般偏晚，基本上要等到三月底才上市，而狮峰山上的龙井往往要清明后才能喝得到。在老茶客的眼里，老龙井叶厚、质醇，滋味更加香郁、耐泡。

艰苦卓绝 十般手法

没有一定的耐性是炒不出好茶的。这里的茶农，炒茶的技术多是父子或师徒相承。

清末的程淯曾有对手工炒制龙井的技法描述，他在《龙井访茶记》中记道："炒用寻常铁锅，对径约一尺八寸，灶称之。火用松毛，山茅草次之，它柴皆非宜。火力毋过猛，猛则茶色变赭。毋过弱，弱又色黯。炒者坐灶旁以手入锅，徐徐拌之。每拌以手按叶，上至锅口，转掌承之，扬掌抖之，令松。叶从五指间，纷然下锅，复按而承以上。如是辗转，无瞬息停。每锅仅炒鲜叶四五两，费时三十分钟。每四两，炒干茶一两。竭终夜之力，一人看火，一人拌炒，仅能制茶七八两耳。"。

炒制龙井茶的手工炒制最为辛苦，不管是哪个时代，手工炒制都要忙到凌晨。对于年轻人而言，老一辈的炒法，理论不一样，手势不一样，做出来的龙井茶，外形与颜色也就大相径庭。这些年，人们多在乡邻间进行交流或参加炒茶赛以提升技艺，能不能做出好茶，直接影响到收入。

目前市场上西湖龙井的制作，制茶的前半部分多用机器杀青，后半部分用手工辉锅。但仍有一部分人坚持最传统、最难的全程手工，手炒一锅不到一两的干茶，机炒几十上百倍的量就出来了，所以手工茶一般会选最好的原料，更精细对待。与纯粹的机器茶相比，手工茶看起来更充满灵气，滋味更为鲜爽有活性。至于完全以机器炒制出来的茶，看起来更绿一些、叶条更加匀齐，所以一些生客，常常会对手工茶说："这茶更难看，怎么卖得更贵呢？"

龙井的夏秋茶基本不采，一年只采春茶，留住了最好品质。龙井茶从最初的采摘就开始讲究，按照一芽一叶或一芽二叶初展的标准进行，不采鱼叶，如果挑剔些，芽头需长于叶片，长度约为2.5厘米。头春茶为最上品，要采匀采嫩。龙井茶从清早起来就可以采摘，一直采到夕阳西下。采茶女工多从江西、安徽一带前来。采回来四斤茶青，才能做成一斤的成品龙井。采回的鲜叶在竹筐里面

初炒时讲究高温杀透

讲究摊晾的龙井工艺

手工龙井

摊晾，等鲜叶中的水分散发出来。微弱的阳光和风力，使鲜亮的翠叶由青气转为淡淡的花香。

手工龙井讲究炒得透、炒得熟，所以在初炒时讲究高温杀透。电锅的锅温在200～250℃，投茶量不到半斤，大约需要炒制十五分钟。这十多分钟里，需要用到"十八般武艺"，传统龙井茶制作的整个工序都离不开"抓、抖、搭、拓、捺、推、扣、甩、磨、压"等十大传统技法，这是制茶人的心思与汗水的历练。深夜里，即使只是在锅边盯着看，都会觉得辛苦。热锅里的鲜叶慢慢散发出蒸气，满是老茧的双手与额头上的细密汗珠，恰当时机磨压与抓抖手法的结合，成就了最好的茶香。

炒完后，讲究的人会用更长时间摊放、等待回潮，这个时间甚至需要数小时，当叶梗里的自由水又重新分布均匀，摸到二青明显呈绵软时，才进行辉锅。辉锅时的温度只有70～80℃了，茶在锅里炒上二十分钟左右，炒开后茶毫也慢慢磨掉，就差不多定形了。手工龙井炒制到位的，外形扁平挺直，呈糙米色，由内透出润泽，幽细的兰花香冲鼻而上。

龙井能卖到那么高的价格，除了其本身的品质，当然也因为其精致的工艺。新制好的龙井经石灰缸存储数日后，滋味更醇厚。农家会把新茶放在石灰缸里，贮放一年都不会坏。新茶炒制完，石灰可以吸潮，去除杂气，使龙井茶更加鲜活和香郁。一年当中，布袋里的生石灰大约要换三次。

白沙壤上的兰质香韵

龙井茶的豆香常见，高温炒过即有，而兰香又不带青涩，滋味甘醇，才殊为难得。要喝到真正的龙井好茶，才能理解为何近代以来人们对它如此热衷与推崇。上好的狮峰龙井，在盖碗内只需投茶 2.5g，用沸水可以冲泡 15 道，每一道都好喝，这样的茶很难遇到，因而只在小众圈子里"玩"。

让我印象深刻的有一款产于白鹤峰的茶，来自白沙壤上的不修剪老树。那一年春天，由知名制茶人唐小军炒制的这锅二三两白鹤峰的鲜叶，经八小时摊放回潮，二炒后已是凌晨一点多，他的手法娴熟利落，又专注沉稳，我们很有幸提前品饮到它。只见干茶绿润扁平，用沸水冲注，茶有兰香，茶汤色白，有山野气韵，细滑汤中包藏劲力，经十多道冲注，依然好喝。还喝到过另一款手工龙井，虽然只有 1 克的茶量，直接投在审评碗中来感受，滋味依旧甘美，有稠度，韵味下沉，满口香韵接连不断。再注水时，哪怕泡得淡一些，也一样生津回甘，令人惊艳。

手工茶比机器制的茶价格要高出数倍，追求者仍众。喝到底质够好的龙井，会忍不住偷笑。幽幽兰香，不怕高温冲注，冲饮多道，依然甘润而有金石气，两颊喉底甜韵长久。

有内质的龙井，来自富含石英砂的土壤，湖面吹来的湿润水汽，加之良好生态的立体支撑，更天然的种植管理方法，到位的杀青与后期工艺。众缘和合，留住了精华，成就一盏奢美的春天。

莫干山下，蜜色蜜味的黄芽

传说在春秋末年，吴王阖闾派干将、莫邪在此铸成举世无双的雌雄双剑，莫干山因此而得名。悠哉两千多年的传说，流淌着神秘与绝美，也酿造出这里蜜色蜜味的茶。

位于浙江省湖州市的莫干山，是天目山余脉，也是国家 4A 级景区。这几年，避暑胜地莫干镇也成了知名的民宿与民国调性艺术的聚集地。我曾于 2013 年秋天前来，好友湖州大茶兄推荐了制作莫干黄芽的沈云鹤兄于我，在沈云鹤的茶厂喝了数款茶。只记此处清冷，云雾蒸腾，并不像是城镇，更像遥远而安静的山林。当时只简单了解了些黄茶的工艺，未曾深入走访。后来，不时收到大茶兄惠赠的不同品种与区域的黄茶，对湖州的三色茶（安吉白茶、莫干黄芽、顾渚紫笋）印象颇深。

莫干黄芽外形紧细成条，多显茸毫，却并非单芽制作，一芽一叶初展的原料有利于表现茶的香气。茶叶的成熟度与香气物质的蕴藏关系甚大，故莫干黄芽，茶汤多蜜黄色，也能品饮到蜜味。

对于黄茶的制作，大多数人比较陌生，黄茶的黄汤与蜜香，系经闷堆渥黄的工艺而成，相比绿茶，茶性更为温和。黄茶有湿闷和干闷不同的工艺，湿闷系在炒揉之后，趁茶叶水分较多时予以闷黄，故发酵程度重，外形多黄褐，滋味温和；那些含水率高的闷黄方式，茶叶蜜香就不显。干闷则在干燥阶段予以闷黄，此时水分较少，容易表现香气。

虽然这几年喝到不少莫干黄芽，但未及深入茶区了解工艺，总觉得有雾里看花之感。2017 年 4 月初，适逢春茶季，我一路走访南京雨花茶和湖州顾渚山的茶区，再次来到莫干山，希望亲眼一睹黄茶技艺。莫干镇"庾村 1932"，是中国首个乡村文创园，这里原为民国时期外交部长黄郛携夫人

鲜叶要及时薄摊在萎凋槽内

隐居莫干，投身乡建兴办的蚕种场，民宿与民国艺术的景观聚集了更多人气。据说，夏天从杭州来的游客特别多，大致成了杭州的后花园。

这几天要做茶，我们就直接跟随沈云鹤先生一同上山收鲜叶。傍晚六点后的山路，天色已暗，他的皮卡车依然开得飞快，需要一路拉紧车顶把手，大车灯把山间的黄土路照得明亮，土坡与茶园迎面而来。

沈云鹤早期在国有茶厂工作，对茶有着天生的痴好，虽有过经营的跌宕，依旧执着认真。这几年做了自己的品牌，除了自家茶园，他还有不少核心产区的合作农户。忙碌的茶季，他要将合作农户家的鲜叶收回到厂里。夜晚，山里的灯火显得温暖又迷离，雾气起时水湿衣裳，满载着鲜叶归来的车，后厢带着隐约的花香。

清代唐靖的《前溪逸志》就有德清本地茶传统闷堆工艺的记载。黄茶产量一直稀少，20世纪50年代，由茶界泰斗庄晚芳发现，从而为外界重新认识，"文化大革命"期间曾有中断，70年代末由庄晚芳和浙大张堂恒教授指导，茶样经由汪祥珍、赵荣林夫妇俩炒制，恢复传统黄芽并正式定名"莫干黄芽"。1982年，"莫干黄芽"由浙江省农业厅公布为浙江省首批"省级名茶"，位于"西湖龙井"和余杭"径山茶"后，居第三位。当时参赛所用的原料采自700米海拔的横岭生态茶园，这片茶园至今还生长着有上百年树龄的黄茶母树，历经冰雪，依旧存活。由这棵母树上剪枝而扦插繁殖的品种，称为"横岭一号"，但因为气候、生长期等诸多原因，推广并不多。

汪祥珍老人家依旧炒制黄茶，有着不少莫干黄芽的故事。当年试制焖黄工艺时比较艰苦，杀青后用纱布包在烘盘边进行烘焖，时间不到一小时，但其间需要用手不断按揉、翻转，使叶受热均匀，劳动强度高，一不小心就容易失败，所谓好茶，实不易得。

莫干黄芽主要来自五大茶场，分别是莫干山乡梅皋坞茶场、南路乡横岭林场（大山顶）、双桥林场（西湖顶）、福水林场（杨山麓）和碧坞茶场（相倍坞）。碧坞茶场和西湖顶茶场仅一山之隔，目前的经营者正是沈云鹤，也是德清县首个申请有机茶茶叶基地的茶场，这里的高山茶，香高味醇。

德清当地的茶厂也多，有老茶厂，亦有不少农家茶作坊，但对黄茶的工艺其实有很多讲究。在云鹤茶厂里的萎凋槽上，整齐薄摊着从各户人家收来的茶青，有各式品种，纸片上写着"张家山的龙井43号"或"杨家山的鸠坑早芽，4月5日"等。萎凋槽里的风或冷或热，这批茶会在不同的时间开始炒制。茶树的品种外形各不相同，或壮硕或显毫，或香高或芽早，有经验的茶师会根据它们的特性调整制作。

除了横岭一号茶树品种，还有各类早茶品种、本地鸠坑群体种、洛舍1号种、迎霜、金黄芽、黄叶宝、黄金芽、白叶一号等十多个品种。一年中的这几天，莫干黄芽多采用鸠坑种和"龙井43号"来制作，摊晾有时达十多小时，高温杀青后进入重要的闷黄环节。很多地方讲到黄茶，会提及使用牛皮纸包，制作黄茶二十余年的沈云鹤认为，因为如果不透气，反倒会影响茶叶品质。在茶厂里，他们以透气的棉布来闷黄，这也就是我们常说的轻微的后发酵工艺了。所谓的闷黄，倒与炒菜有很多类似的地方，高温快炒，菜就绿；炒菜时如果加了锅盖，时间长了，菜就会黄，我想这样子倒容易理解黄茶的工艺了。选择热闷或温闷、冷闷会出现不同的效果，中间亦需翻动三四道。云鹤茶厂的闷黄有12～72小时不等，最后讲究用炭火烘干。

正在摊晾中的鸠坑种鲜叶

黄茶比绿茶工艺复杂，若操作不当，损失也大。之所以这些年黄茶少见，也没有人愿意制作，就是因为市面上人们过于追求"绿"的效果，真正的好茶不能光看外形，更忌讳杀青不透而呈现的"青绿"。莫干的茶也曾有过制作绿茶的历史，那时黄茶不好卖，人们误认为黄茶是陈茶，实际上，莫干黄芽带着新鲜的蜜香，与隔年陈茶的陈味完全不同。受市场消费习惯的影响，真正闷黄到位的黄茶工艺并不多见。

云鹤茶厂里的茶芽已经闷黄一天多了，包在棉布里的叶片已显金黄，尤其是鱼叶部位更为明显，兰花状一芽一叶初展，后期还需要烘干。一夜的时光，酿就了茶香，黄茶制作花费了人们更多的心思，好茶在这样的心意下才能呈现。一杯带蜜香的黄茶，得之不易。

❶ 鲜叶炒青后，以棉布袋来闷黄
❷ 用布袋闷黄的莫干黄芽
❸ 经过十余个小时闷黄后的莫干黄芽
❹ 成品莫干黄芽

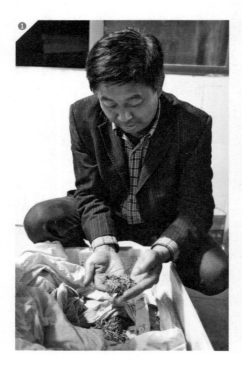

顾渚紫笋

王者香

这是值得浓墨重彩记述的茶，一千多年前，在天目山下，太湖之畔，紫笋茶为中唐皇帝厚爱。从立春开始，数万人为它忙碌，心力交瘁，在繁复的贡茶流程中，茶于清明之前送抵长安，完成一场神圣的仪式。流传千年的顾渚紫笋，伴随着数不清的传说。

顾渚山东临太湖，西倚天目，三面环山，顾渚紫笋多生于峡谷或高地，当年，茶圣陆羽常行吟此处访茶，杖击流水。

2018年，清明谷雨之际，我曾在浙江湖州长兴县城，遇茶人大岗兄寻访顾渚山野茶，遂随他到顾渚紫笋经典山场"明月峡"与狮坞岕，以更近距离了解传说中的紫笋茶。

据农业部门和湖州陆羽茶文化研究会考察，唐代的顾渚古茶山，主要包括方（桑）坞岕、四（狮）坞岕、高坞岕、竹坞岕和斫射山，野生茶面积约有五百多亩，两万多株，生长在山谷（岕）溪涧两侧的烂石中和阴林下。千年以来，茶园面积无多大变化，茶农一年只采一季茶，斫老留新，不施化肥，不施农药，始终沿袭明清以来的传统采制方法。

明月峡，即斫射岕，野生茶生于烂石之上，乱石中流。宋代的摩崖石刻，已经看不清字迹。茶树排列不规则，高低亦不一，野生茶叶多有虫眼，树冠最高的可超过两米，周边多杂木与毛竹。

传说，这里有最好的紫笋茶，汤色碧透，饮起犹如兰花般的气息。唐代诗人郑谷在《峡中尝茶》中盛赞其品质："簇簇新英摘露光，小江园里火煎尝。吴僧漫说雅山好，蜀叟休夸鸟嘴香。入座半瓯轻泛绿，开缄数片浅含黄。龙门病客不归去，酒渴更知春味长。"

明代程用宾《茶录》提及："茶无异种，视产处为优劣。

顾渚山间的茶园

荒野中生长的顾
渚紫笋茶

生于幽野，或出烂石，不俟灌培，至时自茂，此是上种也。"故唐宋以来，山谷之间的"岕茶"最受推崇，明代留下的记录尤其多，称有"金石之味"。宜兴古称阳羡，多岕茶，现代人只识得此地的紫砂壶了。近代以来，又有碧螺春，这些都是太湖边上的好茶，以清幽出尘为名。茶是文人隐士高旷洁清的心灵寄托。

紫笋茶，由陆羽《茶经》记述"紫者上，笋者上"而得名。他也提及"野者上，园者次"。《茶经》中写道："浙西以湖州上，湖州生长城（长兴）县顾渚山谷，与峡州、光州同；生山桑、獳狮二寺、白茅山悬脚岭，与襄州、荆南、义阳郡同。"

"庭从橣子遮，果任獳狮虏。日晚相笑归，腰间佩轻篓。"这是皮日休的诗名。四（狮）坞岕，古称"獳狮坞"，简称"狮坞"，岕是明代以后加上去的，这是紫笋贡茶的主产区，在乌头山的西北侧，背靠方坞岕。距离贡茶院遗址约三公里。狮坞岕中，很多茶园已经荒废。这里原本都是古老的茶山，二十多年前，在原古茶山的基础上开发了一片茶园。狮坞岕大多数的茶树或已种植数十年，或抛在路旁百年，当年此处植被更密，又经历了"大跃进"砍树。现在，当地农家多不采制茶叶，改做农家乐。

与大岗兄一同驰行山间，这里的峡谷久无人烟。他的车子曾陪着他走了五十四万多公里，其中多为茶路，远到老挝的茶山。他会特地穿越人迹罕至的峡谷，以寻访最具茶味特质的野茶，他说，现在已经很少见到颜色发紫的茶芽了。

散落在山间的茶园，笼罩着千年唐代贡茶的光环。唐代宗广德年间（公元763~764年），陆羽在长兴考察茶叶，发现这种茶优于他茶。顾渚紫笋于大历五年（公元770年）被宫廷正式列为贡茶。代宗皇帝李豫对紫笋茶推崇备至，在顾渚山下建立了贡茶院。贡茶院最盛时役工三万人，工匠千余，烘焙所百余所，年贡额从五百串（斤），增至一万八千四百斤。每年，皇帝诏命湖州刺史进山"修贡"。知名的僧家、诗人与墨客，如皎然、韦处厚、杜牧、李郢、白居易、刘禹锡、张籍、皮日休、陆龟蒙、郑谷等人都曾

狮坞岕的茶园

狮坞岕的采茶人

竹林下的野茶

留下关于顾渚紫笋茶的诗篇。宰相李吉甫撰《元和郡县图志》中载："贞元以后，每岁以进奉顾山紫笋茶，役工三万，累月方毕。"紫笋茶唐代开始入贡，中道衰微，但绵延至清初还有少量特贡，茶树品种因此得以保留。

一千多年来，顾渚山贡茶几经变迁，皇室的气度早已不再。竹下的茶园多了"农家乐"，很多茶树荒废了。村庄里一些老房子早已迁出，一些茶园也已经荒老而被台刈，老农说是"爷爷那一辈就已经迁出了"。

新修成的"大唐贡茶院"，在山里更显建筑体的雄伟广大。唐时的蒸青团饼，寻求异于常茶的"紫笋"，这种紫色是王室的颜色，也是道家的神圣之色。大唐的茶风，采茶、制茶、进贡的体系，蒸青茶所要讲究的五行与阴阳，茶与天地之间的沟通，都曾有着深广的践行。

加工紫笋茶要经过七道工序：采、蒸、捣、拍、焙、穿、封。《吴兴统纪》里强调了金沙泉对加工紫笋茶的重要性，增加了一道"涤濯"，采来的茶芽要在金沙泉水里漂洗。从置茶碓、蒸捣、拍穿的加工流程看，唐代加工的都是研膏紫笋蒸青团饼。其实陆羽在《茶经》中也提到："饮有粗茶、散茶、末茶、饼茶者。"唐朝主流的蒸青饼茶，是从粗茶的基础上发展起来的更精细的制作。之后，蒸青茶类绵延至宋元，至明代前期改为蒸青散茶，一直到明代中后期，炒青茶方成为主角，为今天的我们所熟知。

这次大岗兄在一座老屋制作紫笋茶，老屋大门的楣上依旧留着绿晶小碎石点缀的匾额，可以想象当年的精致门面，其厚重的土墙最利于制茶，可以更好保持室内的温度，不易受早晚温差的影响。

紫笋茶的炒制工艺依旧非常讲究，手工炒制需经摊晾、炒制、出锅揉、复炒理条、炭烘等流程。新采的紫笋鲜叶先摊放于木架上的竹匾里，之后以柴火铁锅炒青，投茶量只有数两。炒揉之后的烘茶亦讲究，屋内筑有焙窟，焙笼既有大眼竹筛，也有白色棉布为底罩的细密筛子。

用心制出的顾渚紫笋，条索自然舒服，兰花状，毫显，并不扁平，黄绿润泽可爱，品饮间但觉花香乳味，山野气息甘洌异常。

2010 年，我随马守仁先生一同前来顾渚山，他请人制作的茶饼，滋味芳醇甘辛，令人难忘，每年他还会惠赠我数枚小饼，后来才得知，制茶人是湖州好和堂的主人大和，致力于复兴紫笋茶，夫妇二人创制出十数种紫笋茶，有用湖州地区茶青做的湖州紫笋，也有严格限制地理范围的古茶山紫笋，还有按唐代制茶法复制的紫笋小饼茶。那个美好的午后晴日时光，在顾渚的茶园边，无人打扰处，听马守仁先生的箫声，品紫芽。下午又在长兴县城，煮饮顾渚紫笋野茶的蒸青团饼，尤见醇和甘美之茶味。

❶ 手工炒制的顾渚紫笋
❷ 顾渚紫笋炒青绿茶

浙江

亦记大茶兄着汉服，冲饮一道陈放近十年的野生顾渚紫笋。陈味之余，茶汤入口即化，"销魂"二字足以形容这泡茶的特别。

时间在茶上留下众多印记，在广阔的顾渚山间，有许多我们未曾深入探及的真实。顾渚紫笋的千年赞誉，与众多爱茶人的心血交汇，乳香清凉的美妙滋味，由此流淌不息。

顾渚蒸青小团饼

敕木烟雨迷蒙，金奖惠明稠浓

寻访惠明茶，不仅仅是因为有"金奖惠明"的荣耀与故事，还因为惠明茶的故乡景宁，至今还存留着最古老的大灌木绿茶和一流的生态环境。

惠明茶产于浙江丽水的景宁县。景宁产茶已经有很久远的历史了，《景宁畲族自治县志》记载：唐大中年间（公元847～859年），景宁已种植茶树。咸通二年（公元861年），惠明和尚建寺于南泉山，惠明长老和畲民在寺周围辟地种茶。据《景宁县志》载，清同治十一年（公元1872年），"茶随处有之，以产（敕木山）惠明寺漈头者为佳"。一千年来，因惠明和尚而有惠明茶，山寺茶浓，枝繁叶茂。这样的茶，早已经遍布于景宁的乡村。

1912年初，美国国会决定在巴拿马运河竣工之时召开国际博览会。同年三月，当时的民国政府收到美国发来的邀请书。其后，美国政府还派特使来华"劝中国官商赴赛"。1913年，各省也相继成立"赴赛出品事务所"征求产品。景宁县也成立了"赴赛出品事务分所"。1915年，景宁的参赛者积极筹备，在清明时节采得惠明茶芽，聘请制茶高手炒制。所制成的茶干，色绿，多白毫，香气高浓，以刻有花纹的大锡瓶贮藏，荣获了博览会一等证书和金质奖章。当时县政府为此成立了惠明茶产销合作社，并在敕木山惠明寺村垦山种植茶叶，金奖惠明茶由此得名。

我们今天所喝到的金奖惠明茶，外形肥壮紧结卷曲，叶芽稍有白毫，乳白中带淡黄，滋味清甜回甘。茶叶的包装罐上，大多会显著标注着"一九一五年获美利坚巴拿马万国博览会金质奖章"的印记。

我早就曾听说景宁还保留着古老的"茶王树"，采摘时十多人才可以围起来，不胜向往。杭州的高铁到不了景宁，须乘坐汽车前往，一路可见青山碧水。

来的时候正赶上畲族"三月三"的前一天，城里已经很热闹了。景宁是畲族自治县，大约从宋元时期始，畲族人从广东潮州的凤凰山一直顺着大海往东，吟诵着古老声调，筚路蓝缕，披荆斩棘，迁徙到福建中部和北部，明、清两代继续北移，进入福建东部和浙江南部山地，有的甚至抵达安徽。他们叩石垦壤，耕山狩猎，也种植茶树。有一支畲族走到景宁山的尽头，美丽的景色把他们留了下来。

景宁是典型山区县之一，山地面积占总面积的 95% 以上。自古以来，畲族人民多聚居于景宁县敕木山区一带。记得小时，我们福建老家人都称他们为"山民"，那个年代似乎与住山的他们隔着一个鸿沟。今天的畲族早已走出大山，汉畲之间已没有什么距离。

景宁至今称不上是很商业化的城市，也因此显得安静美丽。丽水是浙江生态最好的地区，景宁又是丽水生态最好的县城。每年春天，景宁的雨总是不期而至，夜雨滋润万物与春茶。夜深人静之时，只听闻江畔流水声响，这是适宜人居的田园山城，有山水，有梦想。

清明时节的雨使重山都笼于薄纱一般的梦中。江面升腾起的雾霭，与远处的山连到了一起。我们要去拜访惠明寺附近的那棵"茶王树"，约好了当地制茶多年的蓝香平先生，茶农都称他为蓝师傅。蓝师傅正是畲族人，十几岁就开始做茶，一晃在茶叶上用心已二十多年了，每一年都在尽力制作带有兰花香和甘醇味的惠明茶。

蓝师傅的家在敕木山惠明寺的最高处，很多大茶树也是要搭梯子采的。像这样的茶因为内质好，更容易表现出兰香和果韵，要比茶园茶卖出更高的价格。

惠明寺，亦称敕木寺，位于景宁鹤溪镇敕木山间，自唐咸通年间以来，惠明

惠明寺

惠明寺外的石碑

寺的风霜千载，却也香火绵延。2001年惠明重修志的石碑记载着："敕木山，浙南之形胜，唐高僧惠明，择其精华孕聚处，结寮修禅，植茶施善……"。寺门外的石碑上雕铸着1915年美利坚巴拿马—太平洋万国博览会金质奖章。双层的茶禅亭，石柱是新修的，它们也还会老去。寺外空旷，远处只有雾气，什么都模糊起来。敕木山海拔1519米，山顶的雾气，是江南山野的烟雨吧。

清冷的空气中，寺院门扉轻闭，轻推入门，寺内安静祥和。殿堂周边还有成片的茶园，茶树俱已长高，寺后还保留着白化的景宁白茶树，亦称"惠明白茶"或白茶母树。云雾间的惠明茶更有浓稠深味，这里也是惠明茶发祥地保护区茶园。

寻访惠明"茶王树"，要从惠明寺再往山里行驶十余分钟，在山间的屋舍畔，茶王树安静地等待着我们到来。大茶树枝丫丛生，枝干上可见部分苔藓，苍老的枝条显示着风霜历程，树冠直径十余米，树龄据说已经有两百多年了，灌木茶能长到百年已经非常艰难。有些地方为了宣传需要，动不动就说当地的灌木茶有上千年的树龄，令人啼笑皆非。

这个时间段，茶树叶芽发得正好，极目滴翠，在雨水中更加清丽。芽叶虽可见一些虫痕，但因为整体生态非常不错，茶树像青壮年男子一般健康。未能亲尝它的滋味，只嚼一嚼叶芽，却令人印象深刻，细腻的深山花香，苦涩即化后的甘美，口腔里久久都是香韵。这也是景宁茶能够那么迷人的原因。惠明茶的金奖，并不在于那个年代的赛场上，而在于对生态的持续保护与自然山野的真味中。

自古以来，惠明茶就主要产自景宁县敕木山惠明寺及漈头村附近，这些年产业发展，周边乡镇亦有大面积的茶园。在这些群体性的茶树中，又分为大叶茶、竹叶茶、多叶茶、白叶茶和白茶等品种。这里的土壤为黄色沙壤土，以酸性沙质黄壤土和香灰土为主，土质肥沃。

蓝师傅的茶厂被竹林与杉树掩盖，竹林间又多茶树与芳草。在这些群体种的茶树群里，很容易找到紫色的芽或白色的芽。茶园里还种了少量的景白1号、2号等新品种。我们探讨炒茶的工艺，他说滚筒杀青中的水蒸气可以更好改善茶叶炒青不匀的状态。惠明茶要摊凉，还要炒透，历史上还要炭烘后再行炒干，这样的工艺处理令其滋味更为特别。

在景宁，大多茶厂都已采用机器制作，亦保留少量的手工传统。摊晾与杀青到位，才能表现出更好的兰花香与甘醇内质。金奖惠明茶的手工制作分摊晾、杀青、揉捻、初烘、辉锅等工序。采摘一芽一叶至一芽二叶初展的鲜叶，以匀静为要。鲜叶进厂后须置通风、清洁、干燥屋内薄摊，其间轻翻数次，达到失水均匀、失去鲜活光泽、显露清香时，方可付制。手工杀青时，投芽叶于铜锅或铁锅内炒制，至适度时起锅，凉后并轻轻揉搓，后用焙笼烘焙至八成以上干度，再入锅整形，翻炒至足干。品质上乘的金奖惠明茶，条索紧实，色泽翠绿光润，芽毫显露，汤色清澈明绿，茶味鲜爽甘醇，带有兰花香气。

回到景宁城中已是下午，依旧春雨细密，时又滂沱。在景宁的畲族博物馆，人们追忆那些会打猎的男子和梳着凤凰髻的畲族女子。馆内轻轻播放着畲族人在婚丧嫁娶中所唱的古老腔调，似乎来自遥远的时空，孤寂而竭力的高音回荡其间，让人忆起祖先的悲怆。而惠明茶，也一样历经了千年的悲欢。我们有幸，在即逝的苦浓中、咀嚼回味那满口的兰香。

惠明茶王树

时常在雾气中的景宁茶山

径山祖庭，天然味色留烟霞

径山寺创建于唐天宝年间，积淀着一千多年的历史荣光，这里的茶和高山的烟霞一样令人神往。

径山茶在唐代闻名后，茶圣陆羽曾慕名而至，隐居径山，至今山下双溪仍有"陆羽泉"，泉水清洌。高耸的径山，东径通余杭，西径连接临安的天目山，占尽人间风水。

径山寺是日本茶道的源流，南宋时，径山寺曾为"五山十刹"之首，无准禅师传法日本的圆尔辨圆禅师，后来日本东福寺的清规中，就将茶礼作为"行仪作法"。当年，日本僧人南浦昭明禅师也曾在径山寺研究佛学，后将茶籽带回日本，是当今很多日本茶叶的茶种。

百年前"天然味色留烟霞"的径山茶，现在又是哪些滋味呢？

径山寺中绿茶香

2016年，正是清明后谷雨前，约好多年的老友杭州的张涛兄、福元兄一同上径山。张涛兄，又称慧定居士，在

径山顶上，风光无限

径山寺居住多年，一直致力于整理禅茶的研究工作。从杭州到径山，约一个小时的车程，山路清冷，林木深密，远离尘嚣。傍晚时分到达，伫立在径山万寿禅寺的古老黄墙前，真有久违的感觉。虽然没有听到晚钟，却在淡淡的黄昏新冷中感受着千年的寂清。

我们来的时机正好，晚上就可以看到炒茶制茶。山上山下皆有人炒制径山茶，山下的茶场和茶农有自己的做法。我们来径山寺，就是希望看到最传统的径山茶制作。

径山寺每年春季要制作一些绿茶，因为场地的原因，炒茶只能在大殿背后的一处空地进行。我们来的这几天，正是寺里炒茶最忙碌的时间，空气中都散发着茶香。

径山寺的炒青茶工艺不算复杂。当天采回来的一芽一叶或一芽二叶初展的鲜叶先摊晾在大殿木架上的竹匾里，这一大堆的鲜叶都需要按标准来挑拣，庙里的老居士就把它当成了修行。寺里还留着半手工炒茶的程序，摊晾后的鲜叶先使用滚筒热气杀青，既而摊晾，后再次复炒，复炒中加以快速捏翻的动作以成形，炒后再以机器揉捻，最后热烘到八成干，又加炭火焙干。炒茶的手法需要功夫和经验，有经验的制茶师傅抛、撒、闷、抖，手掌常直接与电铁锅相触，虽然电锅比柴火锅温度略低，却也不是寻常人可以长时间炒得来的。

古老的炭烘工艺在很多名优绿茶的制作中都依旧存在，如六安瓜片、猴魁、蒙顶甘露、信阳毛尖等，其中缘由，我想一是由于炭火的波长更深入到茶之梗脉，烘得到位；二是可改变茶之寒气。惜今人多在意效率，而失之真味了。径山寺那些明灭的炭火，也是从中唐传到今天的。

炭火焙好的径山茶，白毫显现，色泽翠绿，香气可人，茶汤呈鲜明绿色，口感清醇回甘。

清晨，殿堂沐在阳光中更显神圣，古树枝丫高指蓝天，路上黄土层中有一些古老的瓷片，随手拾起一块黄釉碎片，它也记录

夜间摊晾待炒的鲜叶

着古老的过往。

　　宋时，径山寺内盛行"茶宴"，并非筵席，而是以茶论道的"清规"，即以茶代酒宴请上宾之仪。茶宴在洁净典雅的明月堂举行，张挂字画，设四时鲜花，并有专用茶具，茶法专注、安静而有序。据传，其程式为：献茶、闻香、观色、品味、论茶、交谈等六项，依次进行。

　　寺前的石径古道，木牌上记录着祖师的偈语，有一首南石文琇禅师的"诸佛出身处，浑不用思维。早晨喫白粥，如

如泼墨画般的
茶园风光

浙江

今肚又饿"。看似寻常不需思维的状态，说得正是自然而然的自在境界。

寺院后的山林里，锦鲤徜徉于池中，树蛙鸣于竹梢，芳草滋长，竹林摇曳。远处，天山一色，云层迷离。茶园间落在山坡上，茶树因为去年冬寒稍稍受了些伤，至春天又复茁壮生机。

径山上的采茶人

这就是径山茶场，茶香四野。沿古道登顶，令人陶醉，白色的野草莓花、紫色的兰花都肆意在茶园里开放。径山顶上，茶正发新芽，天光云海势磅礴，杜鹃四月火红，竹林风声轻细。采茶工的欢声笑语轻快地响在山林之间，几位安徽来的大姐很熟练地将每一枚茶叶嫩梢采下，置于小竹篓内。这几年春天的茶季，她们都会如约而来。径山茶多数为谷雨前茶，采摘细嫩的一芽一叶或一芽二叶初展。发芽早的无性系良种，早在谷雨节气前，采摘就告结束。这一时段气温较低，茶山中云雾多，茶叶生长缓慢、芽叶细嫩、整齐，内含物多，制成茶叶品质更好。

喝石岩间 祖庭茶

径山茶园多为前些年推广的良种，古老的有性系群体种很少看到了。在田埂山路之畔，还遗留了些野茶树。问及最古老的茶园，说是在喝石岩里。

据说喝石岩就是当年开山祖师法钦禅师曾手植种茶的地方，若能在开山之地采野茶若干，用最古老的蒸青工艺来供佛，也是一件胜事。喝石岩处已经成了荫翳的竹林，"喝石岩"三个字刻于古老嶙峋的大石上。野生的茶树从荒野里长出，分散无序，都是竹林里天生地育。或生于松软的落竹叶下，或生于岩隙之旁浅溪之畔。

径山峰峦雾林，喝石古庭苍翠，撷灵芽，惜古法，以不着烟火之味，撷山野天真之气，茶中有清泉烟霞矣。

这一天阳光正好，我们借助树荫下的阳光，先行摊晾。因为是野茶，需要时间更长一些，上午十点左右采的茶，摊晾到晚上六点，差不多用了八个小时。芽头大小不一致，不宜炒青，反倒更好蒸青。

借用寺庙食堂的炊具，大家一起等待着蒸青成形的时刻。电饭煲与蒸箅需事

❶ 竹林间的野茶
❷ 新采回的野茶芽叶须经摊晾后再蒸青

先清洗，另备干净无异味的棉布，只需要蒸两三分钟即可。干茶本来奇香，蒸青后仍旧清香扑鼻，其色美如玉。蒸后急扇令其冷，又手工搓揉成自然条索，手上的茶汁似乎都异常甘甜。揉捻成形后开始炭烘，利用炒青茶所用的炭烘器具，离烘笼半米多高处架着孔隙极小的竹匾，竹匾以丝网覆盖。火力看起来还比较大，我们边烘边关注茶叶的变化。一个多小时后，细嫩的蒸青茶就已经烘干成形了。

未及退火，大家就期待着这款祖庭处的蒸青茶。宋明以来，蒸青茶皆是主流，清香的蒸青茶更代表了古老的径山寺传统。只取出一小撮冲泡，先行供佛，再给大家品饮。茶叶泡在小杯里，显得更绿，特有的海苔鲜美滋味，强烈的野生茶气息，茶汤甘甜清冽，充满了不羁的山野风格。古老的蒸青茶味，古老的径山喝石岩下的野茶，清苦而回香。

径山寺的僧人们也爱喝茶，监院法涌师父更是代表。径山茶法礼法有很多规矩，正如佛家的戒律，是对心的修炼。法涌师父爱茶，也亲自泡茶。我们离开时，劳烦了他开车送我们下山。寺庙大小事务甚多，在他身上却仍然可见寂静的一面。记得那一日清晨，他静默地洒扫庭院，修行，正在那丝缕微细之中。茶味，也在细微的行茶法里。所有的这些细微处，都更接近了径山茶的真实。

浙江

175

安吉白茶：凤形羽片之美

自然舒展的安吉白茶，被比喻成"凤羽"，形美加上滋味鲜爽，俘获了很多饮茶人的心。

安吉白茶因白化而出名，在今天，这种特别的白化茶已远播各地茶乡，在甘肃、四川、贵州都可以找到它的踪迹。安吉白茶色泽翠绿间黄，叶底芽叶细嫩成朵，叶白脉翠，如玉色。这是一款外形极美的绿茶，茶味又极淡雅鲜爽，能轻易俘获饮茶人的心。离安吉近的上海人和杭州人喜欢，茶的价格也高起来。

安吉白茶中氨基酸含量超过 6%，是普通绿茶的两三倍，显涩的多酚类物质却少，因此比普通绿茶更加鲜爽，难怪很多人喜欢它，也有人形容为"鸡汤味"。

类似安吉白茶一样的白化茶品种，其实国内有很多，比如武夷岩茶中的白鸡冠，制成了乌龙茶。安徽黄山到四川乐山，再到湖南保靖，都有以白化茶的品种制成的绿茶，却少有像安吉白茶这么有影响的。

安吉产茶历史早，早在唐代，茶圣陆羽就在《茶经》里记录："浙西，以湖州上……生安吉、武康二县。"人们常引用宋徽宗在《大观茶论》中述及的白茶，书中这种"其条敷阐，其叶莹薄"的茶产自福建的北苑（建瓯）一带，浙江安

安吉白茶山

吉白茶与它一样，都属于白化的茶种。若进一步研究，安吉白茶是一种罕见的变异茶种，属于"低温敏感型"茶叶，叶芽俱白的时间很短，约一个月，气温过高的时候就变绿。这是因为春季茶中的叶绿素缺失，故在清明前萌发的嫩芽为白色。在谷雨前，叶芽的颜色多已呈玉白色。立夏前，逐渐转为白绿相间的花叶。至夏，芽叶则恍然全绿，与一般的绿茶无异了。因此，安吉白茶要在特定的白化期内采制，以清明谷雨时节为好，芽叶既美，滋味亦吸引人，杯中的叶底宛如白玉。

安吉种茶人陈锁每天会在微博上更新他种茶与制茶的日常，这是一位专注于安吉白茶的茶人。陈锁兄带我转绕安吉大山的茶园，安吉大多数的茶园都已规模化种植，少量的高山茶园就显得珍贵了。安吉各产区的茶，从外形到滋味都各有不同，如大山坞茶场的安吉白茶注重香气与口感；杨家山茶场的安吉白茶则以色白与品相取胜。

1930 年，当地人在孝丰镇的马铃冈发现了数十棵野生白茶树，《县志》中记载："枝头所抽之嫩叶色白如玉，焙后微黄，为当地金光寺庙产。"1982 年，浙江省在农业资源普查时，在天荒坪镇大溪村横坑坞八百米的高山上，发现一株百年以上白茶树，嫩叶纯白，仅主脉呈微绿色，很少结籽，后育成"白叶 1 号"品种。到 1997 年，"白叶 1 号"的品种已发展到千亩。2020 年，经过三十多年的发展，安吉县"白叶 1 号"茶园面积发展到十七万亩，安吉白茶的年产量达到了两千吨。

我与陈锁兄一同顺山路寻访横坑坞的"白茶祖"，山路略窄峭，远山叠嶂，云雾轻渺。与山外的茶园不同，桂家场的植被更加繁密，竹木碧翠，由花岗岩母岩风化成的土壤含有较多的钾、镁等元素，这里的冬季会有雨雪，湿度相对较大。

看守"白茶祖"的老人家住在山里，他先给我们冲上当年的安吉白片新茶，用的是玻璃杯，饮起来清香甘美。山间茶园尚有不少群体种，叶芽没有白化，制成的茶称为"安吉白片"。这是古老的原生品种，茶树的发芽时间要比"白叶 1 号"晚几天，千米之上的高山茶一般要四月初才能开采。

中国茶山行记

　　我们前往谒见白茶祖，见其比普通茶树略大，古老却很有生命力。前一年因为霜冻修剪了些，变得更矮小一点。国内的白茶都是从这棵母树上繁育下来的，可谓劳苦功高。

　　很多人会把安吉白茶和安吉白片弄混，安吉白片与安吉白茶均属绿茶类，但树种不同。安吉白片的树种是高山绿茶（地方群体种）、也有"龙井43"和"迎霜"品种等。而安吉白茶的树种则是唯一的、无性系繁育的"白叶1号"。

　　事实上，安吉白片出现更早一些，创制于1981年，曾多次在省、市名优茶评比中获奖。湖州茶友大茶兄形容安吉白片有一丝清冷，如"淡竹积雪"的奇逸之香。我想，清冽的香气与味道应源于安吉高山林间独特的生态吧。

　　安吉白茶则始创于20世纪90年代，横坑坞的"白茶祖"经过选育，又经多年的推广，安吉白茶早已盛名在外。

　　安吉白茶的工艺相对简单，它既重外形，也要求滋味鲜美可口。采自"白叶1号"茶树的鲜叶采摘后摊青，理条机兼具杀青的功能，最后烘干。这样工艺属于典型的绿茶工艺，与六大茶类中的白茶类"不炒不揉"且轻微发酵是两回事。

　　凤羽状的安吉白茶，工艺重点在理条烘干上，没有揉捻工序，喝起来滋味比较清雅。前些年，安吉白茶有"凤形"与"龙形"的区别。"凤形"安吉白茶是烘青绿茶，"龙形"安吉白茶（即安吉白龙井）则是炒青绿茶。"凤形"安吉白茶条直显芽，壮实匀整；色嫩绿，鲜活泛金边。"龙形"安吉白茶形似龙井，扁平光滑，挺直尖削；嫩绿显玉色，匀整。根据品级不同，为一芽一叶初展至一芽三叶不等，品级高者，芽长于叶。

由于"凤形"安吉白茶的美丽的外形与清雅鲜爽的滋味更受人喜欢，占据了绝大多数的市场份额，成为大家心中的普遍认知的安吉白茶；而滋味稍重些的"龙形"安吉白茶，渐已消失，尽管他们都有着共同的地域香味。2020 年，全国引种的"白叶 1 号"已经突破了三百万万亩，从横坑坞开始的玉色白茶，以凤羽之美长留人间。

❶ 条索自然舒展的
　凤形安吉白茶
❷ 叶底温润莹澈

注：本篇部分图片由陈锁提供。

江苏

十里春风，湖上碧螺春

碧螺春旧称"吓煞人香"，这是江南甜柔春天的气息。在碧波万顷的太湖，茶碗里的碧螺春蕴藏清秀果香，盛满春天的清气。

年少时看金庸的小说，写到碧螺春的叶片上会有螺旋形的图案，后来才知道是"美丽传说"。台湾也有三峡龙井，有"碧螺春"，很是粗老，完全不是碧螺春该有的样子。但我们会理解，离家越远，有一些香气和味道越无法忘怀。

一群人的春天梦想

寻访碧螺春，必须要到最好的场地。诗情画意的苏州城，最有名的东山岛与西山岛的碧螺春都令人向往，西山滋味重，我更喜欢东山的秀美清味。

苏州古城临着碧波万顷的太湖，沐浴十里春风与茶香。很多人喝过碧螺春，却难识真颜。早春尚寒，枇杷花已凋谢，茶香却蕴集到清明这一天。气清而明，晴空碧湖，东山岛藏船坞的群体种茶树芽叶发得正好，一芽一叶初展，新芽深嗅，淡淡的花香低幽而长。一望无际的太湖，杨柳绿丝绦，难怪这里的人们，心语间都难以掩藏对家园的骄傲。

东山岛的陆巷古村，明成化年间的老牌坊与磨得发亮的石街，记录着久远的风物过往。静谧的庭院，黛墙瓦窗，一枝桃花斜里伸出，落地玻璃窗边的几竿竹，菱形窗外隐约的罗汉松，水缸

清明这天，老茶树的新梢一芽一叶初展

里的花，精致杯盏里的碧螺春正香，是恬趣精美的苏州园林风景。

在村子里，有人用煤气锅炒茶，有人用柴火锅炒茶，讲究的茶客更喜欢用柴火锅炒出来的茶香。素四姑娘的顾野王制茶所坐落在尚锦村里，一口古老的石井，讲述着市井的过往，马头墙、铁皮门、虎头锁，开残的杜鹃花，提示着这里已经进入繁忙的茶季。

一盏诗意，万千辛劳

素四常年在东山岛炒茶，她很挑剔碧螺春茶的原料，因此只收取群体种的鲜叶。岛上有一些早芽种，虽然发芽早，她认为太过清淡，没有茶味。很多人喝春茶讲究非要喝三月初的茶，其实只是一种心理的期待，和茶味无关。

要做出好的茶味，哪怕只是简单地炒，也不那么简单。素四姑娘头一天晚上几乎是通宵制茶，第二天上午九点多，就要准备收茶青鲜叶了。岛上的茶农知道她收购茶青出价高，纷纷来排队，在藏船坞一户农家，几十个人围着她。她必须沉静地辨别芽头的大小，润泽度和香气，最后决定收与不收。茶农对于结果很激动。遇上这种情况，既要讲规则，又不能太刻薄，有些原料确实采得不标准，不能做上等的碧螺春，但如果产区好、内质好，素四就收下，尝试做红茶，后来又尝试制成黄茶和蒸青绿茶。

碧螺春的鲜叶嫩，需要特别小心，不能像别的地方的鲜叶随意闷在茶袋里，素四会将它摊得薄薄地，置于竹制水筛上。放在车上还不能抖动得太厉害，车内也不能闷得太热，细嫩的茶叶才好做最香的茶。小心翼翼地载着这一筛筛的鲜叶，回去就要开始挑拣。挑拣需要一根一根剔出鱼叶和残片，必须要达到一芽一叶初展的标准，一芽二叶的就要剔选，叶芽太展的也不适宜。在我走过的茶区里，讲究的如六安瓜片是一片片地采制，猴魁是一根根的手揉，信阳毛尖是制成干茶后一根根地挑，只有这样，茶的品质才表现得更到位。

邻居夏老已九十四岁高龄，也过来帮忙挑拣，大家在一块大木板上，一根根挑出符合标准的碧翠鲜叶，再薄摊于竹筛、间插于木架上，茶香与淡淡竹香交融，空气也是甜的，青藤爬满了屋角。

其实绿茶美好的花香亦从摊晾开始，让青气与水分散失，使花香与清味共存。碧透而优美的身段，静候火的磨砺。

下午三点多就可以开炒，茶灶前备好了成捆的柴火，灶台里的木柴吐着火

❶ 碧螺春细嫩的芽叶
❷ 碧螺春的鲜叶需要一根根挑拣
❸ 用木架竹筛进行摊晾

苗。素四用的是一百多摄氏度的锅温，她觉得对于细嫩的碧螺春锅温恰到好处。摊晾后的鲜叶抖散入锅，发出轻轻的噼啪炒茶声。一斤左右的鲜叶入锅杀青，最后制成二三两干茶。

闷炒与翻炒是炒茶的核心手法，闷炒可以提升温度，让水汽起到蒸熟茶叶的作用。翻炒时，要讲究炒得均匀，并借以走散多余的水分。碧螺春的手工杀青需要捞、炒、搓，第一次杀青约五六分钟，此时茶叶已经变软，能捏成团。

早年集体生产时，人们会在炒锅里边炒边揉，但有可能会拖慢炒青的速度，失去了匀透的工夫。素四会将炒青后的茶叶取出，另外在竹匾上揉捻。团揉时双手一起叠起，松紧有度；搓揉时，往回拉，向外推，再卷起。揉茶人的手臂青筋显露。

揉后继续复炒，使其再次失水，均匀干燥，约半小时，茶在锅中炒至足干，卷曲成螺，芽毫显露，炒茶出现的花香、甜香、果香，极为迷人。二炒时，茶呈黄绿色，锅里也落满了毫。二炒兼有一点烤的作用。轻轻按压是不允许的，

刚刚出锅的碧螺春

怕有茶汁粘在锅上。

请来的炒茶师傅老是用原来的手法，素四就会不断提醒他。炒好后用一张白纸卡片，将茶底刮起，全都收集到黄色的牛皮纸上来。此时的碧螺春鲜嫩可爱，深沉暗下来的绿，白毫显露，条索较紧曲，如螺状，近嗅迷人的茶香，仿佛可口的甜点。

到了晚上九点多，炒茶人的额头上已经满是细密汗珠。这一个晚上，他们要把所有的茶都炒完。炒后的茶储放数天，素四会将它们再微微炭烘，以使茶味更加醇和，好茶在火与手掌中臻至完美。夜里一两点钟，月光照亮了老院落。

寻山坳的清气与翠芽

第二天清晨，我们要到山上走一走。街巷几声狗吠，风拂过树叶沙沙轻响，这是东山岛上的槎湾，山坳里，湖风吹皱了时光。带我们上山的是小夏，大学毕业后，每到茶季都会回家中帮忙。小夏家的茶园枝条已经显苍老了，因为没太修剪，大约一人高，据说以前有些老树更高大，要爬梯子上去采。太湖畔，东山岛有清风雨露，这些古老品种的芽叶尤其细小，嚼起来鲜美嫩甜，没有苦涩味，生津回甘快。经历严冬，蕴藏至清明才生发。古人采的茶，要制成紧细柔美的螺形身段，要出现绵厚有劲的花果之味，皆源于有内质的茶树。

那些上百年的老茶树在石头堆里散落丛生，未曾被密集种植和矮化，它们在天地间端身正直，叶茂而碧，恣意而长。每每遇到这样的茶树，采摘起来也令人愉悦。采撷芽叶须细心而敏捷，掬于手中就要快速入篓，避免手的温度影响了碧翠的鲜叶。

走过很多茶园，处于天然状态的并不多。少量留下来的天然茶园，也许违背了产业的快速发展，不能打造百亿千亿的产值，但却是一件可以持续做、为子孙谋的事情，也有厚质与令人难忘的茶味。

山间散落生长的老茶树

　　远处湖面波光熹微，小径石路若隐若现。山间枇杷树高大繁茂，枝干亦是苍老，据说这是苏州最好吃的枇杷。再过一段，天气热了，岛上就会有杨梅，还会有少数的杏和李子，秋有板栗，冬季有橘。

　　采回的鲜叶要挑叶，剔去"末子"，看着这些要掉弃的第二、三片鲜叶，一样带花果香，一样受上苍厚赐，为人辛劳采撷，只因外形不佳而被丢弃，真是可惜，于是我们决定用挑剩的二叶尝试做蒸青茶。夜深时茶亦萎凋到位，摊薄于竹篾上，入锅，蒸至微黄，起锅，急扇令其冷，团揉后成形，觉其略带生青味，又复短时蒸之，复揉，低温炭焙，晨起茶成。以高温冲泡，饮之清冽甘柔，不带烟火气，尤喜花果之味入茶汤，似饮枇杷果汁，多有惊喜。

　　将离开东山岛时，再品鉴一回碧螺春。新炒出的娇嫩翠芽，在茶则里散发微香。我们用碗泡法，用杯泡法，用壶泡法，器物使茶呈现不同的性情，或香高或味醇，但碧螺春的内质，总是通透细润，果香绵存。

　　岛上紫藤花浓，很多人依然每年都要来，太湖水随着四季流动，枇杷果将熟，杨梅也会红透，初冬若来，红橘遍山……这一缕清气，随时光变幻，弥漫在人间。

金陵江南绿，春茶雨花青

这是一个古老的都城，过往神秘而模糊，王朝的奢侈荣耀与耻辱都已远去，静静生长在中山陵里的茶叶，岁岁焕发新芽，制成的圆直紧秀的针形绿茶，唤作雨花。

南京人就喜欢他们的雨花茶，这是一款甘醇而微带苦味的茶。江南的秀气有别于西南的大山，江南的绿茶也多婉约秀气，南京的雨花茶却是在秀气中又有深一点的甘苦交融。

几次来南京，都与茶季错过。这一次清明专为访雨花茶而来。2017 年，清明时节早来，茶味却来得晚——这个时间段的茶树刚刚萌发新芽。

南京老崔茶馆的崔波兄请我食罢南京的大碗皮肚面，随即带我去寻访雨花台园林风景区的雨花茶。雨花台园林和中山陵，是雨花茶最有代表性的原产区。

南京中华门外雨花台园林风景区，自古便为江南登高览胜之地，山岗上有五彩石。天雨曼陀罗花是梁武帝时的传奇典故。传说当年在聚宝门外岗阜最高处，有云光法师讲经于此，感天雨赐花，天厨献食，故以名其台。

雨花台园林景区春光正暖，园林里还能种茶，估计在别的城市非常少见。四月春光里，紫色的二月蓝在茶园旁怒放，粉红的樱花正浓，云一般地挂在枝头。

雨花台景区茶园

雨花茶厂
茶味老

雨花台风景区里的老茶厂员工，在茶厂里一干就是二三十年。每当制茶时节，都能看到他们辛劳的身影。他们手上会有厚厚的茧以及沁入指甲的绿，揉捻的斜纹竹席上，茶汁早已染红席面。

茶厂的制茶师向伯荣，曾多次获得江苏手工针形炒青绿茶的一等奖，2015年被江苏省农业委员会评为江苏省针形类绿茶手工制作大师，以保证手工炒茶的技艺不会中断。在机器制茶成为大势所趋的时代，手工技艺显得更加珍贵。

南京产茶的历史已然久远，当年诗人皇甫冉送茶圣陆羽到过栖霞寺，"布叶春风暖，盈筐白日斜"传诵至今。但雨花茶这种特殊造型的炒青绿茶，历史并不长。1957年，南京要求创制名特茶立项，以纪念雨花台烈士。1958年，江苏省内制茶专家云集南京，以中山陵茶园为试验基地，开始了创制过程。1959年春，有人提出以镰刀斧头的形状，有人建议用花瓣形或玉珠形，只是在实际实验中，这些设想都难以实现。时任名茶创制组长的俞庸器，无意中看到雨天的松树松针，顿时有了灵感。松树四季常青，品格不凡。改进搓条技术，正好可以做成松针状。这一试想，终于改变了雨花茶的品质特性。当年，为了集思广益，名特茶创制委员会要求雨花台烈士陵园茶场、江宁茶场、栖霞山茶场等十几家茶林场也参与松针形新品茶的试制。从此，南京雨花茶与湖南安化松针茶、湖北恩施玉露成为有名的针形茶，这就是"著名三针"。

每到茶季，向伯荣师傅都会与茶厂的炒茶师一道，将茶季里最好的一芽一叶初展的茶青，在炒锅内手工杀青炒制。每次投入半斤多的鲜叶，细细地炒青，起

用于揉捻的竹席已经沁入茶的颜色

❶ 雨花茶的针式外形
❷ 雨花台茶厂留下的老式风选机

锅揉捻，理条、搓条、拉条，以成就雨花茶的紧、细、圆、直、滑的松针形，珍藏手工炒制的甘醇鲜活的茶味。也因此，南京人对这样的雨花茶推崇备至，贵一些也要抢着买。

　　雨花茶博物馆也在雨花台景区内，收藏着古老的木质铜纹揉捻机和老式的风选机，以及过往的那段影像。

中山陵内　梅花馨

　　了解雨花茶，除了雨花台景区茶厂，必须要去的就是中山陵茶厂了。

　　中山陵茶厂和雨花台茶厂都曾于 1958 年研制、1959 年生产出形似松针的雨花茶，这两家老厂的手工茶很是珍稀，那些少量的明前手工茶，一斤能卖到五六千元。

　　从 1959 年开始，这款形如松针，锋苗挺秀，白毫隐露，色泽碧绿的雨花茶在这里生产，也已过一甲子了。

❶ 中山陵茶厂，以平底炭火锅炒青

❷ 中山陵茶厂里的梅花灶

中山陵茶厂有五口并排的传统的梅花灶，以平底锅炭火炒青理条，这是最传统和讲究的锅与火。而中山陵的茶园，也有大片的梅林，茶芽萌发之前，梅花的馨香已沁满园林。

傍晚时分，鲜叶采摘回来，大家排队称量计数。采茶工多来自安徽、江西以及苏北地区，因为采摘的标准非常严格，一天也就采一两斤的鲜叶，适度摊晾后杀青，手工炒一锅茶一个多小时，也只有二两的量。中山陵茶厂的品牌久产量少，茶叶基本不愁卖。

松针之形 醇厚质

传统的雨花茶手工加工工艺，第一步在于杀青。杀青在口径大约60厘米的锅内进行，锅温120～140℃，投茶量不到一斤，掌握"高温杀青、嫩叶老杀、老叶嫩杀、嫩而不生、老而不焦"的原则，当叶质柔软、透发清香时即可起锅，这一步工艺历时五六分钟。之后出锅揉捻，以利于做形。雨花茶在特制的竹帘上揉捻，揉捻时边解块三四次，这一步用时不到十分钟。

整形是雨花茶的重要工序。手工搓条，是形成外形的关键技术。在揉捻成条的基础上，搓理成紧细、浑圆、挺直、光滑的松针形。

在约80℃的热锅中涂抹少许乌桕油，投叶量约七两，先是翻转抖散，理顺茶条，在手中轻轻滚转搓条。再降低锅温，五指伸开，双手合叶子，朝一个方向，用力滚搓，约二十分钟后，转入拉条。

拉条是个很枯燥的工艺活，手是要搓起泡的。南京雨花茶讲究外形的紧细圆直，这个工艺丝毫马虎不得。在中山陵的茶厂，年轻的姑娘在这里制茶三十年，渐渐成了双鬓泛白的阿姨，眉毛粘满茶毫，动作娴熟而轻快。稍加热锅后，手抓叶子沿锅壁来回拉炒，理顺拉直茶条，搓紧、搓圆。这一步骤十余分钟，九成干时，起锅摊冷，即为毛茶。下一步即是和其他很多绿茶一样，去片、末，分级，烘焙至足干。

中山陵茶厂附近就是茶园，茶园多处于密林之下，有槠叶种、鸠坑种、福鼎大白、龙井长叶和43号等，傍晚的阳光透过林叶隐约于茶园间，显得更加宁静。

这里还有一片老茶园，据说曾为宋美龄亲手种下，时至今日依然吐露新芽。此处为海拔两三百米的市郊，在这个春日的下午，显然与闹市分隔开来。

南京城过往的兵燹之灾与瓦砾荒烟中重启的繁华，交织如梦。天快要黑下来，空中细雨飘布，金陵城里繁灯如织，每一座城市都有它自己的甘苦之味。

饮一盏今春的雨花茶，带着刚刚炒好的茶香。松针的外形，带上了时代与时间的色彩。雨花茶透着浓厚醇爽、爱恨分明的滋味，怪不得爱它的人，一定要等着这些春茶的到来。

紧细、浑圆、挺直、光滑的松针形

安徽

群芳冠世
祁门红

祁门红茶香高而名著，你会因刹那打开的茶香，而迷恋上那馥郁甜美的香气。有人形容它为玫瑰香，有的闻到了花果蜜香，这是祁山阊门里的甜美厚质。

春天到来的时候，一切鲜活起来，牯牛降被称为华东地区生态最为原始的地区，山际云升雾降，加之徽州故地的古祠石桥，宁静村落，活脱一幅新安派画家笔下的山水丘壑。祁门历溪，水涨时变得雄浑，水落时异常柔美，珍藏酝酿着千百年的甜美，此时，山间落下的杜鹃花瓣也已经洒满了湿漉漉的公路。

千年古市，
百年祁红

祁门在唐朝时属歙州，北宋时改歙州为徽州，祁门原为歙州黟县和饶州浮梁二县地，因其城东北有祁山，西南有阊门而得名。曾经的浮梁，就是著名的茶叶集散地，所谓"浮梁歙州，万国来求"。祁门的茶通过阊江水到鄱阳湖可转陆运，又可沿长江顺流而下。

祁门多铜矿、金矿、钨矿，这块土地应算是有富贵之气的。白墙黛瓦间，有梦想，有悲怆，这就是令人"一生痴绝"的徽州了。

祁门的春天多细雨，兼轻冷，芭蕉、杉林与修竹下，细嗅湿润空气中的红茶香，与福建桐木关的气息相似。祁门茶与闽红也有着千丝万缕的联系。追溯祁门研制红茶的历史，有称始于胡元龙，有称余干臣，都是发生在 1875 年前后的事情。桐木关红茶的工艺传到坦洋后，

徽州故地宁静的村落

曾在福州府通商口岸为税官的余干臣因"丁忧"辞官回到皖南，在池州的尧渡、祁门的闪里、历口等地号召人们改制红茶。那时候，祁门人只制作绿茶和安茶，安茶亦称蓝茶、软枝茶，也是以绿茶为原料的再加工茶。要用绿茶的原料改制成红茶，一开始人们是不理解的，但槠叶种特有的花果蜜香，使得这里的红茶终成佳话。晚年的余干臣许是看透了繁华，据说在九华山遁入空门。胡元龙为祁门的南乡贵溪人，少有侠义之志，咸丰年间即在贵溪制茶办学，耕读并重，为当地制茶大家族，亦被称为祁红的发明人。在当年，余干臣与胡元龙之间有过不少交集，胡元龙的后人胡益谦先生亦谈及余干臣自闽省罢官后，在祁门找人改制红茶一事，独胡元龙敢于尝试。也可以说二人均是当之无愧的祁红奠基人。

民国年间，茶类已然丰富，品质亦值称赞。当年的祁门红茶和坦洋工夫以及国内很多的茶，都曾获得过"巴拿马金奖"。

祁红与印度大吉岭红茶、斯里兰卡的乌伐茶一道，被称为世界三大高香红茶。正因如此，到祁门制茶成了许多人的向往。多年以来，人们在这块土地上延续着玫瑰色的梦想。

历史上，红茶的主要市场主要份额曾长期为印度和斯里兰卡占据，祁门红茶为中国茶夺回了骄傲。高香成就了祁门红茶的经典，但是除了高香，祁红亦不缺乏真味。

云雾祁门，山间真味

祁门茶的香气与槠叶种离不开关系。槠叶种为中叶中生种，叶形椭圆或长椭圆形，叶质柔软，抗冻抗旱能力强。最重要的是，以槠叶种制作的红茶更具高香。祁门槠叶种富含一种香叶醇成分，有玫瑰般的香气，在槠叶种中，香叶醇的成分据说比大叶种的滇红要高出十多倍。而带着兰花一般香气的芳樟醇类，在这个品种里亦不缺少。

树种的确能决定一些的物质成分占比，但对于祁红和大多数茶而言，更重要的茶味内质来源于整个良性的自然生态系统。祁门的很多茶园位于植被良好的林间，这些高坡度的茶园无论在种植管理还是采摘上都显得更加艰难。但正因为茶园面积不大，且周边满是植被，所以即使地处高坡也不会有水土流失的担忧。在广阔的中国茶区，我们有幸还保留着许多生态一流的好茶，正如在祁门所见。

2015 年春天，我曾独行至黄山，用简短的时间寻访过祁门的茶，于此地甚觉欢喜。2016 年入冬时我再访祁门，是日，茶区雪花纷飞，令人难忘。2018 年4 月初，因为心心念念此地的茶，我又一次前来，途经历口、新安、箬坑、渚口、平里、芦溪，感慨山水柔美茶香味永。祁门的周边又是池州的石台、东至，黄山的黟县、休宁，徽州的茶总是那么甜美有味。

历溪之畔的历口镇，是祁门红茶的重要发源地，亦成为当下最重要的祁红茶产区。到历口途中就可见成片的茶园，也有不少的茶园藏匿于深山。几日大雨，溪流见涨，略显浑浊，上游处却依旧清澈可人。

茶园旁常有浅溪流淌

古老的廊桥

林下楮叶种茶园

祁门地广人稀，夜晚的历口镇更显安静。镇上的茶厂却是灯火通明，年轻的茶号老板，依旧每晚守着数百斤的鲜叶，在揉捻机的转动中期待更香的作品。他们尽量避开雨天茶青，萎凋槽从冷风到热风，揉捻从轻到重。要出茶香，既有技艺也要有好天气。雨天的茶青制成红茶，香淡味薄且涩，极难掌控。遇到天气好的年份，就能让人兴奋。历口的茶人，也期待秉承历史的茶号与前辈茶人的志向，做出名符其实的世界好茶。

　　在祁门的西路与南路，人称为祁南、祁西的地方，都盛产优质的祁红。即使最北边的大洪岭，也有高品质的祁门红茶。大洪岭下，各色花草林木葱郁，岭头古道通往更远的地方。数百年来，从这里会窥见另一个世界，梦想从古道延伸。

　　在高山里采摘槠叶种茶是一件很艰辛的工作，在陡峭的茶园工作常有摔下的危险。即使在平缓的茶园，因芽叶较小，采茶的速度亦很缓慢。采茶的老者指头乌黑，皲裂的食指尖往往绑着白色或绿色的胶带，竹篓里每天采的新芽很有限。

高香祁红，真纯工夫

　　祁红的高香，得益于祁红每一道工序的细节掌控。祁红除了初制阶段的萎凋、揉捻、发酵、烘干这些环节，还包含着精制工艺里的十多道环节，这就是精制中的毛筛、切断、抖筛、分筛、撩筛、风选、紧门、套筛、拣剔、拼和、补火、装箱等十二道工序。制成的成品分为礼茶、特茗、特级、一级等，一直到七级。

　　国际化的祥源茶厂，有两套初制与精制设备，各价值一千多万元，拥有强大而精细的加工工艺，品质稳定。鲜叶采摘回来后，从萎凋阶段就在成套设备中开始加工了。祥源茶厂虽然拥有最先进的红茶制作机器，但茶厂依旧尊重祁红的传统手工，茶厂里有多名制作祁红工艺的非遗传承人，这些老师傅在祁红制作的岗位上已经有三四十年了。尤其在繁复的精制阶段，祥源茶厂依旧保留着这些技艺的延续。

祁红之美，离不开最先进的标准化生产工艺，也离不开甘于寂寞的匠人。只需要看看最后一道的炭火烘干做形时，师傅们手上的老茧与汗水，就知道祁红高香得来多么不易。

大洪岭的程君茶厂规模并不大，每一道程序却非常讲究。采回的鲜叶会先用滚筒状的竹筛筛分叶芽的嫩度大小，这样保证萎凋时更均匀。鲜叶量少时，薄摊在竹匾上萎凋，大批量则需要用萎凋槽，冷风吹走水气，再过渡到热风吹走青气和余下水气，待茶叶捏起成团富有弹性、茶梗不再刺手、叶芽俱已柔软如棉布时，青气散失到位，才进入揉捻的程序。揉捻依循轻重轻的程序，长达一个多小时，这样的过程中，鲜叶经揉捻后，会溢出一点茶汁，随后茶汁又被叶条吸收，再次出汁成形。茶汁隐约形成泡沫、叶芽俱已成形，之后以竹篓装满揉捻后的茶叶，加盖湿布，根据发酵时的温湿度，经历三小时甚至十小时，茶叶才会发酵结束。

祁门因为多高山，夜间气温低，发酵茶叶时，多放置于发酵室，烧锅炉来保证室内温度。也有一些发酵室通过炭火来提升室温，但室温一般不超过 30℃。

老师傅们在制茶岗位上一干就是三四十年

鲜叶先行筛选

至今仍讲究炭烘的祁门工夫红茶

在最后的干燥工序中，讲究的人会以炭火烘干。也有许多年轻人在尝试晒红，在清朝光绪年间曾有晒红的记录。炭烘过的祁红更加香甜，人们对祁红的理解不同，每一种尝试都有自己的理由，并形成不同的滋味风格。

烘干阶段亦是手搓成形的关键节点，祁眉、针形、螺形，就在这样的过程中由不同手法搓揉定形，工夫茶真是花费了太多工夫在里面了。

成品后的祁门红茶，永远都洋溢着浓情蜜意和花果甜香，在这般香甜柔美里，深深藏着祁门山水的清丽绝美。

高香祁红茶

救疾疗疴
『圣』安茶

安茶在原其产地祁门曾经中断生产了五十多年，国内很多人不了解，只是中国香港和东南亚的茶客念念不忘这款可以救人疾病的"圣茶"。安茶有着独特的"日晒夜露"工艺，似乎它将日月精华都揽入以棕叶和香竹编就的茶篮里了。二十多年前的祁门芦溪畔，"孙义顺"安茶的香气重新释放，接续起百年的沧桑曲折。

安茶也称"六安茶"，很多人以为其产于安徽的六安市，实际上这却是产于祁门的一款黑茶。

从清朝末年开始，安茶的祛湿解毒之效在东南亚一带就已为人称道，被誉为"圣茶"。安茶需要"日晒夜露"——白天晒太阳，晚上吸收露水，或因"汲日月精华"而与众不同。很多人喝到安茶，弄不懂这是什么茶——像岩茶、又像黑茶、又像绿茶。这是因为安茶的工艺太复杂，太讲究：除了"日晒夜露"，还需要两三道炭火烘焙，像极了传统的乌龙茶；前期炒青工艺使它像绿茶；前期闷堆与后期"日晒夜露"、再经蒸压与存储发酵，喝起来的滋味红浓醇陈，带着特殊的棕叶炭火香，又似黑茶。百年前影响世界的安茶，因1937年日军全面侵华、鄱阳湖水路停运导致停产，消失了整整半个多世纪。对于安茶，人们已经淡漠或遗忘，只有东南亚一带留下压在茶箱里的一抹陈香。

芦溪之水，
载百年茶香

1983年，香港茶叶发展基金会的关奋发老先生写信到安徽省茶叶公司，并专程寄了篓老安茶过来。在广东沿海和香港一带，渔民不慎喝下海水后腹胀，把茶叶放在炉子上煮一煮，喝一碗就好了。百年前，岭南的医生曾以安茶入药，治好了广东一带流行的瘟疫，安茶因而被人们称为"圣茶"。但此茶久已湮没，存世仅有少量的老茶。老人来信，希望茶区能再现半个世纪前的茶香。

于是，安徽省茶叶公司一路问到祁门县茶叶局，最后问到了芦溪乡。只是那时，大家对安茶已经太陌生了，整个祁门没有一片茶园用于生产安茶。当人们看到早期的茶叶与斑驳的茶票，以为只是一种粗老的茶，凭想象收了些下脚料来做，却怎么也做不出安茶的味道来。

1988年，关奋发老先生第二次来信联系生产安茶。这一次，工艺虽然改进了些，但还采用老叶子做，做出的茶品仍旧没有被认可。现在"孙义顺"的掌门人汪镇响老人，当时担任芦溪乡企业办主任，也在祁门县茶科所学习制作祁门红茶。他开始关注并尝试制作更好的安茶。到了1989年、1990年，通过拜访早期"孙义顺"茶号的传人汪寿康老人，汪镇响对工艺做了更大改进，特地使用了祁门的槠叶种，采用雨前上等贡尖、一等嫩芽来制作，通过安徽省茶叶公司送样到香港。香港方面反馈说比以前有进步，但工艺上还有些不到位。后来，一心想恢复安茶工艺的汪镇响，诚心诚意将汪寿康老人请到茶厂来指导生产，请老人回顾安茶工艺更细节的技术，又不断拜访其他几个健在的老师傅，安茶终于得到重生的希望。1991年送样后，香港方面特别高兴，说"很好喝了"。1992年，就有了江南春茶厂，复产安茶成功。从那几年开始，安茶开始在广东佛山等地引起了反响。1997年，"孙义顺"的商标开始申请注册，1998年正式启用，但那一段时间，安茶并不是很好卖，市场很有压力。安茶销售的机遇，出现在2003年的"非典"期间——安茶在广东被当作药方，市场由此开始突破。

之后几年，安茶开始在国内市场有了一席之地，销售仍旧以广东地区为主，广东顺德、佛山等地在订婚嫁娶之时一定要备上安茶作为彩礼。但对大多数国人而言，安茶依旧是一款陌生的茶。幸运的是，每年来自日本、韩国与我国港台地区的订单源源不断。

偶得安茶，战乱中断

在孙义顺茶厂，汪镇响老先生以简易的"飘逸杯"来冲泡安茶，竟也滋味甜美。安茶经陈化后，滋味醇和甘美，适合小茶量中高温闷泡，嫩梗中的果胶与糖分释出得更好。泡安茶时，人们都要特地加上一片茶篓内的粽叶，说这样才更有味道。红浓的茶汤，清甜又带着粽叶香，喝很多也不会觉得难受。喝到陈化经年的安茶，更觉得醇滑入口，心绪也变得平和起来。

犯了痛风的汪镇响老人，手脚有些不利索，却还强打精神继续着安茶传统工艺的制作。他满肚子装着讲不完的安茶历史与典故，话匣子一打开，就关不上了。他回忆起早年"孙义顺"茶号的老师傅讲的传说：清朝雍正年间，黟县的一个山村尼姑庵边有一棵老茶树，人们浇灌滋养，茶树茂盛而美。一天，庵里的妙静师太采摘叶芽咀嚼，竟是甜丝丝的味道，遂采来置于石板上晾晒，顺手加以揉搓，到了晚上却忘记了此事。经过一夜的雾气露水，昨日揉成一团的茶已成为黑色，茶叶却还是软的。于是她用溪边的粽叶将茶裹好，挂在庵外晒干后，挂在庵里的柱子上。过了数年重新打开时，闻着有尘扑扑的味道，打开看还是黑黑的。师太觉得此茶应不一般，遂将茶蒸软烤干，以备他日之用。若干年后，妙静师太生病时想到这个茶，煮起喝后神清气爽，病居然就好了，后发动尼众，满山遍野采制，用以普施众人。因为这种茶有一定的药用的价值，在当地也就兴起来。来尼姑庵讨茶喝的商客与信众越来越多，香火很旺，惊动了兵匪，尼姑庵竟被抢掠烧毁。逃出的小尼姑将安茶的技艺传到黟县古筑乡孙家村，孙家村的孙启明学到了安茶的制作技艺。民国战乱，孙启明来到祁门芦溪，以"孙义顺"的牌号从事安茶的制作销售。"孙义顺"源于孙启明的姓氏，做生意合作讲"义气"、求"顺利"，在民国时，"孙义顺安茶"就已经是响当当的招牌了。

汪镇响老人

"孙义顺"的茶票

汪镇响老人提到，安茶本称"徽茶"，人们觉得不容易叫，就改叫安茶，又因为有安五脏六腑的作用，故又称"六安茶"。实际上，以前还有叫软枝茶、笠仔茶、徽青、老六安等名字。从一些资料和古老的票号上看，之所以把这种黑茶叫作六安茶，与那个时代六安瓜片等茶就已经有很大的影响力有关。

　　这些大约都是1918年间的事情，安茶源源不断地从祁门的芦溪、闾江，用小船运到景德镇，趁春水上涨，换中船到鄱阳湖，再经九江，通过马车转到韶关，又用小火车拉至佛山，来回一趟要半年时间，但所获亦颇丰。然而，日军侵华后，这条水路也就荒废了，安茶也没有再生产出来，直到五十多年以后。

独门技艺与露水同生

　　芦溪乡地广人稀，芦溪的水静静流淌。好山好水，是这片土地仍然可以拥有安茶的最大幸运。春生万物，春水流淌着静美的自然活力，倒映着雾气蒙蒙的徽派屋舍，人们很容易产生隐居于此的念头。所有关于安茶的香气，都是这里开始发酵的。

　　种植于溪边的茶叶很适合用来制作安茶，据说夏天洪水冲上来的淤泥能够滋养茶树。四月初，茶园里的母亲带着女儿以一芽二叶的标准采摘鲜叶。当地的槠叶种茶树，叶片韧

芦溪的水

性好，制成的茶品耐泡。这些原料即将进入茶厂炒青，然后按复杂的工艺制成安茶。

精神矍铄的汪镇响老人会用竹算焙茶，"每两天就要烧坏一个，120元一个呢。焙茶时要用棉布垫底，茶叶才不会漏，烟味也不会透到茶上来"。焙茶是一项很细的技术活，茶焙完就进入"日晒夜露"的程序，这是安茶第三阶段的工艺。

芦溪乡大大小小有十多家制作安茶的茶厂，这些年，安茶渐渐出现在人们的视野中，但并不是每个人对安茶的工艺理解都能到位。

碳焙后的安茶摊放在竹篾上等待日晒

安茶在一年中有八个月时间都在做茶和准备——从四月份采摘、炒制，一直要等到半年后才算彻底制成。其工艺分为三个阶段——四、五月份的初制，六、七月份的精制筛分，十月左右的精制包装。

安茶从四月初开始采摘，一般到五月底停采。当地采茶的谚语称："春茶一担，夏茶一头，卖儿卖女，不采秋茶。"安茶的拼配的比例一般是"春茶一百斤，夏茶二十斤"，不采秋茶。

从芦溪边，一直到高山上，倒湖在这里回绕，山间的茶树都长得老高，滋味清甜。

一芽二三叶标准采摘的鲜叶，经摊青约四五个小时，前期铁锅杀青，趁热揉捻，成形后解块、烘干，脱掉70%的水分，进入闷堆的后发酵阶段。此时并不洒水，利用茶叶堆积产生的理化变化，奠定安茶的风格，堆积的高度约10厘米，时间并不长，控制在四个小时内，最后晒干或烘干。

六月时，将毛茶备好，滚切，分筛，风选，色选，去掉末子黄片，到了七月份，第二阶段就结束了。

立秋后，安茶进入第三阶段的精制与包装，有时早早地从八月份就开始，但若遇到多雨的秋天，没有夜露，是做不好安茶的，直接洒水更不会有安茶的味道。这一点，安茶和其他的黑茶都不一样。

与武夷岩茶不同，安茶的焙火不需要在炭上覆灰，但在茶叶下面要垫上棉布，焙火的时间也只需几分钟。焙后的茶就堆放在竹篾上晾晒，晚上摊薄，利用夜露改变口感，使茶的滋味更加醇厚，据说祛湿和健胃的效果特别好。关于露水与茶关系，在古人的茶书中多有"凌露采焉"的记载。林语堂的一段茶文曾这样记述："露水的芬芳尚留于叶上时，所采的茶叶方称上品。照中国人的说法，露水实在具有芬芳和神秘的功用，和茶的优劣很有关系。照道家的凡自然和宇宙之能生存全恃阴阳二气交融的说法，露水实在是天地在夜间融合后的精英。至今尚有人相信露水为清鲜神秘的琼浆，多饮即能长生。"

第二天早上七点多，工人就把夜露好的安茶装筐，然后上蒸屉。茶叶蒸软后，开始压茶入篓，竹篓事先已经用茶水煮过，避免虫蛀，篓内也已垫好祁门特产的粽叶，因为土质特别，这里的粽叶比南方很多地方的粽叶更香一些。

"孙义顺安茶"的等级分为精品特贡、特贡、贡尖、一级、二级。厂里的郑春武老师傅在包装安茶的职位上已经做

茶叶蒸软后开始压茶入篓，篓内已垫好粽叶　　厂里的郑师傅

捆好成条的安茶，
要依次放入焙槽内
以炭火烘焙

了二十五年了，他很娴熟地将竹条拉紧抖落，将八个茶篓紧紧捆好。等级高的安茶，每篓半斤，每八篓编成一条，每七条再捆成一件，一件就是二十八斤。而等级低的，每篓一斤，六篓一条，六条成一件，一件就是三十六斤了。

捆好成条的安茶，要依次放入水泥焙槽内，以炭火再次烘焙，用的是栎炭，茶离炭火一米以上，槽内温度达到 120℃，安置妥当以后，要在安茶上面盖棉被，经过大约 24 小时的干燥。

焙好的成条安茶，经晾干后再最后包装成件，又称"打围"，这样的包装精制，要一直持续到年底结束。

安茶的每一个细节都是学问。黄片与嫩梗的配比很有讲究，梗多，潮气易侵入茶篓，做出来的安茶容易发霉；再比如最后的炭焙干燥，有些茶经过 24 个小时炭焙，还没有焙干，也不能一直放在焙槽内，因为焙过头了容易焦变，这时候就需要拿出来，用大电风扇吹晾，晾好了才能再焙火。这种工艺更多地照顾和顺应茶性，茶在烘焙过程中发生的种种变化，需要有心人来观察。烘完的茶叶还有约 13% 的含水率，要排在通风架子上，等着慢慢晾干。如果茶叶本身没有干透，后期存储也容易发霉。有一段时间，安茶的市场销售较好，很多人急于上马制作，但教训也多，原料与工艺不到位，就不会有好茶。

安茶陈化后滋味醇滑，因此当年茶不宜马上销，最好隔年夏天再卖，"隔年陈"的道理与岩茶很像。安茶越陈越醇，如何储存也成了一门大学问。储存时一定要注意控制好湿度、避免阳光和异杂味。

"日晒夜露"后的安茶，出口量依旧颇多，让人依稀看到百年前的景象。安茶通过了两百多项指标的日本出口品检验和欧洲检验，韩国茶人评价"这个茶的滋味很不一般"。在中国台湾地区，人们认为安茶经过陈储，茶气更为深沉，具

安茶的茶汤

有明显的祛湿热和解毒效果。

　　满山遍野的槠叶种，由于没有过于追逐产量，天然滋长，所以今天，我们还有幸品到清甜而醇厚的安茶滋味。饮一盏安茶，回望百年的岁月光阴，让人心生感慨。它"阴差阳错"地来到世间，解救疾苦，又因战乱隐身匿迹半个多世纪，又因人孜孜以求得以续上茶香。曾经年富力强的汪镇响，现在也成了老人家了，他曾说过：比品牌更重要的是品质，祁门秀美的高山与溪流，一定会让百年前的茶重新扬名。

　　茶也会随着光阴慢慢沉淀香气，它的甜度与挚诚的热爱离不开，与土地的温度、山间的云雾离不开，更有赖于洁净的露水与时间的守望。

安徽

注：从清朝开始的"孙义顺"安茶，产区就在祁门的芦溪。因历史成因，芦溪乡的多家茶企都在使用孙义顺的茶号。2018年1月，孙义顺安茶的法人代表及主导恢复安茶制作的老茶人汪镇响老先生去世，其茶厂亦更名为"公孙顺"，由其外孙汪珂继承制作。"孙义顺茶号"成为地方公用品牌，由政府授权使用。

黄山云雾久，毛峰茶味新

黄山以奇而名，奇松藏身云雾间，奇茗以"黄金叶、象牙色"为标志，这就是黄山毛峰，因毫多而芽尖如峰而得名。黄山毛峰得黄山之奇与美，其滋味甘醇，回甘迅即，为中国的"十大名茶"之一。

多年前，我曾在徽州黄山古街喝到黄山毛峰，哪怕只是用简易的白瓷杯泡出，也是清香甘醇，饮后回甘良久，念念难忘。

黄山毛峰最早曾在充川（充头源）、汤口采茶，当年谢裕大茶行通过上海公司曾将此茶远销欧洲。而黄山有茶的历史更早。据《徽州府志》记载："黄山产茶始于宋之嘉佑，兴于明之隆庆"。《黄山志》亦称："莲花庵旁就石隙养茶，多清香冷韵，袭人齿腭，谓之黄山云雾茶。"

黄山市休宁县城北有松萝山，自朱元璋罢贡龙团起，松萝茶是中国最早的一批炒青绿茶，由明末僧人大方和尚创制，制法精妙。曾经，武夷茶都要仿制松萝茶呢。

黄山一带在清朝光绪年间以前原产外销绿茶。据《徽州商会资料》记载，黄山毛峰之名起源于清光绪元年（1875年），当时有位歙县茶商谢正安开办了"谢裕泰"茶行，为了迎合市场需求，于清明前后于高山名园选采肥嫩芽叶，其"白毫披身，芽尖似峰，色如象牙，香气馥郁"，取名"毛峰"，加地名为"黄山毛峰"。

黄山毛峰系以黄山大叶种为原料的烘青绿茶，产在黄山一带，因为高山坡地多，坡陡、土层薄，多系沙壤土和原始林木，并不允许有百千亩连片的种植规模，其植被与生态均堪称一流。尤其在黄山

黄金片、象牙色的黄山毛峰

充头源的黄山大叶种

毛峰的原产地——黄山区富溪乡的充头源一带，更见清新出尘的风土与山林，清明至谷雨间的上等高山茶，品质尤胜。

黄山毛峰，和四川等地的"毛峰""毛尖"之名不同，四川的毛尖细嫩，毛峰则成了一芽二三叶的成熟叶等级的绿茶了。黄山毛峰只做毛峰，哪怕采的是最高等级的一芽一叶初展的茶也是"毛峰"，并没有"毛尖"的品级。须知，光绪元年谢正安在富溪乡（漕溪）创制黄山毛峰，其芽茶原料就选自充头源茶园。

诗意徽州，花满富溪

与野生杜鹃、松杉相伴的茶园

2015 年，我到黄山访茶，缘于为人豪爽的程迎春先生。清明之后，正是黄山毛峰制作的高峰期。程先生要带我去的茶厂就设在充头源那儿。我与他一同前往充头源的山里，茶山海拔达 800 米。甫抵富溪乡，天气陡冷，此间溪涧清澈见底，流水缓而不急，杜鹃花开满了两岸，茶树隐隐地躲在群山里，尘世间仿佛安静下来了。

安徽

"黄山归来不看岳"，黄山灵秀，徽州绝美。正因有青山，才有好茶。中国地域广袤，总还有些原始生态之地，茶的行情不过热，也不过冷，或许是最好的状态。

试喝黄山毛峰，只是用玻璃杯泡，却因为这里的水好，泡出来正是黄山毛峰的真味，除了长久的回甘，也能感受到茶本质中的清甜。

徽州山水充满诗意，黛瓦白墙，石桥溪涧，安宁祥和，那曾经的富贵温柔恰似流水。"一生痴绝处，无梦到徽州"，汤显祖笔下的徽州令人无限遐思。

从长坞往充头源，深山的住户已然不多，仅有的几户人家会自己生产农家茶，使用的制茶工具很简单，价格也不贵。

车行无路，我们就随意踱步至村子里，村子也就十多户人家，青壮年不在家，虽是茶季，也显得非常安静。

一些大茶厂，会在充头源一带建址，以便收到更好的原料。

『象牙色』与『黄金叶』的由来

这个下午，人们纷纷将采摘来的鲜叶卖到厂里，厂长王红书一边验收鲜叶质量等级并记录，一边安排人员将收来的鲜叶摊放于专用鲜叶储存机上，利用风扇吹走水气和青草气。

黄山毛峰制作多已交付于机器。但其手工技艺依旧在。

虽说是绿茶，其工艺过程也不简单，尤其是杀青和炭烘干燥，仍保留千百年制茶的传统与精髓。清明前后制作的是早春茶，鲜叶采回后要立即摊晾，看到鲜叶萎缩了，才下锅杀青。杀青时，锅底发白才说明锅温够高，投茶量不到一斤鲜叶。炒制黄山毛峰，刚开始需要高温，双手尽量将叶子全部提起，快速翻拌，再抖散开，使茶叶在锅内炒匀炒透，不能有烟气与焦条，此时边揉边抖，感觉"糙手"的时候，茶就差不多炒好了，此环节大约需要十几分钟。最后的工序为毛火烘干，传统烘干时会使用四个并列的炉灶，如同武夷岩茶，炭烘亦需覆灰。四个炉灶的火温由 90~95℃ 而逐个降低，至 70℃ 左右，出锅茶坯先在火温最高的烘笼上烘焙，待又有茶叶出锅时，将前茶坯移至第二个烘笼上，以后逐次类推，流水操作。中间每隔 5~7 分钟翻动一次，经半小时，茶叶约七成干即可下烘"摊晾"，此时茶叶并未烘干结束，尚需等待回潮。烘后的茶叶在空气中经一小时多，渐渐变软，根据茶叶老嫩程度，此时或可加冷揉，茶叶颜

黄山毛峰是典型的烘青绿茶

色尚绿，再足火（老火）烘干，所谓"盖上圆匾复老烘"，也是黄山毛峰的工艺要点。此时火温65~70℃，足火烘干的时间四五十分钟。

在最后精制阶段，大厂会用到色选机。为了品质与效益，生产机械也不断地升级，但有一些工艺环节还保持着传统的做法，比如烘干时使用煤炭作为热源，以使茶烘得更透，香气更高。

黄山毛峰更加追求鲜灵度、清香度，始终保留其"黄金叶"和"象牙色"的个性。所谓"黄金叶"，也就是茶的鱼叶。在龙井这一类炒青绿茶制作中视为可怕的鱼叶，反倒成为黄山毛峰的特色。也正因为烘青不怕鱼叶的特性，茶能够更尽其用。

王红书厂长认为，黄山毛峰的品质得益于高山的海拔与生态环境，与很多地方的绿茶一样，如果对茶树修剪过于频繁，也会影响到质量。

再访黄山秘境

每次喝到黄山毛峰，都会忆念那里清冷出尘的山水。而程迎春先生时常会在电话里聊到手工艺或产地制作的一些事情，每每遗憾于无法再深入了解黄山茶。

2017年4月中旬，程迎春先生很兴奋地告诉我，这次寻访到了一些更好、更隐秘、少为人知的产地，一定要送我到山里寻访那些手工炒青的工艺。驱车前往，黄山的后山少有人至，公路狭窄，不过一辆车的宽度，满山谷都是茂密的植被，和诸多"万亩茶园"是两个概念。春天的山谷满山深碧，碎石与砂壤地里的茶树长势较佳。采茶人头戴草帽，身背竹篓，正忙于采撷一芽一二叶的鲜叶。清明前后的特级黄山毛峰，采摘一芽一叶初展，只需理条，不需揉捻；谷雨之后的黄山毛峰就开始采摘一芽二叶，需要稍加揉捻，条索略大，其厚醇的滋味，恰好符合老茶客的胃口。

黄山毛峰的采茶人

经过山间一岔道，路更窄难，车子行驶不便，我们便步行入山。这一带多是坡度极高的茶园，亦可见很多群体种，鲜叶的外形与长势各异。峡谷里可以寻找到许多珍稀的中草药，亦有抛荒路旁的野果与香樟叶。

山居的主人曾因商场失利而隐居此间，这几年开始制作黄山毛峰及猴魁。他用以一些抛荒山野的茶叶来制作黄山毛峰，其滋味清甘厚醇。

山涧里的水极为清冽，阳光下水纹斑斓。从此处亦可绕到充头源，富溪乡已为新建的高铁贯通，但保留了徽州农村的安宁。

那些古老的天井四合院，暗藏了耕读传家的过往。古桥的石头都已经长满了灰白的苔藓，远处的青山连接起祁门的红茶、休宁的松箩、石台的雾里青、新明的猴魁，还有歙县的老竹大方。徽州依旧流淌着古老的故事，数不清的美丽茶园。竹林下，清柔甘美的溪水边，萋萋芳草中的茶树，只散发着芬芳。

植被茂密的春天山谷

太平湖畔，茶之魁首

绿茶当中，令人印象深刻的莫若猴魁茶了，其形硕味美，兰香清奇。普通茶客很难喝到核心原产地的太平猴魁，也对这类茶抱着神秘的想象。猴魁茶源于安徽太平县猴坑村，猴坑村之于猴魁，正如"三坑两涧"之于武夷岩茶。

　　大约在 1900 年，安徽太平县猴坑村茶农王魁成（人称王老二），曾在猴坑村海拔 750 米的凤凰尖茶园，选肥壮幼嫩的芽叶，精工细制而成"王老二魁尖"，在市场上引发很大的影响。由于猴坑村所产魁尖做工精致、品质超群，特为茶冠以猴坑地名与县名，称为"太平猴魁"。

　　历史上，徽商的质朴及对茶味的讲究，在太平猴魁、六安瓜片这一类茶上表现得淋漓尽致。据称，清朝至民国时期太平茶商的茶号就已非常有名，当年占据了市场大量份额。太平县现已更名为黄山区，"太平尖茶"是太平猴魁的前身，后更名为"太平猴魁"，曾于 1915 年获过巴拿马万国博览会金奖。

　　猴魁茶最核心的产区当属现在的黄山区新明乡猴坑村，旧时也称三合村，名重天下的猴魁就产于其山中，猴坑村的猴村、猴岗和颜家三个自然村所产的最佳，尤以猴村为重。

　　我初访猴坑颜家自然村的时候，就见太平湖汪洋碧翠，一路上，车子总是在绕着它走。据说太平湖相当于十七个杭州西湖的面积，猴坑村常年雾气氤氲，即源于此，猴魁茶的优异品质与它有着莫大关联。须乘船才到得了颜家村，茶园遍布山林，林木花草亦美，茶园所种即当地的柿大叶种。因其叶片大且肥，酷似柿子树叶而得名，是品性优异的群体类型。用当地的柿大叶种，才好制作出猴魁的外形与滋味。因叶大，又讲究以柴火桶锅杀青，所用的桶锅，桶口直径约 70 厘米，锅深约 50 厘米。杀青后的每一片茶叶以手工搓条，经筛网滚压成形后，又焙火烘干。

因太平猴魁有名，黄山及周边地区的茶叶也会拿非柿大叶种的品种制成猴魁，虽名为猴魁，外形与品质却逊色多了，小叶种制作出来的条索短细不匀，再经机器重压，像纸一样扁平，缺少了手工茶的灵气。核心产区的猴魁保留了更多传统工艺，除却形美，更兼兰花清甘，滋味滑润甘甜，具有独特的"猴韵"，在茶味中可以感受"深谷幽兰"之意。能喝到最正宗的猴村猴魁，成了许多茶客心中的梦想。

海拔 700 米的猴村自然村，山高路陡，必须统一换乘村里的面包车上山。每年茶季，各地茶商皆奔赴前来，路再陡也挡不住人们上山的热情。上山的路太窄，多数地方仅容一车经过，稍微不小心就有蹭到车的危险。如果有熟悉的厂家，就可以优先搭乘到车子，若事先未及联系，就要排很长的队。这几天人多车多，核心产地的茶农，就坐等茶客上门了。

半山间蓝天碧透，白云如絮，茶园藏在松下竹林间，野花奔放，远处，太平湖隐约可见。狮形尖、凤凰尖、鸡公尖等山峰环抱村落，猴村在当中像一把巨大的太师椅，可谓占尽风水。寻访茶山，一定要认真观察土壤，健康的土壤松软有活力，花草多样而美，在天然的山林里，我们才更能体验到茶的质朴真义。早期

太平湖畔的茶家

茶园有石头垒筑的护坡，多乌沙壤和黄沙壤，有各种花草，意味着更为天然。茶反映的是人与自然的关联，这是茶味的真义。上苍给了一个地方优良的山林，山里人则各有自己的方式。

半山处就有几户农家正在制茶。揉捻阶段尤为费工，须将杀青后的每一片柿叶种搓揉成形、置顿整齐，茶工多系外地来的五十余岁妇女。柿大叶种者，芽叶肥壮，当第一叶初展时，第二叶仍紧靠幼茎，因节间较短，二叶尖同芽头长短基本相平，这样一芽二叶制成的茶叶，就能达到两叶抱一芽、不散不翘不卷边的效果了。如果以机器揉制，就缺少手工猴魁特有外形与活性。

山间有石桥，有溪涧，没有车子经过的时候，山谷寂静。猴村有一棵猴魁茶的"茶王树"，挂着红布条，周边用石台垒起，大理石栏杆围绕，上书绿色的隶书"茶王树"。这棵茶王树长得比普通茶树略大一些，茶叶可拍卖出高价，但也是一种符号的象征了。

村里头采的猴魁没两天就会被各地茶商拉走，时间越往后，越难做到两叶抱一芽、不散不翘不卷边的标准，就制成奎尖（魁尖）和魁片了。

猴村家家户户都在制茶，拥有各自的客户，对茶种植管理的理解及制茶水平亦不相同。茶农会将这几天做好的茶放

标准采摘的茶青

挂满红布条的猴魁"茶王树"

置在铝箔袋里，茶商茶客皆可各家各户寻访、试饮。茶农亦热情，会为客人试泡不同天数制出的茶叶。

猴村的小叶正在进行最后一道工序——炭火烘干。他以杂木炭生火，虽然电焙更省事，焙出的茶味却不及炭火有活性，这是因为炭火的波长更能深入到茶的内部。

猴魁茶要经过摊晾、柴火桶锅杀青、揉捻、压形、烘干等工序。柴火或用炭火炒青的桶锅更能表现猴魁的醇厚之味，杀得透才不会有青气，翻炒动作轻灵娴熟，要朝同一个方向边炒边抖边理条，二两多的茶叶要炒三四分钟。揉后在筛网上理平、理直，再用木滚轻轻滚压，力度需恰到好处，才能形成梗叶上的丝格纹路。猴魁茶在叶色苍绿匀润间，叶脉绿中隐红，人称"红丝线"，所谓"红丝线"，其实是大叶种炒青时未能及时高温杀青而产生的轻微发酵所表现出的红梗的美称。至于历史上以竹制烘笼进行第三道烘焙及用箬叶装入铁桶的做法，已经看不到了。

小叶家后山的山坳间就是柿大叶种的茶树，散落在山坡坑涧里，有小水池作灌溉之用。无性培育的优良品种"新魁3号""新魁6号"系列也都有种植。这些天制好的茶会用塑料袋密封好，保存在冰柜里，没几天都将销售一空。产量本就不多，兰香特异的猴魁茶非常紧俏，这是猴坑春天特有的气息。

深锅杀青

手工揉捻

入筛网滚压成形

在黄山旅游区，或者一些大店里，如果只是喝一喝黄山地区的猴魁茶倒很容易，但要喝到核心原产地的手工茶就很难了，毕竟好茶极为珍稀，也极难量产。

在猴村，玻璃杯中深翠的茶渐渐舒展，其兰香源自于这里的柿大叶种、精细的匠心和太平湖畔的山林厚土。

滚压后进入烘箱烘干

茶农家新制好的猴魁茶

涌溪火青：通宵炒焙的珠茶

珠茶中，徽州的涌溪火青是令人印象深刻的一款茶，火青之名，也来源于手艺人长时间艰辛的炒焙工艺。

绿茶姿态各异，各地区都有它传统的形制。我们常见到的就有圆形颗粒状的珠茶、长条索的眉茶、芽叶平整的扁平茶等等。仅仅从外形上来看，珠茶、扁平茶一类的茶外形紧实，可以判断是炒青茶了。所谓炒青茶，即最后一道干燥工序为炒干，在逐渐炒干的过程中多施加以压力，相对于烘青绿茶而言，茶的外形自然会更紧实。安溪黄山地区的涌溪火青，就是一款外形为颗粒状、典型的炒青绿茶。

皖南宣城泾县除了茶，还有著名的宣纸，这似乎让茶带上了书卷的气息。泾县城东七十公里外的榔桥镇，涌溪山的枫坑、盘坑、石井坑、湾头山一带是涌溪火青的核心产区。所谓坑，倒与武夷岩茶的正岩山场有点相似，生长于两山的狭长谷地，藏风聚水，云蒸雾罩，使茶具备了更丰富的内质。

石其华是涌溪火青的省级非遗传承人，茶季里，来自周边县市的大小客户不断，来来往往。他家一楼的几间屋子堆成了仓库，刚刚炒制完成的茶叶，盛放在透明的大食品袋里，标着具体产区与生产日期，每一颗都透着春天的气息。涌溪火青的颗粒有的显毫，有的墨绿油亮，条索大小紧细不同，也反映了制作日期的差别。仔细看时，涌溪火青并非完全的圆珠形，略有点长而圆，所以当地人称为"腰圆"。

涌溪火青珠茶外形腰圆
紧实

石其华用玻璃杯为我们泡了几杯茶，因为是新茶，香气正高，杯面的水汽如云雾一般。

下午驱车到涌溪的茶山，金银花开满山间，清幽的香气在雨后越加甜美。坡谷间茶树幽翠，一片竹林、杉松、阔叶林，是自然的美景和佑护。电线杆接起远方的世界。茶叶新梢恰好一芽二叶初展，正适合制作涌溪火青。

盘坑村坐落在群山之中，村子里的人家都在采茶和制茶。晚霞照亮了半个天空，顺着石阶往前，直到远山，都看得到茶园，茶树为当地的柳叶形老品种，适合做成珠茶。

高山的茶更容易做出兰花香。兰花香与产地、工艺都有密切的关系。涌溪火青的传统手工艺极其复杂，炒青揉捻后，还需炒头坯、二坯，之后还要在40℃以上的锅温下，通宵掰锅（小的桶状铁锅，用于手炒成形）炒焙十多个小时。

盘坑村的吴师傅回忆说，20世纪90年代以前都使用掰锅手炒，为了做成珠形，要站着炒十个多小时。故"火青"也即是"焙青"之意，因为花在炒焙上的时间太多了。吴师傅称："现在基本找不到手工茶了，没有人熬得住这样的苦，再说机械也都替代了人的工作。"他特意爬上老宅狭窄的木梯，到二楼给我们找到了早些年留下来的炒锅，大的炒锅，小的掰锅，都已经生了锈，锅底的锈迹红褐成片。

即使是机器制茶，涌溪火青的工序也一点也不简单，村子里的茶制作时多以手工和机器相结合。

一芽二叶嫩度的柳叶形老品种最适制涌溪火青

桶锅的锈迹红褐成片

涌溪火青传统的工艺，细致来说，分为杀青、揉捻、炒头坯、复揉、炒二坯、摊放、掰老锅、分筛等工序，完成全部的流程需要 20 ~ 22 小时。

传统铁锅杀青，用直径约 46 厘米的桶锅，锅温 140 ~ 160℃，投叶量 1.5 ~ 2 公斤，杀青六七分钟，杀青程度要掌握适当偏嫩，杀青叶不能有泡点和焦边，现已基本改为滚筒机杀青。出锅后要抖散水汽，及时揉捻。双手轻轻团揉，用力不宜过重，达到初步成条和挤出部分茶汁即可。我们在村子里看到了手工炒茶与揉捻工艺，戴着眼镜的制茶师傅看起来六旬有余，制茶时仍旧非常有精神，揉好的茶条在灯光下碧绿油亮。

之后就是炒头坯。炒头坯用桶锅，锅温降至 110℃ 以下，炒到茶不粘手即可。出锅复揉，还要继续炒二坯。炒二坯时，锅温更低至 80℃，慢慢炒焙做形，形成虾形，此时看起来确有点像涌溪火青茶的原料了。再经摊凉 3 ~ 5 小时，即可"掰老锅"，即低温炭火焙干，也是涌溪火青制作之精华。其特点是锅温低，动作轻，时间长（12 ~ 14 小时），这些特点可谓冠绝炒青绿茶。

掰老锅是最关键的工序，也是涌溪火青制作工艺的灵魂所在。人们之所以无法坚持手工制作，就是因为这道程序太过费心费力了。开始时锅温 55℃ 左右，随后慢慢下降到 40℃ 左右。为保证供热稳定，要求用木炭作燃料。投叶量每锅

炒青之后的团揉

摇摆往复式的炒焙手法成就涌溪火青的紧实粒状

4～5公斤，中间进行二次并锅。投叶量多、速度轻缓，手法慢条斯理却又很有节奏，成就内蕴香气的珍品。现已基本改为机械摇摆往复式锅炒，我们也无法去要求更多，一杯茶里面，实在已经藏着太多的辛劳。

掰老锅之后还没有结束，还需要更进一步精制分筛。采用特有的竹筛，成茶用手筛"撩头挫脚"后，即为正品火青。因为揉得紧，颗粒似珍珠，所以掷杯有声，汤色杏黄，滋味醇正甘甜，耐泡持久。

那些老人家，虽然很想坚守手工茶的制作，也难免心有余而力不足。所幸，青翠的山林依旧可人，这也是好茶最根本的要素。所谓好茶，最重要的不是工艺，而是天然有内质的芬芳。涌溪火青产地的生态好，采高山茶时还会有野猴在一旁蹦跶。高山茶有幽兰香，高山气，滋味醇爽，回甘快，最受人们的喜爱。这种山谷的生态与植被，才是最珍贵的。古人讲述的岕茶、老竹大方，其金石之气与兰花气韵，都源自珍奇的山林之间。

徽州的山水里，流淌着天然的茶香，从明代到民国，从中国直到遥远的欧洲国度，都有他们巨大的影响。从许次疏到郑板桥，从大方和尚到双手老茧的茶农，从徽商的车马到书院的耕读，都记录着这些茶的苦涩与芳香。当那些远航的货轮，带上这片山水的清味，也就使茶味连接起寂静的山谷，高山云雾凝结成的茶香，穿过洋流与港口，在人们的冀盼中得以流传。

涌溪火青已经安静多年，这几年的销路多限于本地，在当地，人们还是很喜欢火青特有的滋味，耐泡、香高。通过网络推广，有一些茶友也喝到了涌溪火青的醇香。如果外省人有机会喝到火青，一定会爱上它的高香与醇爽。火青以工夫茶法可以冲泡六七道，是很有内质的茶了。这一点，并不比外地那些动辄大几千甚至上万元一斤的名优绿茶差。

我也时常忆念这一缕炒焙而成的茶香，历经千折百回，清雅的香韵萦绕杯盏，镌刻着徽州山水的书卷清音。

安徽

219

齐山绝顶云雾，茶中极品瓜片

"屏障东南水陆通，六安不与别州同"，位于长江与淮河之间的六安城，风生水起，大别山的北麓齐头山上，山高林茂，只采一片叶子制作的六安瓜片就源于这里。

六安应念作"陆"安，六安之名始于公元前121年，汉武帝取"六地平安，永不反叛"之意，算来已是久远了。据说因舜封"上古四圣"之一的皋陶于六（lù），故后世称六安为皋城。

而在爱茶人的印象里，记住六安的名字，却是因为瓜片这种茶。六安古称寿州，唐时寿州已是知名的茶产区。至明清两代，六安茶最为兴盛。明代《六安州志》"茶贡"条记载："天下产茶州县数十，惟六安茶为宫廷常进之品。"明代科学家徐光启在《农政全书》中指出"寿州霍山'黄芽'、六安州'小岘春'，皆茶之极品"，"六安州之片茶，为茶之极品"。

实际上，直至清朝，六安茶的种类众多，但"六安瓜片"出现的时间却略晚。炒过茶的人知道，投茶量大的时候，叶与芽往往很难同时炒匀，是否可以把叶和芽分开炒呢？这种大胆的创新就应用在六安瓜片身上了，此事大致发生在百年前的民国时期。这种单独炒叶的制法，让六安瓜片不仅外形特别，香与味也更加纯净醇厚。

关于六安瓜片出现的传说，大致会说到1905年左右，先有人将绿大茶剔除梗枝，只取一片嫩叶，称为"蜂翅"，在市场大卖。后有人在齐头山的后冲，将采回的鲜叶剔除梗芽，嫩叶、老叶分

齐头山茶园

开炒制，这种片状茶叶形似"瓜子片"，又称"瓜片"。据说，六安麻埠附近的祝姓大户人家，与袁世凯是亲戚，曾不惜工本，专拣春茶的第一至二片嫩叶，用小帚精心炒制，并经炭火烘焙，在袁世凯寿辰之日上献，获得赞赏，六安瓜片由此盛行。

生长在齐头高山之上的六安茶，初采也需要晚至谷雨时节，我们到来的时间，正是谷雨后的第十天。

新茶需『拉老火』

我们对于六安瓜片这种茶的了解，实际上非常简单粗浅，原产地最有名的蝙蝠洞前有多少茶树？是含芽采的，还是一片一片采下来的？如果是一片采的话，是连嫩梗一起采，还是不带梗来采摘？茶帚炒茶是用什么样的手法呢？多次复杂的炭火烘焙程序又是怎么进行的呢？

六安茶市聚集了众多销售六安瓜片、太平猴魁与霍山黄芽的铺面。安徽是名优绿茶的"圣地"，只要想起这些茶的甘甜清韵，就会口舌生津。傍晚时分，集市上销售瓜片的商家会在档口前进行六安瓜叶最后一道"拉老火"的工艺。

炭火烧得很旺，人们忙碌地将茶抬上抬下，反复在火上烘焙，直至竹箅上的茶叶慢慢生起白霜，这样的茶不苦涩，滋味更显醇和。在拉老火这道工序之前，茶叶已经历了近十天的加工历程。仅仅是拉老火，还不能证明这是手工茶，真正的手工茶，更体现在它复杂而精细的生熟锅炒青过程中。

胡姐与梁四哥夫妻俩在六安茶市上有一小间茶铺，茶铺只是一个窗口，茶厂的事情就多了。胡姐负责店面管理，四哥则在山上制茶。他们今年最好的手工瓜片刚刚到店，就被周边的商户蹭了几两去。这些瓜片喝起来甘甜、醇和、细润，是梁四哥坚持每一环节都以手工工艺做出来的纯正齐头山瓜片。

要喝到传统的瓜片茶，是不能着急的。六安瓜片讲究以

单片制作的六安瓜片，叶片上可见白霜

当地的群体种采制，多在谷雨之后进行，山下的乌牛早等新植品种可以在清明左右采摘，味道却差得多了。好的六安瓜片采制相当辛苦，山上的茶树零散分布，每个茶工半天只采摘半斤多的鲜叶，炒干后就剩一两多，炒后的茶在十天内还需要再经历三道炭火，才最后成就"白霜上身"的美姿态。

胡姐一直在感慨，她理解也钦佩梁四哥，只是有些疑惑：手工制作的方式是不是最好的？有没有意义？为了建新厂房，他们家也背上了债，但还是想要把手工工艺保存下来。

蝙蝠洞前桐花开

齐头山，也称齐山，最好的六安瓜片就出自这里。据《六安州志》载："齐头绝顶常为云雾所封，其上产茶甚壮，而味独冲淡……"

从六安城到齐头山下，道路并不难走，虽然属于金寨县，但从六安市区出发，第二天就可以直接上齐头山。从六安市驱车一个多小时，到达响洪甸镇，看到水波荡漾的响洪甸水库，就离齐头山不远了。

山下有很多茶厂，梁四哥继续带我们奔赴向齐头山上的手工作坊。

四月的齐头山莺飞草长，红色山岩裸露，让山间的色彩更显丰富，茶树就间种在山涧林下。桐花开得正美，古老的石阶落满了桐花，清澈的溪流静静流淌。

❶ 红色桐花与茶园共同组成山间绚丽的色彩
❷ 瓜片只采摘第二片叶子

此地早晚温差大，山涧常为云雾笼罩，这也就是六安茶谷的美景了。这里的茶园并非成片而密集，而是处于自然的散养状态，茶树还保留着以茶果有性繁育的方式，滋味厚醇。山间的茶树丛生于岩石间隙，谷雨后的桐花掉落在茶树上。采茶女工背着竹筐细心地采摘，六安瓜片只撷取芽边的第二叶，摘起来颇有讲究。

梁四哥早年习武，身材魁梧，没料想后来与茶结下了不解之缘。他在1996年就开始手工制作瓜片，一直坚持到今天。谈到瓜片工艺，他的话匣子就打开了，谈到采摘鲜叶时带梗与不带梗的差别，他说："带梗叶走水好，茶叶会更香，不带梗的叶片虽然容易成就外形，但滋味欠缺，喝起来偏涩。"采茶时，就是用竹筐和布袋的差别都很大，因为布袋比较密闭，茶叶闷在里面，水分又难以跑掉，既容易使鲜叶压伤变红，也容易出闷味，而用竹筐装茶，透气性就很好。

山路较陡，虽未入夏，人却也汗如雨下，途经雷公洞、红石窟、舍身崖，一路繁花。路旁许多野茶树，发芽晚的，现在还只露出芽头，有的叶片紫红，叶形特别，吃起来却也清苦回甘。

路上遇到挑茶下山的工人，担的正是梁四哥家新制好的瓜片毛茶，这些茶还需要挑到山下，完成最后两道炭火烘焙。

采摘完好的叶片更利于后期
制作

生长在路旁的野茶

蓝天下，采茶园里有欢快的笑声

蝙蝠洞前的数丛茶树

　　山路走了约莫两个小时，就快要到达山顶，可见蓝天清澈，白云缥缈，火焰一般的山崖，黄白色的桐花，恰如画卷。一群采茶女工欢快的笑声洒落山头。

　　到达梁四哥的手工作坊后，再往前行走约半小时，就是齐头山上的蝙蝠洞了。越往山里走，越觉得茶山景色优美，此时远山空旷，直至天际，山间又满眼映山红、紫藤花、罗汉松，青翠间露出一抹浓红。

　　看了一些书本资料，以为最好的六安瓜片就生长在洞前，靠蝙蝠粪来滋养。到了此地，才发现原来"蝙蝠粪"就是一个"传说"。为了一探蝙蝠洞是否还有蝙蝠，我特地爬上崖壁，贴着石缝艰难攀爬约四米多高，终于上到一小处平地，此处可以看到洞口，借着手机的灯光，能够看到不大的洞内顶上安静地挂着数只黑色蝙蝠。

　　崖壁下只有四五棵茶树能够承沐蝙蝠粪的"恩泽"，其他的完全与蝙蝠粪无关。蝙蝠粪让六安瓜片更好的说法，就是一个传说而已。原先蝙蝠洞前的老茶树早已枯死，现在洞前的茶园，多是数年前重新开辟的。

实际上，那些滋味醇厚的六安瓜片零散分布于整个齐头山上。因为云雾常在高山处，有最好的土壤与植被，所以齐头山才会成为上品瓜片的产地。

单叶、茶帚与三次炭火的功夫

六安瓜片的采摘就在谷雨后，立夏前，当地谚语说："立夏三天，茶麻生骨。"即过了立夏，六安的特产茶叶和麻都要老了。

这两年，采茶工越来越不好找，很多茶区都是今年这里找一批，明年那里找一批，成本也高。有几天茶叶发得最旺的时候，都没地方找采茶人。梁四哥说，厚道人不会吃亏，只要把采茶工的生活安顿好一点，一个茶季也就多花几千元钱，工人就很稳定了。

齐头山上还留着几户农院，看到院子前的大焙笼，就到了梁四哥家的手工作坊了。单叶采摘的鲜叶正摊晾在竹筐上，等待着它进一步散发青气。

六安瓜片也曾经以一芽二叶的标准来采摘，鲜叶采回后，单独"扳"出第二片叶子，嫩芽和茶梗另行处理，这样做比较烦琐，现在已经改为直接采摘第二片叶子了，当然也是为了产量。采过第二叶后，茶树上的芽头再次展开嫩叶，又可以再行下一轮的采摘。

梁四哥对手工制茶既热爱又迷惑，完全手工采制的成本太高，采茶女工半天也就采得七八两的鲜叶，一锅炒出来就一两多的鲜叶，哪怕十个人不停地炒，全部的量还不如机械炒一锅的量多。

手工作坊的炒青间有十二口锅，统一使用柴火，分六组，每组一口"生锅"挨着一口"熟锅"，配合完成鲜叶的炒制。"生锅"的主要功能在杀青，先炒至五六成干，再移至"熟锅"整形。茶叶用"熟锅"大约炒七八分钟，炒至六七成干即可。炒青间的温度很高，我们初来乍到，待久了都怕要中暑。炒茶需要有熟练的工人，外人只听到噼里啪啦的声音，其中却大有诀窍。炒青过程中要边抖边团，看火来炒，说简单些，最主要就是要杀透。炒青时使用的茶帚是六安瓜片独有的，这是用高粱秆做的炒茶小笤帚，拍、打、团、抖都靠它。该拍的时候拍，不能太早，早了会出青气，太晚了叶边缘发干发白，甚至要糊边。

六安瓜片看起来简单，实际上单焙火这道程序，就要经得起时间的等待。

炒青后的茶叶要用炭火烘干，称"毛火"，用的是无烟硬木栗炭。炭火可以改变茶的寒性，火也吃得透，茶喝起来活性足。两三斤的茶叶放在离炭火约一米

炒青间，一口生锅一口熟锅挨在一起

炒茶用的小笤帚

毛火阶段，以硬栗木炭烘干茶叶

高的位置，烘焙约半小时，就是毛茶了。毛茶焙至八九成干，此时要堆放三天或一周，以便得到味道更醇厚的茶叶。堆放后，挑剔老叶，再过小火。过小火的时候不能翻得太勤，约烘焙五十分钟，算是小火到位。这时候，茶还没有完工，还需要最后过一道老火。

经过小火烘焙后的茶叶，再陈放四五天，就可以拉老火了。过老火的场面很是壮观，也极为艰辛。炭火需要烧得很旺，每笼投茶叶约五公斤，由一组二人抬烘笼，在炭火上烘焙约两秒钟，马上抬下，翻茶，使其受热均匀；再换另一组二人，将他们的烘笼抬上烘焙，抬下翻茶，有时候也有第三个烘笼，充分利用炭火，轮流边烘边翻。烘笼受到高温炙烤，拉来拉去，热浪滚滚，工人在现场汗如雨下。每烘笼茶叶都要烘翻两百次以上，叶片渐趋干燥，香气越发浓郁，直到叶面生起薄薄的白霜。这样的工作量，相当于在炎夏里一天走上十多公里路，"拉老火"既需要有经验，更是一件考验韧性的体力活。

这样做出来的瓜片，就不用放在保鲜库了。

梁四哥对瓜片的外形有自己的理解，他认为，六安瓜片指的是叶片犹如切开后的瓜片状，两头翘起，才称瓜片，而不是我们通常说的"像葵花子"一样的。

对于六安瓜片来说，工艺非常重要，要做出带瓜果清香的茶，需要下一番艰苦的功夫。有天地自然的气息，更需要爱茶人的精耕细作。在这样的一杯茶中，我们能完整地感受齐头山上的雾气与灵秀，火山岩矿的厚重与自然花香，甘甜的厚韵长存喉间。

有时候，喝懂一杯茶中的滋味，也算是对手工制茶人最好的回报了。

瑞草之魁
霍山芽

霍山地气所钟，故产"仙草"霍山石斛，产于他山者药效皆不及此。而霍山茶亦有仙草之名，《霍山县志》载："茶称瑞草魁，霍茶又为诸茗魁矣。"

一直向往着霍山仙境，直到近年才有空寻访霍山茶。可惜之前喝到的霍山黄茶，几乎都是绿茶的样子，很难找得到闷黄到位的茶叶。在很多人心目中，以为霍山黄芽只是绿茶呢。

霍山隶属于安徽六安，位于大别山腹部，传说这是神仙居住的地方。霍山茶的历史也已久，据寿州、霍山地方志记载，早在西汉年间，当地便已开始种植茶树。唐朝中期，霍山成为产茶重地，李肇在《唐国史补》中有言："风俗贵茶，茶之名品亦众……寿州有霍山黄芽。"霍山黄芽早已是贡品，不过那时的"黄芽"之名，系指其黄色芽叶。直至明朝，黄茶的制茶技艺才渐趋成熟。当时霍山"小茶摊黄，大茶堆焖"，应该是"闷堆渥黄"的黄茶工艺了。据《霍山县志》记载："明初规定年贡二十斤。正德十年，贡宁王府芽茶一千二百斤、细茶六千斤……购芽茶一斤需银一两，尤恐不得。"

新中国成立后，各地黄茶改制成红茶出口。直到1972年，才恢复生产霍山黄芽。

大别山广阔苍莽，横跨鄂、豫、皖三省。山脉所在的六安、霍山、金寨、岳西、潜山、舒城等诸县市皆有好茶。自豫南至皖西，人称"茶叶走廊"。

为寻霍山黄芽，我特意选择了在谷雨期间到来。霍山之境尤为高旷，海拔1774米的大别山主峰白马尖，就位于该县境内。霍山生态优异，源于竹根的"剐水"，泡茶滋味清甘细润。好水也酿就了这里的好酒，还有生态基础很好的高山茶。

晚霞中的霍山

湿闷的霍山黄芽

从霍山县的城关，沿东淠河，顺佛子岭水库溯流而上，海拔上升。我于中午到达佛子岭，山后一排小屋，是人称"大侠"的刘侠女士的手工制茶坊。屋后有大片竹林，两个大焙笼上的茶叶，透出阵阵花蜜甜香。前来寻茶的合肥茶友，已经在"大侠"家待了几天了。

"大侠"的黄茶制作从清明后开始，茶季的最初几天，她会使用佛子岭山后的野茶制作些黄芽，到了谷雨前后，就用大化坪金鸡坞的珍贵鲜叶，制作最好的黄芽。

"大侠"的霍山黄芽在初烘后进行慢慢闷黄，属于干闷，因此她的闷黄程序不急不慢，完全根据茶叶状态与火候来调整，闷黄所用的时间超过其他地区黄茶数倍，有时长达数天甚至十余天，她觉得这样的制作工艺会使茶味更加醇厚。有时候她也会采用湿闷的方式，也就是趁着茶叶杀青揉捻后还有水分，直接堆闷。她在每一堆茶叶上用字条标注制作日期与闷黄方式。这一堆正在焙火的茶，是昨天天晴时在乌米尖才采的茶青，今天中午杀青，第一次焙火、干闷，茶叶条索自然舒展，如兰花状，白毫显现。后期还要一次烘干与闷堆、拣剔与复火，估计还需要一星期才能完工。

安徽

一芽一二叶初展的鲜叶，用于制作莫干黄芽

午后，"大侠"带我们进山，到金鸡坞收青叶并炒茶。出发前，她给我们的杯子里闷了些前几天才用佛子岭的野茶制好的霍山黄芽，栗香中有微微蜜香，滋味清甘醇爽，和这片大山的气息相融。

山间运输很适合使用面包车，车后斗可以装下不少鲜叶和初烘干的毛茶。山太大，太远，"大侠"的理想是在山里做一个初制所。每到茶季，她一天只休息四五个小时，谈到制茶的工艺细节对黄茶的重要影响，她如数家珍。

霍山黄芽的茶树多为霍山金鸡种，其芽叶生育力较强，为灌木型，大叶类，晚生种。细数霍山黄芽的小产区，以"三金一乌"即大化坪乡的金鸡坞，金山头，上和街的金竹坪以及姚家畈的乌米尖，品质为优。霍山的黄茶，从清明左右至谷雨间，采一芽一叶或一芽二叶初展制作的称霍山黄芽。谷雨后至五月初，采一芽二三叶，稍长新叶，制兰花茶（绿茶），制成的黄茶就叫黄小茶，味道更为醇厚有力。五月后，鲜叶长到一芽三四叶，新梢长度约从指尖到手腕处，可制黄大茶。黄大茶经高温杀青，闷堆发酵，老火焙出五谷锅巴香。干闷的霍山黄茶有栗香蜜味，而湿闷的黄茶，黄汤的特征更为明显，有玉米炖马蹄水的滋味。

车子在山间转绕一小时多，终于到达位于白马尖遥望的金鸡山，这里的茶季显得更为热闹，很多人会在这里收购茶青鲜叶。这里是有名的茶产地，制出的黄茶滋味厚醇，价格亦比其他地区高。山里的茶青根据海拔、地域、植被状态等，有不同的价格。

"大侠"在金鸡坞做手工黄茶，算起来已经是第六个年头了。借用的农家场地并不大，位于顶楼，有专门炒茶的铁锅。"大侠"喜欢使用炭火炒、炭火烘，烧透的青杠木炭火力够足，她说这样的火更适合掌控炒青的温度，茶香也更高，至少不会有烟火气。留在农家的几筐茶叶正在摊晾，要在傍晚时分进锅杀青，初烘后再带下山，进行后期的烘闷。

霍山黄芽经由杀青（也叫生锅炒茶、熟锅做形）、毛火（初烘）、闷黄、拣

❶ 很少的几两茶青要在铁锅中炒熟
❷ 霍山黄茶讲究用炭火来烘干

剔、复火等数道工序精制完成。其工艺重在闷黄，但要闷黄
到位却不容易。闷轻了像绿茶，蜜味出不来，闷重了又怕有
酸闷味。

安徽霍山黄芽的手工炒制分为"生锅"和"熟锅"两个
阶段，大别山脉的六安瓜片和信阳毛尖，都有类似的炒法。
两口锅相邻，黑褐的铁锅已显得油亮。"生锅"高温杀青，
投入约三四两的鲜叶，数分钟炒完后，用茶帚快速扫到相邻
的"熟锅"，在火温略低的"熟锅"中理条整形。茶叶与热
锅相交，翻炒闷抖间沙沙作响，气氛专注而紧张。炒后的茶
直接上烘笼烘焙，黑夜里，竹烘笼下透出红色的炭火光，慢
慢地，兰花香就隐约显现了。

大化坪金鸡坞以铁笼围起的"金鸡神茶"母树，从地上
部生长出的枝条繁多，茶树并不高，约一米多，芽叶的持嫩
性甚好。海拔七八百米处的茶农家，茶园多在屋前舍后，下
午六点钟的时候，阳光仍旧明亮，茶园中新发的芽叶郁郁葱
葱，充满了生命的力量。竹林掩映处，是红色屋顶的小屋，
更远处的大山，藏在晚霞中的层层云彩之下。晚霞的绯红占
据了蓝天，远山黛蓝。山坳近处，茶园深绿，茶树一株株分
散种植，芽叶层层密密，想是早期的茶园，才有这样的种植
方式。天色向晚，气温渐低。此间土质肥沃、昼夜温差大，
所产霍山黄芽品质自然不差。

安徽

山坳间的茶园

霍山当地的金鸡种

金鸡坞的茶园

　　我曾在金鸡坞采了一点点松杉下抛荒的茶。茶树在松软的土壤上自然生长，健康的土壤让芽叶充满了生命的力量。"大侠"帮忙炒过这不到一两的鲜叶，我离开霍山，就一路焖着走了。茶叶带着湿度，白天用透气的棉布茶巾焖，晚上就用小电炉小烘一下，最后亦用炭火烘干，至今珍藏。每次饮来，在栗香蜜味里，犹觉余韵悠长。

江西

匡庐胜境

云雾茶

提到江西的茶，首称必是庐山云雾。"不识庐山真面目，只缘身在此山中"，匡庐之山，云雾变幻无穷，所产之茶香凛味久，正是高山绝顶之味。

庐山坐落于江西省北部九江市境内，九江古称浔阳、江州，因有"江到浔阳九派分"之说，故名九江。一首《琵琶行》，吟唱"浔阳江头夜送客，枫叶荻花秋瑟瑟"的过往旧事。这正是"三江之口、七省通衢"的要处，又称"天下眉目之地"，乃兵家必争。在商业繁华的年代，九江车水马龙，人声鼎沸。"商人重利轻别离，前月浮梁买茶去"，此地在唐代就是长江中下游茶叶与瓷器重要的商埠码头，江边多为老字号茶铺和瓷器行。

明清时期，九江曾与福州、汉口并称为"三大茶市"，九江则是茶市之冠。清末至民国，多省的茶叶必通过九江来中转，赣、鄂、湘、皖、闽等地的茶也源源不断从此地向南北西东转运，成为万里茶路的重要节点。及至日军侵华，水路中断，时势急转陡下，繁华顿成荒芜。

初探云雾茶

探访庐山云雾茶，最佳时间为谷雨前后，此时高山茶才正要采摘。我们来时，临近谷雨，山间尤为清冷。庐山之旷远，只令人慨叹"不识庐山真面目"，山体自东北向西南延伸，主峰汉阳峰海拔1474米，高山雄浑静默，东面又拥鄱阳湖的水汽，北衔长江，千水朝山，气势雄卓不凡。庐山云雾茶，竟也带上了清冷的花香。

唐朝时庐山茶已很著名，白居易曾往山中挖药种茶，题诗曰："长松树下小溪头，斑鹿胎巾白布裘。药圃茶园为产业，野麋林鹳是交游。"到了近代，朱德曾赞："庐山云雾茶，味浓性泼辣。若得长年饮，延年益寿法。"

晓燕老师是庐山人，在九江教习茶学多年，一路上多亏由她带领我们行走茶山和老茶厂。我们第一站前往庐山西面赛阳镇的老茶厂及庐山茶叶科研所茶场。山下的茶略有些老了，采茶人尚在忙碌。茶园连片的碧翠与远山接连，大块白云

匡庐之山，
绝顶之味

是蓝天的手笔。

采回来的茶叶就在老厂车间里加工。新茶投入玻璃杯，拎起开水壶冲上几杯，香气从杯中生发。水汽氤氲起来，饮一口，清甘入喉。没有闽南潮汕的工夫茶具，却也正是这里惯常的泡绿茶手法。

庐山的茶园主要分布在赛阳镇、莲花镇、虞家河、威家镇、海会镇，此外还有星子县有名的东南茶场等地。而高山茶园，指的是海拔超过 800 米以上的小天池，含鄱口、五老峰、汉阳峰等地。

在山间转绕，越来越冷，遂至山间经营民宿的朋友处找了件棉衣披上，庐山被称为避暑胜地，名副其实。车子在悬弯陡急处行驶，又转入植被密实的开阔处，已然进入半山茶园，草木茂密，浓翠又换作姹紫嫣红。接近庐山植物园，据说这里是最具生态之美的庐山云雾茶产地。

中科院庐山植物园，由中国近代植物学奠基人胡先骕、中国蕨类植物学创始人秦仁昌、中国植物园之父陈封怀三位先生于 1934 年亲手创办，当年曾历千辛万苦，现已成为我国植物多样性保护的重要基地，尤其是松柏类植物和杜鹃花科植物、蕨类植物千姿百态，令人叹为观止。此中的高山乔木杜鹃，繁花锦簇，或洁白似雪，或红艳如火，凝然有脱俗之美。四月中旬，不少杜鹃花仍旧含苞待放。

植物园中有一片十多亩的漂亮茶园，水杉围绕，杜鹃、松枫层列，园间蕨草肥美，生产的云雾茶只有极少数人能喝到。

据称，1934 年庐山植物园成立后，便自庐山山麓五乳寺引种茶苗，后又从武宁、修水购进茶籽，开辟茶园，这里曾为高山茶树耐寒性实验基地。由于鄱阳湖水汽蒸腾，故山间常见云海茫茫，一年有半年多的雾日。高山云雾茶比其他茶

刚刚制好的庐山云雾茶

植物园里的茶园

采摘时间晚，一般在谷雨后至立夏前才开始采摘。此间茶园品种多样，芽叶肥壮，白毫披覆。

茶树残留着红色的老叶，显然是被去年的霜雪冻到了。茶树也有些年份了，枝干上的苔藓更映衬其苍老虬枝，落叶松软，腐土肥厚，茶下竹枝便从黑土间钻出。阳光极好，从林间透下五彩的光。近处杂木林中，有许多我们叫不出名字的珍奇植物。远处红色屋顶错落，又闻鸟鸣深涧，见溪流蜿蜒。不一会儿，林间雾起，阳光与雾气交织，变幻莫测。

好的茶园应该是什么样？这是我前往许多茶山探访时思考的问题。茶叶的品质得益于天然的环境和健康的土壤，这片茶园给予我们很多启示。

木烘箱里云雾现

傍晚的斜阳映照路途，城市华灯初上，郊外的茶农家，正将一天辛苦采撷的鲜叶摊凉、入簸，准备炒茶。赤手在铁锅中成就茶香，汗水更凝成云雾之味。

庐山云雾茶的手工炒制和别处并无太大的区别，只是在造型时，习惯在锅里揉捻。一芽一叶初展的鲜叶，薄摊四五个小时后开始炒青。炒青时，以双手向内翻抖为主，投叶量不大，先抖后闷，抖闷结合，炒至青气散发，茶香透露，叶色由鲜绿转为暗绿，即为适度，时长约六七分钟。旧时炒茶须在竹簸箕内滚揉，现多在锅内炒揉结合，降温后将茶以双手搓揉成形。揉时亦有提毫之手法，使茶毫显露。

庐山云雾茶的烘干最为特别，会使用专门的烘灶。类似农家用的炉灶，高高垒起，铁锅是倒扣的，铁锅之上再架起木制的烘箱，烘箱层列烘网，烘网类似抽屉，可以活动。下面烧柴火，利用柴火辐射出的热气烘干，既没有烟味，也不会导致过水烧焦。烘干的茶香更温和细腻，条索自然舒展，似当地山间的春兰花，亦是早期云雾茶的外形。

❶ 云雾茶边炒边揉捻
❷ 庐山云雾茶抽屉式的烘柜
❸ 烘灶内部，铁锅是倒扣的

大山旷远 茶味野

第二日再入山，行至庐山东南面，途经坎下村，捉马岭，中庵寺，大觉寺，碧龙潭，一路风光。庐山云雾茶也分成细的小产区，可见不同的土壤和阳光，就会有不同的茶味。

美丽的捉马岭上，可望见鄱阳湖。当年朱元璋与陈友谅的悲怆战事早已寂灭，大树掩映下的茶园碧透。半山上白灰的旧石屋墙上，涂写着"要进一步节约闹革命"，黄漆斑驳，犹见时代印痕。

山景更见深旷，林木花草繁茂，松杉奇枝，白色野蔷薇花在路旁怒放，大树之下，隐然有茶树散落生发。据《庐山志》载：庐山云雾茶"初由鸟雀衔种而来，传播于岩隙石罅……"，又称"钻林茶"，据说这是云雾茶中的上品，只因散落于林下或溪涧暗流之间，寻觅艰难。

林下蛛网、滑石青苔，光影间茶香幽发。我们按一芽一叶的标准采摘山间野茶，预备下山后短时摊晾，在家中小锅杀青、揉捻、复烘。后来喝到晓燕老师惠寄来的此番采制的野茶，果然滋味清奇，确有庐山云雾的天赋禀性，此是后话。山间另有山茶科植物的嫩芽，被称为茶耳，厚嫩酸甜，可以嚼来细品。

虽值春天，此间亦有茶园枯草败落，应与除草剂有关。亦见松杉林下的茶园芳草细美，不禁转为欢喜。过王家坡，双龙吐瀑，幽潭深绿，散珠细雾。途经大觉寺，寺中有一株古老茶树，出家师父称其滋味特别。后一路危崖怪石，又见细瀑清流。庐山是大隐之处，有龙象之姿。

暂时在山中歇息，大石上布简易茶席，煮山间清泉，冲泡是晓燕老师前几日亲制的庐山云雾手工炒青。无边茶园在眼前，喉底有庐山云雾茶的甘醇厚味。

七尖山下 幽兰香

行程转往庐山南麓，寻访据说有兰花幽香的云雾茶。有兰香的茶就产自七尖山下，峰顶奇石耸峙，风景殊特。这一片茶园海拔 500～800 米，背靠五老峰，面朝鄱阳湖，右邻庐山大汉阳峰，左面是三叠泉和挂灯台。山林云雾深浓，不远处的湖面水汽蒸腾，红色角亭点缀在茶园之间。

这里原属于星子县境内，现已更名为庐山市（县级）。据说茶厂创立之初，为了寻访有兰花香的茶，人们走遍庐山深密之处，亦探索兰花与茶套种，以求茶中出现兰香。其种植管理则利用物理除虫法，枝梢在初冬修剪，在初冬和初春

捉马岭上茶园

手工锄草。茶园常年受鄱阳湖水汽形成的云雾影响，茶园混种乔木大树，形成漫射光，增加茶叶中氨基酸的形成，正是这种特有的茶园小环境利于兰花香的形成。

适合当地种植的优选群体树种，有很好的抗旱能力，保有庐山云雾特有的品种特性。采回来的茶先用竹筛选过分类，这样在炒青时更可以把控品质。车间木架上陈列着一层层竹筛，鲜叶先行摊晾。碧翠的鲜叶也间夹黄绿或微紫的芽叶，皆为一芽一叶初展，多有虫洞，散发着幽幽清香。摊晾过程中，他们会使用小型的竹制滚筒摇青机，里层衬白色棉布，用以摇动摊晾后的鲜叶。这有点像武夷岩茶的摇青工艺，只不过绿茶只能有短时的摇动，目的在于更进一步散发青气，发挥茶香。

最讲究的则是炒青技术，根据当天的天气、空气湿度确定杀青的温度和时间。必须炒得透、炒得熟，这样就不会出现绿茶刺激肠胃的现象了。整个工艺说来简单，但要做出云雾茶的兰花香，却需要极用心把握。

真正的好茶，得益于无染的自然之境，并通过恰当的工艺来表现茶香。喝一杯茶，庐山云雾的清爽与花香一并入喉。远眺，云雾缥缈在山间，所谓云雾入盏，正是此间茶叶的真实写照。

七尖山下的有机茶园

狗牯脑
石山清泉

"狗牯脑茶"是一个奇怪的名字，这是一款生长在岩隙林间的茶，狗牯脑绿茶有着花香与清泉般的滋味。

江西的森林覆盖率在全国名列前茅，江西省内的婺源、浮梁、修水、庐山、武宁、井冈山、遂川各地都有好茶。如产于修水的"双井绿"，香高持久，鲜爽醇厚，双井是也诗人黄庭坚的故乡。有名的"婺绿"极为甘醇鲜爽，影响久远。在这片有高山丘陵相伴、溪流交错的红土地，茶有天生的厚质。

我曾赴江西遂川县参加第二届国际狗牯脑茶文化旅游节，才有缘得识狗牯脑山，也更深入了解这款因山名而得名的绿茶。

遂川县是吉安市内面积最大、人口最多的县，旧称"龙泉"县，由于与浙江省的龙泉县同名，于1914年改称遂川县。遂川的茶叶自古为世人注目，文献记载颇多。苏东坡曾驻足遂川并烹茶，在《宿资福院》诗中写道："衣染炉烟金漏回，茶烹石鼎玉蟾留。"

狗牯脑茶

"狗牯脑"炒青绿茶约有两百年历史，在近代颇有影响。它在 1915 年获过"巴拿马太平洋国际博览会"金奖，1930 年又获浙赣特产联合展览会甲等奖。

狗牯脑山的特别，除了山形独特，海拔高，还因为这里的植被与土壤类型。狗牯脑的茶园海拔约 750 米，四周高山环抱。茶山下还有知名的汤湖温泉，泉温高达 84℃，温高和流量皆罕见。

遂川汤湖盛产狗牯脑茶，在汤湖镇安村茶园远视山头，狗头的形象活灵活现，显得神秘高远。

为了不留遗憾，我与年届 77 岁的四川老茶人蒋昭义老先生商量好，一定要去登顶，看看狗牯脑山顶的茶叶生长环境和生长状态，但必须选择清晨六点多钟出发，才能在上午九点前回到宾馆参加会议。

早早醒来，清晨的天空略显暗淡，大山融在薄薄的雾色里。我们沿山路快步前进，晨雾满山湿人衣裳，花草上的露珠打湿了裤脚，行走的心情却格外舒畅。边走边打听，所幸是采茶季，还能遇到早起上山的采茶人。盘山路多石阶，两旁竹林花草繁茂，青翠与金黄同在。茶园环山而建，间植樟树与枫树。岩缝里渗出丝丝山泉，浸湿了山路。半山间有两栋楼，似乎是茶厂，顺着这条路爬上坡，从与公路连接的那条小路再往上，就可以直通狗牯脑了。

我们小心翼翼地上山，生怕走了冤枉路。在一个岔路边，正好看到山下来了两个采茶大姐，干脆等她们同行。本来她们要去另一条路采茶，听说我们这么远过来寻访狗牯脑茶，山顶的岔路多，她们决定先带我们上山再返回采茶。蒋老先生提议要给一点误工费，她们怎么也不肯收。

远眺狗牯脑顶峰

汤湖镇的茶园

　　采茶大姐开路，用木棍拨开杂草和露珠，我们跟进。上山的路上我才得知，名叫梁井莲的采茶人，是狗牯脑茶山开发人梁为镒的第八代玄孙女，她的哥哥梁光水，在汤湖镇狗牯脑茶二分厂负责茶叶加工技术。

　　根据《遂川县志》及《梁氏家谱》等史料记载，约在清嘉庆元年（1796年），汤湖乡境内，木商梁为镒，因水运木材突遇洪水而落难南京，巧遇太湖女子杨氏搭救收留，后结为夫妇。杨氏善种茶，他们带着茶籽双双返回梁家故里，买下狗牯脑山的一部分山场，搭起两间草棚，开出两亩多茶园，种下了第一代狗牯脑茶。

　　据说，梁氏夫妇制作的狗牯脑茶初为红茶，这在当时需要一些技术。至梁氏第三代及第四代传人，即梁衍济、梁道启手上，始改制绿茶。1915年，美国在旧金山举办万国博览会，梁氏所产之狗牯脑茶经当地茶商兼木商的乡绅李玉山（又名李元训）送展，选送的是梁家的"银针""雀舌""珠圆"茶叶各一公斤，分三罐包装，送去参展，结果一举夺得金奖。李玉山与梁家过从甚密，梁家精制的茶叶即由李玉山包销。李玉山的后人又有了"玉山茶"之名。梁氏后人则从民国初年至新中国成立初期，被称为"狗牯脑石山茶"。民国32年（1943年），狗牯脑茶第五代传人梁德梅，为了防止别人假冒，以其父梁纪兴为名，在其制作出售的茶叶包装纸上，盖上文为"遂川县汤湖上南乡狗牯脑石山茶祖传精制青水发客货真价实诸君光顾请认图为记梁纪兴"的印章，这时候的狗牯脑茶，主要销往广东的南雄、韶关一带。

两百多年来，最好的狗牯脑茶得益于独特的种植管理方法。梁为镒夫妇及后其后人补种的茶树都会刻意让茶树生长在岩石旁或石缝之中，有山间清泉得以浇灌其间，这正是顶级好茶的基础。

好茶亦来源于用心的工艺。据称，狗牯脑茶的制作技术，一向为梁家秘传，世代相沿，外人不得问津。直至1964年，梁氏第六代传人梁奇桂师傅才应政府的要求，献出制茶技艺，由当地政府组建了江西省遂川县狗牯脑茶厂。

狗牯脑茶从梁家几代人经营的数亩茶园，年产百余斤茶叶，到今天已经发展到全乡种茶总面积七千余亩，茶叶总产量十余万斤。今天，狗牯脑茶区的鲜芽价最高，县内亦有多家品牌发展壮大。

蒋老先生当过侦察兵，又极爱茶，看似瘦弱，行走起来一点也不比我慢，他爽朗的性格，正是茶人的典范。我们终于到达狗牯脑山顶，群山环绕拱卫，河

❶ 随蒋昭义老先生一同登顶狗牯脑
❷ 山顶危崖
❸ 山坳间的茶厂

谷上升的轻雾，在山林茶园里围绕，极目四野，令人无比畅快。

狗牯脑山顶，是几块近三米高的巨石，蓝天下的嶙峋巨石组成的奇特图案，就是我们在山下远处看到的雄性狗头形了。山顶惟余一块小平地，边上就是绝壁。

采茶大姐后来给我们指点了下山的路，蒋老先生与我几乎飞奔下山，终于在九点之前回到宾馆。此后，每当回忆起这次寻茶经历，就觉得珍贵难忘。

狗牯脑茶的绝妙内质第一来源于山场生态。树木繁茂，山上多巨石，那些从石隙中生长的茶，生命力顽强，天生就与众不同。山间茶园的茶，早晚温差大，不施农药化肥，加之土质特异，山间流泉，四时雾气，也赐予它无与伦比的品质。

品质之后才能谈到工艺。比如采摘严谨，以一芽一叶为原料，经过严格拣青，可以保证摊晾与炒青更匀、更到位。定向初揉，二炒的工艺在多地也常见，"∧"形复揉，整形提毫的做法，文火足干，制成后封包的讲究，有很多细节。

白石为顶的狗牯脑山，清泉漫盈，茶树扎根深山石间，两百年来，有心的制茶人，将雾气弥漫花草清芬，细细呈现在一盏茶之中。

江西

揉捻的细节也见功夫

湖南

君山茶独秀 百里洞庭

把君山银针泡在玻璃杯里，可以见到如针状的茶芽在水中三起三落，这或许是君山银针流传最广的传说了。

黄茶作为六大茶类之一，产量最为稀少，产区也少。人们对于黄茶很陌生，而君山银针，大部分人更是只闻其名，未识其味。

产于湖南岳阳君山岛上的君山银针，因其形细如针而得名。唐朝有款名茶叫"灉湖含膏"，其产地即是今天的岳阳市南湖。明代茶书中也常出现"岳州之黄翎毛、含膏冷"的茶。新中国成立初期，君山茶参加德国莱比锡博览会，一举荣获金质奖，以"芽身黄似金，芽尖白如玉"被称为"金镶玉"，正所谓"金镶玉色尘心去，川迥洞庭好月来"。

要了解产于湖南岳阳的君山银针，就必须在清明之际前来。这些年来，黄茶已经很少见了，因为闷黄的工艺操作烦琐，且黄茶外形又不如绿茶漂亮，所以很多地方的黄茶已经绿茶化了。那么，君山银针还会留着传统的黄茶工艺吗？

君山银针外形呈现银针形，白毫显露

从长沙到岳阳,湖南知名茶人茗仙老师一路带我们前行,使我们得以最近距离来了解君山银针的现状。

岳阳距长沙乘坐高铁只需半小时。岳阳城内,繁华的汴河街上,后羿射巴蛇的巨大石雕屹立于洞庭湖的烟波之上,三月翠微,人间美景,在八百里浩渺的洞庭湖畔,岳阳楼前柳絮如花。往君山岛只有一条公路,一路可见芳草萋萋。

君山古称洞庭山,又名湘山,是烟波浩渺的洞庭湖中小岛,总面积不到一平方公里,最正宗的君山银针黄茶就产于这里。相传,君山岛旧时有"五井四台,三十六亭四十八庙",随着时间流转,这些亭台楼阁皆成烟云,昔日晨钟暮鼓,皆消散在空中。

连接君山岛与岳阳市的陆路,丰水期时还经常会关闭,只能由水路乘船前往。还好我们来的时候还可以开车直达岛上,但一路车流拥挤,堵了甚久才进岛。

终于进岛,果然君山独秀,李白曾题诗:"淡扫明湖开玉镜,丹青画出是君山,"所谓"白银盘里一青螺",说的正是君山岛。岛上遍布茶园。茶园里植被茂密,阳光从林间射下,映照在尖细幼嫩的茶芽上,令人心情愉悦。此间鲜叶肥厚,持嫩性好。茶树之下多见蕨草与兰花。

君山岛上唯一的一家茶场,作为国有企业的岳阳市君山茶场,其前身为君山茶示范茶场,1952 年就在这里建厂产茶了。君山御茶园是一组具有明清建筑风格的仿古建筑群,亭台楼榭,似是江南园林,前院为君山银针品鉴区,后院则是君山茶生产加工区。

茶场是一座古朴的庭院

君山银针品质独特，与君山岛上特有的气候、土壤及生态环境有关。岛上的肥沃的砂质土壤有利于茶的内质，据说茶树的主根可以长达六米多。而岛上的早晚温差也很大，既利于茶树积累厚质，又自然而然地减少病虫害的发生。这些茶树千百年来在岛上生灭，20世纪50年代，这里也曾大力发展过茶园，有时候会用菜饼肥来施肥，但因为整个君山岛的生态链非常好，茶园也多腐殖土，来自洞庭湖水汽，云蒸霞蔚，更使茶味甘美天然。

四万个芽头的讲究工艺

君山岛面积太小，产量也极为有限。高孝祖是君山茶场的黄茶加工技艺非物质文化遗产第三代传人，做茶有五十多年了。他介绍，今年岛上早早地在三月八日就开始采摘了，君山银针采摘的标准为早春的首轮嫩芽，必须为单芽，不能留鱼叶。君山银针"平均每斤茶叶需要四万个芽头"，也算是艰苦卓绝了，制作时要经过杀青、摊晾、初烘、初包、再摊晾、复烘、复包、焙干等八道工序，前后共需四天左右。

高孝祖指着茶场里刚刚采摘回来的鲜叶，介绍说这些都是当地群体种或群体种选育后的品种，制出来的君山银针滋味甘醇。他自信地说："还是岛上的君山银针才是最好的，出了岛，要'做黄'还是有点难度。也许有一天能做出，但口感肯定还会有一些差别，这岛上的茶纯正。"我们问他怎么鉴别，他很肯定地答："很好区别，看一下就知道，（岛外的茶）不像样，口感上也完全不一样。"

君山银针清甜回甘，茶的香气有点像发酵的香气，或称熟板栗香。茗仙老师介绍，她和很多茶友都觉得是一种煮玉米的香气。

茶厂非常干净，工人一律身着蓝色工作服，很多人在这里都是一干二三十年。有老师傅在，君山银针的传统工艺就

新采嫩绿细尖的芽头

还能一直保留着。

高孝祖先生很认真地在手工炒青的铁锅前为我们介绍君山银针的手工炒青工艺。他说，岛上只做清明茶，清明前的芽头才粗壮，清明后的就是空心芽，产生弯曲或出现单叶片，滋味和外形就会有很大影响。

鲜叶摊晾后，进入杀青环节。杀青在斜式的铁锅中进行，铁锅会提前磨光。高孝祖先生介绍，杀青火温并不高，一百三四十度，因为锅温高了会使茶叶起泡。投叶量也要少，约四两，"一抓手"的量。高孝祖先生为我们比示：茶叶下锅后，两手须轻轻捞起，由怀内向前推去，再上抛，抖散，让茶芽沿锅下滑。他的动作灵活、轻巧，似乎面前正有一锅的茶叶在杀青。杀青的时间大约只需四五分钟，待青气消失，发出茶的清香，即可出锅。

杀青叶还有约 70% 含水量，出锅后，须盛于小篾盘中，轻轻扬簸数次，散发热气，此即摊凉，然后进入初烘阶段。

君山银针的初烘要放在炭火炕灶上进行。茶叶放在竹盘上，温度掌握在五六十摄氏度。烘茶需要的温度并不像岩茶的那么高，烘的时间也短，半小时内烘至五成干即可，因为接下来，还需要利用有一定湿度的茶叶进行闷黄。

高孝祖先生笑称，闷黄就是绿茶变成黄茶的"机密"。闷黄并非高温，而是自然闷黄。72 个小时的闷黄，分成两次，初包为 48 小时，复包 24 小时，中间要补一次火。

君山银针的初烘要放在炭火炕灶上

闷黄后的银针

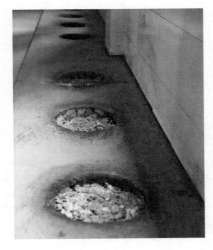

类似岩茶一样的焙窠，用于最后一道的手工炭烘

传统的君山银针闷黄工艺就在初包阶段实现。历史上，初烘叶稍经摊凉，即用竹制的皮纸包好，现在多用黄皮纸包好，置于箱内，这就是初包闷黄了。闷黄的时间就会经历两天两夜，慢慢地，君山银针特有的色香味就出现了。闷黄是君山银针最核心的工艺，也是黄芽茶最难的环节，闷过了，茶叶就会坏掉，闷不够，则还是绿茶。闷黄时因为氧化放热，包内茶叶的温度会逐步上升，大约二三十个小时后，应及时翻包，以使转色均匀。直至芽头出现黄色，才可松包复烘。

讲究的君山银针工艺，还要经过短时复烘，烘至八成干再行复包。复包方法与初包相同，历时约 24 个小时，待茶芽色泽金黄，香气浓郁，即为适度。

这时候，就可以把茶烘干了，也就是足火环节。足火温度为 50~55℃，焙至足干为止。

高孝祖先生说，茶叶制作过程中不能有破损，破损后茶芽就立不起来了。制好的君山银针，讲究外形的壮实、挺直、亮黄，如果出现瘦弱、弯曲、暗黄者，则等级降低。

在制作黄茶那么多细节中，很多时候要凭感觉，茶做得好不好，多靠师傅的经验。因为是国有企业，制茶师傅都很稳定，老师傅们对君山岛上的一草一木都非常熟悉。每到茶季，他们熟练地将采摘回来的茶叶筛选、摊凉、杀青、闷黄、烘干，似乎这就是每天最为寻常的事务。

湖南

成品的君山银针外形似银针，颜色亮黄，白毫显露，甚是可爱，汤色则黄白清亮，叶底匀齐、单芽挺秀壮硕。饮一口君山银针，澄澈的茶汤，带着微微的蜜香，似乎有山林间的阳光与花香。因为有轻微的发酵，所以黄茶也适合在晚上时候喝一杯，既解渴又不会影响睡眠。

厂里的师傅都说："最好的君山银针谁舍得喝？我们都喝一般的毛尖或绿茶。"茶场虽然是国有企业，却要自负盈亏，企业发展了，大家生活才好过。明前正宗的君山银针，每斤能售出一两万的价格。正像制茶人笑称的，君山银针最大的缺点就是贵。因为量少，有的时候，有钱也未必买得到。

将来还会有更多的人，对茶叶内质与传统的手工艺有着天生的痴迷，这是茶的魅力。也可以想见，传统工艺的黄茶必定会有更大的市场空间。

柳絮纷飞的三月，洞庭湖有着无限美好的光景。岛上还可见舜帝二妃墓、柳毅井等景观。传说舜帝的二妃娥皇、女英死后为湘水女神，屈原称之为"湘君"，后人又把这座山叫"君山"。落第秀才柳毅正是从君山的一口古井进入龙宫送信，解救并迎娶龙女，后被封为洞庭王。今日的柳毅井，深邃神秘，似乎真的可以通往龙宫。

美丽的洞庭湖为它的儿女深情地留下了湿地、森林与茶，野鸭、水鸟、纷飞的柳絮、火红的枫叶、啼血的杜鹃，樟树下的老茶树又发新芽……

看不完的湘茶

湖南的茶大抵一时是看不完的，有很多从未喝过的绿茶。保靖黄金茶很鲜美，茶氨酸含量高达7%，龙窖山雀舌滋味浓，这是当地茶客的喜好。

空气清新，土壤肥沃，海拔不高，高桥银峰和湘波绿都产自于长沙县高桥的湖南省茶研所实验茶场，与很多省的茶科所一样，这里育有七十多个优良品种，湘波绿本身是茶树品种也是商品名，高桥银峰还曾成为国家特供品。这片产量不大的茶园，也是科研的重要基地。实际上，茶园早期的芽或一芽一叶初展用来制作高桥银峰，三月底，一芽一二叶就做成了湘波绿。银峰则多了竹帚理条与手工锅炒提毫。或是因搞技术的人过于实在，这两种茶近十年都没涨价，成了很大众的茶，每斤几十元到几百元不等，当地的老茶客最喜欢那一口甘醇的鲜香。

安化黑茶，山崖水畔的稠蜜清质

这是神农氏尝遍百草的故里，在日夜奔流的资江水中，流淌着安化黑茶的醇浓传奇。

囿于人们对传统边销茶的认知，黑茶多给人以"粗梗大叶"的形象。现实中的安化黑茶，这片源于千米雪峰山冰碛岩层的嘉叶，曾入贡宫廷作为官茶，也找得到玩家级茶品的深厚内质。有一天，当你喝到如蜂蜜般的清甜珍奇茶味，了解了松烟味下，时间和天地赋予它的浓稠清质，才算窥见它的魅力。

安化黑茶的时空

资水畔的安化城，原本是一座以资江为中心的大峡谷，县城深藏在丘陵山谷之间，千年来的好茶生长于斯，茶与"安化"的名字紧紧地联系在一起。安化古称"梅山"，一度"为蛮所据"，北宋熙宁五年（1072年），朝廷征服"梅山蛮地"，熙宁六年遣章惇开梅山置县，敕名安化，取"归安德化"之义。

安化位于湖南中部偏北，资水中游，雪峰山脉北段。早在唐代，朝廷就到湖南买办茶叶；宋代在安化县设立了"博易场"，以盐、米交换茶叶；明万历二十三年（1595 年），钦定湖茶（安化黑茶）为"官茶"，安化成为明代茶马互市的主要茶叶生产基地。安化黑茶被定为官茶后，晋、

安化黑茶的茶汤

陕、甘等地茶商引领纷纷来安化购销黑茶。"陕引"又称"东柜"，采购捆包的"三尖茶"和"花卷茶"，运销陕、晋、蒙古及俄罗斯等地；"甘引"又称"西柜"，采购黑毛茶，运往陕西泾阳，制作茯砖茶，销往西北、西亚和俄罗斯等地。至清代，湖南黑茶成为边销茶龙头，产销盛极一时。

在计划经济年代，国家每年都要保证湖南黑茶的相应数量与稳定的价格，并且优先提供给边区的同胞。今天，湖南省茶业公司常年仍要提供约二万吨黑茶到西北边疆地区。茶是边区人必备的重要生活物资，黑茶甚至已融入边区人们的血脉之中。

安化也曾有很好的芽头绿茶和红茶，到如今，黑茶成为它最响亮的名字。顺着美丽的资水，北上洞庭湖，黑茶曾经由此源源不断地运到外面的世界。我曾于2009年来过这里，乘坐江上舟楫，似乎穿越回古老的时代，资水岸边的唐家观古村落质朴安静，江水南岸的古镇深藏着黑茶光荣的过往。2021年再来时，已时隔十二年。正是在这期间，黑茶产业迅猛发展。

2021年10月，安化从故宫迎回了清朝树形贡茶，据称这茶是在嘉庆帝生活用品中整理出来的，当年误以为是普洱茶，后来纠正为安化的"千两茶"。这截茶有明显的竹篾箍印和箬叶印痕。两百多年前，安化黑茶成为清朝宫廷珍视的饮品，追溯到更久远，安化黑茶还是茶马古道的"生命之饮"。

历史上作为战略物资的安化黑茶，与国家命运、民族团结紧密联系在一起，承载着重要的使命；而安化黑茶的另一条线路，则在今天或未来，它有着非常重要的定位——好喝。迷人而有内质的安化黑茶，会呈现如饮蜂蜜水一般的甜美，有层次或馥郁的花果香，年份转化后出现的甜稠红浓的珍奇之味，而不仅仅是营销宣传的保健效果。

晚清著名的政治家安化人陶澍，在嘉庆年间任言官御史。两百年前，他写下了如此诗句：茶品喜轻新，安茶独严冷。古光郁深黑，入口殊生梗。有如汲黯戆，大似宽饶猛。俗子诩茶经，略置不加省。岂知劲直姿，其功罕与等。

在诗里，安化黑茶既戆且猛，有着言官所应有的清正与不阿。无论是哪种定位的安化黑茶，都指向它所具有的质直劲道与身心裨益。

故宫的树形贡茶，为典型的千两茶外形

鲜叶采摘渐成这个时代共同的难题，年轻人去往城市，乡村只有年老的阿姨采茶。采摘成本也变得更高，尤其在安化高陡的崖坡之上，采制艰险且难。如果使用机械，定能大幅度降低成本，然而那就意味着要在交通便利的平坝处开垦茶园、但人们多么希望流传千载的美好滋味，在未来还能持续下去，而不仅仅是大规模化的平庸茶质。

与普洱的历史很相似，近十年来，黑茶市场更注重山头纯料的品质挖掘。知名的山头如高马二溪、九龙池、芙蓉山等等，各有滋味风格。其中有名者如六步溪的茶，位于国家级的自然保护区的原始次生林里，板页岩上多腐殖土，茶味带苦韵、回甘快。而知名的"木杨界"的茶，茶山紧邻大熊山 5A 级的国家景区，多为林下茶，茶味清甜，如山泉般清凉。又有芙蓉山的茶，多兰花香，质淡柔和。在安化黑茶的诸多山头里，最有热度的是高马二溪，这是安化黑茶名著价昂的产区。

这些年，安化黑茶的采摘原料更为细嫩，一年只采一季，制作工艺也越发精细讲究。中国茶产业高速发展，安化茶的品牌与营销方式一度令人眼花缭乱，在这样一场热闹的"剧情"里，也有一群人专注而认真地来做最好喝的安化黑茶。

老丁之前在广州做生意，无意间喝到了 2007 年的安化千两茶，据他自己说，"这一喝就入了坑"，他没想到"这个茶那么好喝"，于是收了四十支茶，后来干脆在高马二溪建了厂，花了一两千万。

田庄乡的高马二溪村，距安化县城五十公里，是大熊山的腹地，由原来的高家溪、蒋家村（马家溪）、黄沙仑（苏家溪）、板楼村合并而成。去往高家溪的山路急弯且陡，听说每年都有车子开得过快，从公路上摔下的惨剧。

民国时期，湖南紧压茶的创始人彭先泽，把高马二溪的原生茶种，称为"竹叶茶"，形容其"叶狭面长，宛如柳叶"、"叶片嫩者薄，老者厚，呈乌油色，梗黄，水色枣红"，又有"本年采制者，水常浊而味涩苦，贮囤一年以上者，味甘而水清"的描述。

安化冰碛岩上的土壤，通透性好，富含有机质和各种矿物元素，生长在这里的古老品种，是古人所称的"山崖水畔，不种自生"的优良品系，能汲取更多营养与内质。事实上，除了柳叶形，这里的茶树亦有晚发的"五月茶"、椭圆的叶形与紫芽种、大中小叶种等，皆散落分布在老茶园里。杉竹林间，冰碛岩上紫红色的碎石上，散落种植的茶树生灭繁茂，茶芽吃起来细甜，有果香。

入秋之后，山里明显冷起来，早晚温差大，茶厂门前的几支千两茶正在日晒夜露。

在高马二溪，既有老茶园老品种，也有新茶园槠叶齐等品种。新开的茶园坡度较缓，多在向阳之处，茶园为大山森林围绕，茶园间种有杂树，算是比较理性开垦的新茶园。

从高马二溪村的苏家溪往水库方向到达九龙池，还需一个半小时的车程。九

❶ 高马二溪的群体种茶园
❷ 古老品种中的柳叶形
❸ 群体种中的紫芽茶树

龙池的黑茶令人印象深刻，松烟味与凛洌的甘甜并存，这是令人向往的小产区。行程从海拔 510 米上升到 830 米，虽然铺了水泥，路仍然急弯急陡，傍晚的光影下群山层叠深旷。

九龙池是山，也是村名，最高海拔 1622.8 米，是湘中第一高峰，世界第一的冰碛岩峡谷。九龙池位于雪峰山北麓，雪峰山并没有大雪压顶，但九龙池的冬季仍然要大雪封山，有一两个月车子没法进出。周俊卿与周俊朝两兄弟是安化人，大家都喊他们周五、周六，年轻的他们在安化的茶山跑了十多年，追求茶质，要做"玩家级的安化黑茶"，这是很艰难的尝试、要用上足够的耐心。周六介绍，他更喜欢九龙池的茶，海拔高，植被密，山里几乎为原生的群体种，茶树更耐寒耐旱、喝起来内质好、清甜、有花果香。

九龙池的水潭幽静，色若碧玉，风吹荻花、枫叶红透，冰碛岩上分布着火岩、页岩，高大的松树与杂树竟扎根在崖石上。山林下百年的油茶树长成了大树，广袤散落的老茶园，提示着这曾是一个古老且有深厚故事的茶区。

在中国广大的茶乡，国企、民企、小作坊、茶农，构成了四类经营主体，在市场经济的今天，呈现了完全不同的市

九龙池，松林下的老茶园

湖南

场风格，自由竞争之下，市场所需求的更高品质的茶味就会慢慢呈现。

2018 年，九龙池的石子坪小组用了三年时间通了条公路，2015 年之前，茶还需要通过马匹从山里运下来，坡陡崖高，多有失脚踏空之虞。石子坪的吴姓老农世代居住于此，家里喂养了一匹马与一头猪，他们的玉米和瓜果蔬菜为自留种，从不用去外面买菜，从山涧引来泉水，泡茶特别清甜。十多年前，老吴的女儿上初中，来回要走六十里的山路，步行到镇上。那时他儿子生了病，因为道路不通，耽搁而逝，每每提到这件事他就要落泪。九龙池村部建好了高楼，村民可以免费搬迁入住，他们并不愿意，因为山里的茶园田地是他们赖以生存的基础。

九龙池茶园说不清有多老，茶树生长在崖石与腐殖土上。茶园也间种一些中草药，最常见的是厚朴，这是木兰科植物，它的花、皮、种子皆可入药。早年九龙池的村民要卖红毛茶，后来卖鲜叶。深山农家的红毛茶，滋味像红茶又像黑茶，工艺也特别，鲜叶在萎凋后三揉三晒，山里冷，发酵后叶底往往还是青红花杂，最后要以炭火低温烘干。又多悬于干燥的灶头、屋顶，陈放经年，喝起汤感甜滑稠浓，有烟火气，有甜感、也有堆放发酵的气息。

我们住宿的地方正是湘中第一药圃——九龙池药场村万亩药场，这个季节没有其他客人，除了潺潺的流水，山里只有鸟鸣与风吹落叶的声响。夜间，天空有明亮的北斗与银河。爱茶的周六与我聊起制茶的心得，直到深夜。

正在户外日晒夜露的千两茶

山里遗留下的百年油茶树

独具匠心 黑茶味

黑茶制作分为黑毛茶和精制两个阶段，我们更多被精制紧压的环节吸引去了目光——踩制千两茶看起来是更漂亮的场景。事实上，黑茶的品质，早在黑毛茶的阶段就已经定型一半以上了。

黑毛茶的制作，最关键之处在于杀青、揉捻与上七星灶。杀青力求杀透，半生不熟的茶非常麻烦，有青味的茶，放再久都难以有好的转化。少量的杀青会用到朝天灶，常规原料则用滚筒杀青机。历史上因为黑茶的原料粗老，往往要按 10 ：1 的比例洒水，然后杀青。现在的原料采摘更加精细，杀青时不仅不能洒水，还要讲究闷炒与抖炒的结合与时长掌控，既又熟又要香。

杀青后的揉捻需要做到破壁，茶汁溢出后才利于后期的堆放与转化。揉后的鲜叶还有一点点温热，就堆到木桶内，堆高大约 80 厘米，闷堆十多个小时。前两三个小时闻着有花蜜香，后面就出来了酒糟香。当看到茶堆表面出现由热气而凝结的水珠，叶色已经变得黄褐，对光透视呈竹青色而透明，闻起来青气已经消除，散发出淡淡酒糟香气的时候，渥堆就已经完成了。一般渥堆时长为十多个小时。渥堆后茶条容易回松，可以短时复揉使之紧卷。

黑茶闷堆的工艺过程与黄茶颇为类似，但闷堆的程度比黄茶更重。闷堆后的茶叶，周六他们会摊坯、冷却，然后进入独特的"七星灶"烘焙阶段。

"七星灶"是安化黑茶的传统，也是特别的烘干方式，这是茶中的哲学。方形烘茶灶，面积约二三十平方米，寓意着"将日月星辰纳入灶里，将天地山川容于茶叶"。

烘焙时，在灶口处燃烧松柴，热气穿过七星孔道，回旋流动使温度均匀散布整个焙堂，然后透到焙面上。传统的焙面由竹篾编织，原安化县茶叶试验场的负责人杨德胜提到，这个竹篾编织的席子叫焙摺，摺子可以一页一页提起。松柴明火干燥时的松香，竹焙散发的清香，加上茶脱水后的香气，三香合一的茶就是最好的安化黑茶。所用松柴含油量要低，更容易雾化，配有专人负责烧火。

周六他们在用七星灶烘干时，焙面温度并不高。他们等焙面温度均匀到50℃左右的时候开始铺第一层茶，待第一层茶的表面开始由黄褐色转变为黑褐色的时候，开始洒第二层，直至第七层、第八层，整个过程中不用翻动茶叶。经烘焙后的安化黑茶更加乌润，汤色明亮，滋味醇厚，有独特的高火香、松香味和天然醇香。

虽然电动履带的烘干机效率更高，传统七星灶烘焙工艺依旧被视为"灵魂工艺"，人们始终在坚持。

立夏前制好的黑毛茶，离秋季的精制约有近半年的时间，精制之前，黑毛茶还需要再上一次七星灶，这是另一轮的升华。

大厂和山头茶有不同的制茶理念，除了七星灶的烘温区别外（大厂茶喜欢用高温烘），最核心的区别在是否用冷水渥堆。大厂茶的冷水渥堆出现了红浓的茶汤，茶味顺滑。山头茶不用冷水渥堆，而是将黑毛茶蒸软之后即行紧压，通过时间慢慢陈放，所以新茶的汤色金黄或蜜黄，蜂蜜香明显，但陈放四五年后，就非常有优势，橙色的茶汤滑顺饱满，茶味转化空间大，喝过的人都说难忘。

黑毛茶经蒸压装篓后，称天尖和贡尖，蒸压成砖形的是黑砖或茯砖，最难者则是千两茶的踩制。这次在高马二溪的茶厂，我们目睹了工人踩制千两茶。千两茶，因其每支重为老秤一千两而得名"千两茶"（实际为七十二斤半，老秤每斤为十六两）；又因为其原料含花白梗，外以竹篾捆束成卷，成茶身上有捆压形成的花纹，故又称"花卷茶"。

千两茶以安化黑毛茶二级、三级的七至八等为主要原料，要经过蒸包灌篓，分五吊、五蒸、五灌、铺蓼叶、胎棕片，上"牛笼嘴"等步骤。黑毛茶分次过

七星灶的内部结构，柴火的温度通过七个孔道均匀分布灶膛

黑毛茶以棉布袋装好，需要存放数月进入精制　　　　　　蒸软入篓

称（每吊二百两），分别用布包好，吊入蒸桶用高温汽蒸软化，分次装入蔑篓（内衬蓼叶、棕丝片），由五名壮年男子层层踩实压紧，经过五轮滚压，又经杆压紧形，蔑篓不断缩小，再以木槌锤击花卷整形。青壮男子一起喊着号子，齐心协力，场面动人，最后形成长约 1.65 米，直径 20 厘米的圆柱体。

黑茶，尤其是千两茶的紧压，非常有讲究，用什么样的水蒸，蒸多长时间，压多紧，什么时候锯成饼，都会影响到后期转化。新踩好的千两茶，要日晒夜露，说是"七七四十九"天，有时长达两个月以上。在昼夜温差的作用下，茶卷内部的水分缓慢走透，又重新流布，温差使之"呼"与"吸"，就这样，千两茶的香气与滋味等内含物质更得以良好转化。为了走水一致和流畅，不能过早将整柱躺放，也不宜过快锯成饼形，工艺与储藏的细节，成为品质的关键，其中多有奥妙。

高马二溪茶厂的常务副总经理周洁介绍，他们会将制好的千两茶晾在庭院空地里，接受约两个月的夜露日晒，阴雨天时用布遮上，他们还有专门的日光棚，用于储藏千两茶。夜露日晒与竖放的目的，在于使千两茶的水分走透，那么大一卷茶，如果太潮就要烧心；走水不透，有可能就像茯砖那样长满金花，滋味风格上就缺少千两茶的魅力。

珍藏十余年的山头纯料千两茶，茶汤极有魅力，每一口都有红浓醇厚的汤感与丰富的变化，这是珍奇茶味的魅力。雪峰山给了安化黑茶以厚重内质，到位的工艺使茶性宽厚清和，这样的茶喝起来身体妥帖，不怕多饮。

好茶稀少，我们对它的了解总是那么有限，还有很多美好的安化茶藏在深山，散发着天然的芬芳，等待着人们的美好心意。

在人们的观念中，黑茶一定要红浓，事实上，没有冷水渥堆过的黑茶汤色黄亮，它给后期的仓储留下了更大的空间。

我们今天品饮安化黑茶，既可以欣赏它的红浓明亮，也不妨鉴赏它的金黄蜜味，有些茶味值得用时间等待，转化后的美更自然而厚重。正像云南有熟普和生普的划分一样，安化黑茶也可以有不同的风格滋味，行业在包容并蓄中，会走得更远。

锯成饼后的干两茶

干两茶的杠压

长满金花的茯砖

广东

潮州城老，单丛香浓

潮汕在当代中国茶事当中，是个特殊的存在。哪怕是困难时期，古老的工夫茶在这里也从未中断。即使在节奏越来越快的今天，他们仍然要郑重地燃炭煮水，静候茶汤。追寻茶味这件事，从不因外境而更改。

潮汕人对制茶、泡茶、品饮，有着深度的理解和践行，非他地可以比拟。茶浸润在他们的生活当中，是亲切的老友，也是共度风雨的伴侣，是血液，更是骨子里的热衷与享受。

茶风炽盛 老潮汕

潮州或汕头一带，街头巷尾，大厦棚屋，处处可见人们用风炉起炭、砂铫煮水，将朱泥壶冲出的茶汤一再低斟在浅白瓷杯里，愉悦啜饮。翁辉东曾在《潮州茶经·工夫茶》中谈到："其最叹服者，即为工夫茶之表现。他们说潮人习尚风雅，举措高起，无论嘉会盛宴，闲处寂居，商店工场，下至街边路侧，豆棚瓜下，每于百忙当中，抑或闲情逸致，无不惜此泥炉砂铫，举杯提壶，长饮短酌，以度此快乐人生。"

潮汕人喝茶，是大街小巷上的自由自在，哪怕在一个炒粿条炒粉的小店，老板也总要炒几铲，再回头饮一杯茶。最简单者，一把随手泡，一只潮汕朱泥壶，生活就是这苦浓之中的回味。

不仅仅是茶，潮汕的茶具也颇有特色，最便宜者，有街头上十多元一个的粗泥炉。泥炉需要烧炭，普通人家用杂木炭，讲究些的用竹炭，更讲究的还要用到龙眼炭、荔枝炭、橄榄炭。当地所用手拉朱泥壶，虽不如宜兴紫砂那般贵重，于单丛却极为融合。配上极薄极轻的白令杯，即可以品饮到最极致的茶汤。

潮汕古称潮州府，包括了现在的潮州市、汕头市和揭阳市、汕尾等地。唐宋战乱之际，中原大姓南迁福建，又至潮汕等地，故潮汕人的祖籍又多客家人，或来自莆田、漳州等地，漳州与潮汕语言相通、习俗相近。

潮州为岭东首邑，古城墙与古巷街闾里从容生活的人们，让人看到了千年遗

潮州朱泥炉

潮州人泡茶随意又讲究

风。隋朝时，此处因地临南海取"潮水往复之意"，首命名"潮州"，目前的潮州市，管辖着潮安区、饶平县，最好的潮汕乌龙茶就产在这里。

经潮州城流过的河叫作韩江。因唐代文学家韩愈曾被贬至尚为蛮荒之地的潮州，兴教育，建学堂，又大修水利，驱鳄除害，推广北方的种植技术，带来中原文明与儒学传统，使当时的潮州发生了巨大的变化，所以后人为纪念他，建了韩公祠，并把此江命名为"韩江"。

潮州好友林宇南、《潮州工夫茶》的出版人，带我游览宽广韩江上的广济桥，这座桥已经有八百多年历史了。桥上亭台楼阁，桥中段则由十八艘木船巧妙相连，可启可闭，被茅以升先生誉为"世界上最早的启闭式桥梁"，与赵州桥、洛阳桥、卢沟桥同称为中国四大古桥。古桥与古城，仍旧保留着安逸与慢节奏的生活，也是茶风浓郁的风水宝地。

韩江上的广济桥

林宇南在古城墙之内有自己的一间工作室，收藏着众多茶具，让人仿佛看到了潮汕百年的饮茶时光。潮州工夫茶传承人叶汉钟的茶室也在古城内，他使用炭火、银壶，冲注时"掐头去尾"，注水后快速将银壶浸一下冷水以降温，有很多细节上的讲究。

古城内牌坊多、小吃多，茶铺亦众多。那些茶铺门口的大铁罐，盛装的各种独特香型的单丛，上面书写着："蜜兰香、玉兰香、芝兰香、栀子花香、茉莉香、桂花香、杏仁香⋯⋯"，各种香型不一而足，茶香迎面而来。

潮汕的茶主产于潮州凤凰山一带，顶级者又称凤凰单丛。凤凰单丛已经流行于大江南北。现在市面上的中轻焙火的单丛很受人喜爱，爱茶者又以女性居多。而传统的重焙火、喝起来略苦浓的单丛，却是男性或老茶客最爱。

凤凰茶乡水仙与单丛

凤凰单丛出自凤凰山，凤凰镇因凤凰山而名。2012年，我第一次来凤凰山，当时由黄柏梓老先生带我上山，后来我几乎每年都要来。黄老先生就生于凤凰镇，在这里生活了几十年，对凤凰山上的一草一木了若指掌。那一次为了接我，他还特地从凤凰镇赶到潮州，一路与我同行乌崇山。可惜老先生于2021年春季仙逝。凤凰镇的林俊川是他生前的忘年交，曾提到老人无疾而终，预知时至。我心中一直固执地认为，他一定成为山间的土地公公了。

凤凰山是畲族的发祥地，节日里，女人们会盘起凤髻，穿上传统的服饰。今天，石古坪乌龙仍然是畲族人在采制。在凤凰山上，有三千多棵古茶树，历经风雨，至今犹存。

凤凰的古茶群落，统称为凤凰水仙群体种，所谓单丛，是凤凰水仙中选育的极品。历史上，单丛指的是选择优良水仙品种，进行单株采、单株制、单独贮藏、单独卖，花香清楚明显、有一定山韵蜜味的凤凰茶。20世纪90年代后，随着无性繁殖技术的推广应用，单丛的概念变得更广泛，包含了蜜兰香、黄枝香、八仙等各式品种，很难是单株采制了。

追溯至20世纪50年代初开始的计划经济时期，汕头茶叶进出口公司收购茶叶时，把凤凰茶分成了三个大档次：顶级为单丛，次之为浪菜，再次之为水仙。单丛即经过碰青发酵后花香清晰、山韵蜜味明显的上等茶；经碰青发酵没有出现清晰香型的叫浪菜；没有碰青，没有发酵红边的叫水仙。

凤凰雪片

凤凰茶以前是有性繁殖的，每株都不同味，其中有些能制出花香，有些则未必。能制出花香的品种，碰到天气不好时，也会做成水仙或浪菜。市面上的水仙和浪菜渐渐少有，人们也淡忘了它们，因为二者都不如单丛品级高、价格贵；为了推广，茶商在销售时，几乎把所有潮汕乌龙都称为单丛。

凤凰茶按采摘季节分为春茶、二春茶、暑茶、秋茶和雪片，高山上的茶一般只制春茶，低海拔的茶园采摘轮次细，一年可采四五次。其中雪片指的是霜降至小寒时节采制的茶叶，香高味短；春茶系于春分至谷雨前后采制，水细味醇。

潮州还会做抽湿茶，用的是安溪的器械，杀青后的茶青通过热烘让水汽凝结在冻管上，这是一种冻干术。潮汕乌龙就制成了抽湿茶。这种茶易碎、易红变，需专门放在冰箱中存储。外形鲜绿，清香鲜美，成为北方市场的新宠。低山茶区有商业意识的茶农纷纷改制，获利甚多，但也因为茶性偏寒、惯性种植管理、海拔偏低等问题，难以发展长远。

传统凤凰茶的滋味更接近山野的气息。同样是乌龙茶类，凤凰茶与武夷岩茶或铁观音不同，武夷岩茶展示的是一种霸气，而铁观音更趋向于清雅鲜爽。

乌岽古茶，百年流香

凤凰山的主峰是凤鸟髻，而最有名的产茶地则是乌岽山。海拔 1391 米的乌岽山，山体并不陡峭，略显旷远。乌岽山与远处凤鸟髻山头遥相对望，此处早晚温差大，云海时常深锁山间。

凤凰单丛越来越受追捧，有名的母树单丛能够卖出天价。为了某款母树单丛，潮汕的爱茶人一到春茶季就要守在

宋茶，摄于 2011 年

大庵古茶园里的宋种老树

乌崬山间古老的茶树

茶农家盯采，住上一两天，以确保能拿到心心念念的这款茶。乌崬山的当地茶农多文姓，据说是文天祥的后人，来到这里后，世代种茶制茶。年轻一代，多已在凤凰镇集市或潮汕市区置有产业，供农闲时下山居住，而老年人还是习惯住在山里。这些年，茶叶收入好，山坳里也盖起了更多高楼，楼顶多搭建阳光萎凋用的晒棚。

乌崬村李仔坪有最老的"宋茶"，传说有六七百年的树龄，可惜在 2016 年秋天枯死。据说南宋末年，年少的宋帝赵昺被元兵追逐，南逃路过乌崬山，口渴之下只能嚼食茶叶，后发现口腔内生津，干渴顿解，精神百倍，遂赐名为"宋茶"。"宋茶"之名也几经变化，原称"团树叶"，因叶形如团树之叶；在越南的茶行称名为"岩上珍"；后有一段时间因独特的栀子花香而名"黄枝香"；1958 年，由当地制茶能手带往福建武夷山交流时，才用名"宋种单丛茶"；"文化大革命"时还曾称之为"东方红"。现在，习惯的称法是"宋茶"，是扦插繁殖的后代，为了区分树龄，有"二代""三代"的说法。

离"宋茶"不远处，还有一棵据说是宋代留下来的蜜兰香，枝丫高大，叶片茂盛。乌崬村的中心岽这里，还有"棕蓑挟"等知名的老茶树。乌崬山凤西村的中坪、大庵有"通天香""鸡笼刊""宋茶 2 号""竹叶母树"以及其他树龄超百年的老树。

乌崬山的梯田式茶园满是古老的茶树。那些古茶树能留到今天，未曾因困难年代改种粮食蔬果，算是一种奇迹，也足以说明潮州人对茶的情感。

桂竹湖离李仔坪不远，那一年秋茶季，黄柏梓老人带我宿住在桂竹湖的家庭旅馆，以方便第二日登顶看天池。旅馆的老柯为我们泡上一壶老树水仙，喝起来并不特别香，回甘却快。天微亮的时候，眺望远方，太阳被云雾遮拦，直到很久，才露出它的面目。然而，山顶的天空仍旧漂亮，蓝得出奇，简洁明净。离桂竹湖不远处，就是乌岽山的天池，传说天池为王母娘娘管辖，湖水深不可测。天池之旁的风也吹得特别大，有些时候人都站不稳。乌岽山上的茶树如此繁盛与甘醇，或许是得益了天池水的滋养。

单丛的品种与香型

往天池行走，路旁的茶园可以看到完全不同形态的树种，有的高大如伞，有的瘦弱娇细。低矮的茶树不足一米，而高大的茶树枝丫入天，绿叶成片，或长着薄的青苔或泛着银白的树斑，有些老树还长满寄生植物。黄柏梓老先生曾言及茶树需要适当修剪，特别是老树上的青苔，不剔除的话会吸收茶树的营养。另外，山上的茶树有可能被白蚁蛀空，这也是需要注意的。

这些的上千棵老茶树多制成水仙和浪菜，成品能称为单丛（母树）的只有极少数。在凤凰单丛的品名当中，除了以香型命名外，也有的依据树形不同而起名，比如"大丛茶""团树""鸡笼""大草棚""娘仔伞"，不一而足。还有根据故事或传说来命名的，如"老仙翁""棕蓑挟""兄弟茶"等。也有以叶形来命名，如"过江龙""蟑螂翅""鲫鱼叶"等。

这里的茶树一样可以分为乔木、小乔木、灌木三种类型，以小乔木为主。在历史上，凤凰茶农把各个品种的鲜叶主要分为两大类，一是叶色较深、呈墨绿的称之为乌叶，或

广东

269

❶ 凤凰茶的叶片
❷ 从石缝中长出的茶树

据叶片的大小分为大乌叶、乌叶仔；另一类是叶色较浅绿的称之为白叶，或大白
叶、白叶仔。至今，依然有乌叶单丛和白叶单丛之分。

这里的土壤多为粗晶花岗岩发育的黄壤和红壤，矿物质含量丰富，以致凤凰
单丛有着独特的山韵蜜味。有些老茶树就从茶园的护坡石缝之中长出，随着岁月
流淌，茶树愈发高大。两三百年的时光，有几代人的希望与守望。

从工业生产或商业化运作上来说，需要有足够大的产量和越来越标准化的种
植和生产环节，甚至只种植三到五年最好产量的某个品种的新树，并以现代化的
药物辅助达到目标。然而，我们的传统文化根基仍然宽容，允许保留古朴缓慢的
方式，践行"道法自然"，保留着少量的自千百年以来一直香浓馥郁的滋味与生
活、生产方式。

这种稀有的尊重自然的方式，让茶味更像艺术品，也是某种精神的延续。老
丛古树本来有顽强的生命力和独特风骨，商业上的收获已经给了人们这种信心，
而茶的美好气韵，更诠释了什么叫珍贵的茶味。

在老茶树林里，还能找出一些特别苦的茶树，被称作苦种。在越来越追求甜
味的市场趋势之下，有时候，留点苦也很有个性。

除了那些母树，这里还有几十年树龄的"八仙"茶树，长势良好。八仙之
名，源于 1898 年茶农从"去仔寮"取回大乌叶单丛的枝条扦插繁殖，成活八株
茶树。后因这八株茶树制出来的茶，质量竟然一模一样，而名为"八仙"或"八

仙过海"。八仙茶的滋味非常好，水路细腻，有天然的芝兰花香味，高锐而婉转，回甘持久。

还有一种"鸭屎香单丛"，因茶名特别而备受关注。实际上，"鸭屎香单丛"又称乌叶单丛。据说村人见到茶的香气与滋味特别好，就问是什么品种，茶树的主人魏氏怕被人偷去，便谎称是"鸭屎香"，因此而闻名。

杨带荣老先生是一位实干型专家，他和黄柏梓老先生合著的《潮州凤凰茶树资源志》一书中，把凤凰茶划分为自然花香型（黄枝香、芝兰香、桂花香、柚花香、玉兰香、夜来香、姜花香、茉莉香、橙花香）、天然果蜜味香型（杏仁香、肉桂香、杨梅香、薯味香、咖啡香、蜜兰香、苦味型）、其他清香型等三大类、十七种香型。书中详细描绘了这些单丛母树的生长分布、叶芽花果形态，树龄考证等，是研究单丛茶非常权威的资料。

20世纪80年代以来，凤凰单丛所在地的茶农与协会经常会和武夷、安溪方面进行交流，那些年，这里还会尝试在乌岽山种些肉桂、铁观音、黄金桂、佛手等品种，至今仍少量保存。这些交流与融合，让茶的香气变得更为丰富浓郁。

单丛茶味，香清益远

传统工艺的单丛条索紧结、重实，呈乌褐色，油润，干茶闻起来就有一股独特的花果之香，耐泡，生津回甘快。比如最有代表性的黄枝香单丛有着典型的栀子花香，入口苦即化甜，山韵蜜味悠长。

黄瑞光是知名的加工、审评专家，我们在老先生那儿喝到的贡香，香气冲盖而上，滋味悠长。又喝到令人难忘的八仙老丛，有幽细的兰花香，细密的汤感，入口甘甜如蜜，香韵长留喉头，生津回甘良久。

新种植的茶树称之为新丛，而一些几十上百年树龄的茶树被称为老丛或古树。新丛的滋味只停留在口腔的前半部分，而老丛的滋味却充沛着整个口腔，山韵蜜香更深持久，茶汤能够沁到牙齿缝，有体感。

凤凰单丛的工艺与武夷岩茶也比较像，同样的半开面采摘，经过萎凋、做青、杀青、揉捻、烘焙后形成毛茶，再经过后期拣梗筛选、焙火精制。其中做青环节，单丛更讲究"浪手"的作用，即通过五个手指与手掌的轻柔灵活翻动，尽可能让每一片茶叶都能摩擦到叶边。单丛浪青，多在五道左右，比武夷岩茶的摇青要少两三道。

黄瑞光老先生言及工艺，思路越加清晰，他提及制茶时要注意叶温，可以通过厚堆达成目的，而不是单纯使用空调来提升室温。他强调，制茶一定要注重薄摊晒青，紫外线带来的转化才能让茶在后面环节更好处理。另外制茶要灵活变通，"看茶做茶"。例如2021年的春茶，天气旱，萎凋晒青就要轻一点，晒六成就足够，同时炒青时间就应该更短一点，后期焙火就可以拉长一点。所谓"看茶制茶"，原理最重要，而不是被规矩定死。黄老先生也提及，焙火也讲究一次到位，当然前期制程要做清楚、做透。

单丛的做手工艺

要做出好的香气，受制于阳光晒青，茶农更是靠天吃饭。乌岽山的制茶人家，也常因山上的雾气太重不得不辗转几十里到山下找场地晒青，遇到阴晴不定的天气，就很辛苦。

单丛之名，也是专一和专注的注解。出于对茶本质的不懈追求，单丛茶一直有着深厚的魅力。无论市场怎么变幻，潮州人依旧挚爱蜜韵浓长的单丛，也仍旧热衷于炭炉砂铫的工夫茶。

萎凋中的鲜叶

英德红茶：
岭南古邑红艳汤

许多人初闻英德红茶之名，以为产自英国或德国呢，后来才知道，这是地道的中国红茶，具有优质红茶特有的浓强鲜爽特征，汤色红艳，还有自然花香，这种茶就产于粤北山区南部的英德市。

英德红茶的历史才数十年。爱茶人对广东潮汕的单丛比较熟悉，会知道乌岽山，知道饶平，甚至对几棵母树长在哪个位置都很清楚，但很多人还没有机会走进英德。

初识英德红茶

英德古称英州，又称岭南古邑，属广东清远市，以境内英山盛产英石而得名，多为喀斯特地貌，也就注定了这里能产好茶。英德人爱茶，以至英德的市花就是茶花。

广州芳村的茶叶市场内，有很多的英德红茶的品牌店。我以前喝到的英德红茶，与其他地区的红茶大同小异：发酵较重的薯香，烘焙较高的甜香。等到更深入了解英德红茶，才发现英德红茶实际上不仅个性丰富，也有很迷人的香气与醇厚的滋味。

销售英德红茶的店内，会根据市场需要尝试各种工艺，比如接近白茶的萎凋，或是像白毫乌龙一样的发酵程度，这使得英德红茶的香气与滋味变得复杂起来。而传统的英德红茶就必须有英德味，为了寻访有英德味的红茶，我们迫不及待地要前往那片茶山。

早在六十年前，英德的茶叶工作者就从云南带回了富含

广东

英红九号金毫显露

茶多酚的植株，这片土地自此有了红浓的芬芳。这就是 1956 年从云南版纳、凤庆等地引种回来的大叶种乔木茶。

到今天，英德茶的茶树品种已经非常丰富。多年来，茶科所的工作人员一直在品种的选育上费尽心思，最特别的是他们的"英红九号"和"英州一号"。当年，他们在栽培过程中发现一个单株的品质非常好，制成的红茶香高味醇，外形显金毫，这就是人们常提到的"英红九号"，是目前英德红茶的顶尖优良品种。除了"英红九号"，还有高香型的名茶品种"英州一号"，具有强烈的自然花香，适制乌龙茶，曾在国内多次获奖。

在英德，茶叶品种多达四五十款。20 世纪 90 年代初，英德的茶叶科技人员曾从福建引入了高香的黄金桂、金观音、肉桂、梅占等乌龙品种。

与云南引种回来的茶树不同，福建的茶树叶片明显偏小。我来访茶的时候，正遇到茶厂以黄金桂品种制作红茶，萎凋时的鲜叶吐露着馥郁的芬芳，还未进屋就能闻到香气，这是闽南品种茶在这里的特殊表现。

不管是云南的大叶种还是福建的乌龙品种，都有明显的个性，所以制作出来的红茶或浓醇，或高香，或甘爽。

在英德石牯塘茶园里，我们还可以看到嫁接的品种，嫁接的茶树可以利用原来的植株，培育出需要的高产高香品种。

袁学培先生是英德知名的茶叶专家，半个多世纪来一直从事英德茶的研究。

引自云南的大叶种茶树

嫁接的品种

据他介绍，制作英德红茶的茶树约七成是大叶种、约三成是凤凰水仙种，还有一成左右是小叶种等高香品种。而市面上人们误读了英德红茶，认为英德红茶就是云南大叶种和凤凰水仙的嫁接，以讹传讹，流传甚广。到了产区才发现，嫁接的茶园只有很少一部分。嫁接的茶穗既有凤凰水仙，也有福建的一些高香品种，也有"英红九号"等品种。

除了制作红茶，英德还产过其他的茶类。比如，英德茶区曾生产过属于黄茶类的大叶青茶，也曾因为红茶出口受挫而大量改制绿茶，还曾在 20 世纪 80 年代以后生产相当数量的普洱茶。

英德红茶的故事

英德古属韶州，是一个古老的茶区，栽植历史可追溯到唐朝、五代，在明清时最为兴盛。那时的茶树为丛生的小叶种，到了 20 世纪初，社会动荡，英德旧茶园几乎荡然无存。现在所说的英德红茶，则是 20 世纪 50 年代开辟的另一页历史了。

英德红茶的历史，正是这个国家和时代的缩影。开始于 20 世纪 50 年代的英德茶业，令人印象深刻的是从最早的新生公司到后来的华侨茶厂，再到现在的农户与茶企的生产模式，恰是社会变革的真实映照。

1956 年，英德的省属国有农场从云南引种回大叶种。等到 1959 年，开始试制英德红茶，一投产就受到业界的关注。也就是这一年，广东省的第一个茶叶科研机构——广东省英德茶叶试验站建成，后成为中南茶科所，英德成为重要的产茶区。1963 年，英国女王在宴会上用英德红茶招待贵宾。英德茶区开始进入人们的视野。到了 20 世纪 70 年代，英德茶叶年总产量已超过 2500 多吨。之后，"英红"远销世界六十多个国家和地区，年出口量近 2000 吨，成为我国大叶红碎茶出口商品生产基地，发展速度不可谓不快。

英德的茶厂从建厂开始，历经多种成分的变换，从军垦农场，又转为新生公司，所谓的新生公司，正因为下放干部和知青在种茶。20 世纪 80 年代后，从越南回来的华侨又成立了华侨农场，英德的茶越来越深植在这片土地。

20 世纪 90 年代初，因为出口滞销，许多茶园还曾荒废过。最值得记述是 1993 年，当时的茶厂一批茶叶因农残问题未能出口，导致了巨额损失，成为一个惨痛的教训，许多人还将茶园改成了橘园。前事不忘，后事之师，后来英德人越来越注重茶叶的有机生产，茶叶品质大幅提升，英德的众多茶园堪称生态种植的教材。2006 年 12 月，英德红茶被国家质检总局批准并颁发"国家地理标志产品保护"证书。

2009 年初，因为市场不景气，很多人都不愿意制茶。后来，通过展会等形式慢慢拓展开了销路。今天，红茶越来越受欢迎，英德红茶的市场全面扩张，各种品牌也迎来了全新的发展机遇。

探访石牯塘茶园

从广州出发的高铁，四十分钟就可以到达英德西站。最值得去茶园的是石牯塘乡与大湾乡、石灰铺乡的成片茶园。从英德市区往石牯塘茶园走，车程也不过一小时。遇上节假日，路上就很堵，茶园不远处就有国家级的森林公园。大山里藏着丰厚的物产，鸟语啁啾，令人向往。冰糖橘树长成了一层楼高，结着丰硕的果实。

泥土路扬起满面的黄尘，那一片历经半世纪时光依旧生机蓬勃的茶园，就掩藏在人烟稀少的村落。村里住户已经很少了，茶园由茶企业负责管理生产。

远离城市，茶树碧翠，接连成片，远至山际。这片茶园有着极好的生态条件，松杉成为隔离带，茶园里花草清芬，茶树枝干粗壮。粗略看去，茶园里的茶树品种非常多样，既有大叶种，也有中小叶种，有些芽叶还泛着紫色。

管理茶园的曹召初厂长是英德人，原来在中山创业的时候，他就一直思考：人们常担忧青菜水果里的农药残留，为什么不让生态更为平衡呢？禁用农药与化肥难道很难吗？是否可以尝试，让大家喝上完全放心的茶呢？他着手在英德石牯塘的几十亩的茶园里做自己的试验。刚开始，曹召初的理想被人们笑话，有几十年经验的老茶农都不相信他能够成功，但后来这些老茶农都信服了。

他开始任由虫子啃食茶叶。茶园里最要命的虫子是象喙金龟子。这种虫子

生态条件良好的茶园

吃茶特别厉害，先啃大叶，再是嫩芽，直至吃得一片不剩。那一阵子，他站在茶园里，就能听到虫子啃食茶树，一片沙沙的声音。这种声音特别让人心痛，他也能够理解为什么茶农那么恨虫害。还好，象喙金龟子的活动时间就那么一段。但紧接着，其他的虫子、细菌，都接连在茶园种肆虐。就这样，第一年的产量少了60%多。

第二年开始，虫子的天敌也来了，茶园里结了很多蜘蛛网，来了很多鸟类，慢慢地，虫害没有那么肆虐了。算下来，这一年的茶叶产量比原来少了约一半。

第三年，茶园的形势发生了逆转，病虫害越来越少，生态基本保持了平衡，也就是到了这一年，茶园产量只比原来少了两三成。

这样，茶园的健康生态链基本形成了。公司的董事长刘永涛介绍，没有必要一味追求产量。应当让品质更好，这样茶价也相应能够起得来，算一算，并不吃亏。更重要的是，自己与家人都能放心喝自己种的茶了。

茶园本身就不是一马平川，早晚温差大，园上多有相思树，松杉与果树，园内多有花草，再加上不施用除草剂，使用绿肥堆肥与自然的管理方式，生态平衡很容易建立，曹召初相信，这样的种植方式会是未来茶产业的发展方向。

每到三月份，这里就要开始制作红茶。夏天的产量少。秋茶香高，也受欢迎，产量也较多。

这里还有一些古树乔木制作的红茶。随着云南古树茶的热潮，古树茶备受追捧，英德那些远在深林里的古茶树也渐渐进入了人们的视野。

英德的乡村保留着古朴的生活方式，与商业飞速发展的广州形同两地，随着高速铁路的开通，这里渐渐成了城里人的后花园与度假休闲之地，也许每个人的心底，都保留着一份田园的梦想。

广东

英德红 香高味美

英德红茶从萎凋到揉捻，多数发酵时间并不长，因为白天的温度还比较高，发酵快。

我们有幸喝到了树龄半个多世纪的茶王树制作的英德红茶，这棵茶王树位于石牯塘曾经的"国有农场"。与云南的乔木古树不一样，因为栽培管理有意矮化，所以全树分枝低矮，却枝条壮密，大叶种的秉性使得它显得异常壮硕。树高虽只有一米多，树冠却很庞大，可为十多个人环抱，这是当地人工栽培史上最大冠面的一棵大叶种了。这棵茶树依然丰产，一轮可采制鲜叶十余斤，制成干茶一斤多。

茶王树的春茶外形乌润，芽毫显，开汤之后汤色深红，香沉汤中，入口异常稠浓、甜润，令人身心愉悦，之后口腔长留香韵。再饮二春的茶，因为采取了轻揉捻，发酵度不是很高，故芽毫偏黄，低温烘焙的工艺使其梅子香十足，带着厚厚的果蜜味，浓醇可人。夏茶稍显味短，却还是甘爽鲜美，汤水红艳。

英德红茶虽然起步晚，但步步敢为人先，自有其美妙之处，广东人的开拓与活力在茶产业上也尽现无遗。在英德这片茶园里，有人们生生不息的希望。

❶ 石牯塘的茶王树分枝低矮，却枝条壮密

❷ "茶王树"制成的红茶外形乌润有光

❸ 汤色稠亮，倒出时似油滴状

广西

／原茶厚味六堡茶

280

六堡茶 原茶厚味

在山水稠密的梧州，西江、桂江、浔江，三江萦绕古城。这座曾经的岭南首府，有很多古老的故事，与流传久远的六堡茶香，都隐约藏在梧州的牌坊街巷里。

梧州古街坊，有传说中的龙母庙，有百年来依然为人挡雨的骑墙楼。这里三江汇合，自古商贸云集。尤其明清以来，梧州本地茶品以船运，沿江行，通粤港，销南洋，一时间千帆竞渡，两岸茶香，成为一条名副其实的"茶船古道"。六堡茶的香气，从茶船古道蔓延，是梧州远至南洋的牵念。

六堡镇上的古航路

世代相承 的滋味

因贫困与战乱，两广地区的老一辈人多到南洋讨生活，那些前往东南亚的劳工，被当作"猪仔"。离开了故土，再艰难的生活，也离不开茶。当年，六堡茶随着挖矿的侨民漂洋过海，在马来西亚成为他们"寻常而重要"的饮品，不仅救治了人们的病疾，也安慰异国他乡浓重的孤寂，陪伴他们度过艰难的岁月。六堡茶成为当地华人代代难忘的乡愁，渐渐融入马来西亚的茶文化。今天，在新加坡和马来西亚，侨民还会讲汉话、喝六堡，很多生活习惯俨然梧州的传统。

南洋各地多饮老六堡茶，但随着国内茶市升温，有年份的六堡茶早已经不容易买到了。当年的寻常饮品——陈放三十年以上老六堡，在吉隆坡和槟城的市面上几乎不见踪影。在中国国内，它也成为珍品，只在隆重场合才会开启。

六堡茶产于广西梧州，历史上横县、贺县都有少量生产，运销中断时，甚至我国香港地区、泰国也会仿制六堡茶出售。

更深入了解梧州，才发现这座城市的内涵，人们享受安逸，也用勤劳和智慧从容面对生活的挑战。20 世纪 80 年代，临近广州、水运发达的梧州，轻工业发展迅速，有许多响彻国内的轻工品牌。

今天的梧州街头仍有饮早茶的传统，与人们熟悉的广州茶事相似。有看似简单又配备齐全的茶具，有百多种美味小吃。小吃也能饱餐，再饮一杯六堡茶或菊普，将油腻化为清爽，从口腔到身体都更加妥帖，这是生活的妙趣。这种共通的生活气息，分不清是从广州还是梧州先开始的，谁更早征服了大众味蕾并深植于民间。将茶融入与众生最密切的饮食世界里，茶也就植入于大众的深层记忆了。

六堡茶有草木的芬芳、浓稠的滋味。想来，茶和食物的味道，是地域、气候以及身体的需要。六堡茶能化油腻，去湿气，梧州湿热的天气里，人们似乎只喜欢喝这样的茶。

人们喜欢传统，包括对老六堡的偏好也是如此。不知道六堡这样的黑茶从什么时候开始的。这里的人津津乐道的是，当年云南试制熟普时，曾派人到这里参访学习。其实，六堡茶的体系很复杂，既有厂家洒水渥堆的熟茶工艺，又有在当地靠言传身教、世代相传的手工技艺制作出来的传统六堡——这是一种只在炒茶时闷堆而后炒干、后期不洒水的工艺，通过时间来慢慢陈化。

六堡之镇

六堡茶的发源地在梧州市苍梧县六堡镇。因明代推行保甲制度，"六堡"因此得名。传统六堡茶主要分布在六堡镇的不倚村、塘平村、四柳村、理冲村、山平村、公平村、蚕村等地，其中六堡镇里有名的茶山还包括黑石山、肇庆顶、石牛顶等。

我曾于2013年到过六堡，从梧州驱车到六堡，要经过一大截山路，大约要两三个小时。2020年，近乎高速的快速通道已经修好，路程少了近一个小时，让六堡茶的发展有了更大可能。古道茶路、老榕树、旧茶号，茶从六堡镇开始，源源不断地输送到外面的世界，流向用一杯茶来化解生活忧愁的人们。

在六堡镇的街上，可以看到很多六堡的农家。茶农有各式各样的六堡茶，除了有社前六堡茶、秋茶、二白茶、老茶婆，最吸引人的就是陈年的原种老六堡。因为没有洒水渥堆，传统的六堡茶刚制好的时候，汤色还是蜜黄的，要等到红汤，还需要很长的时间，所以在约六十年前诞生了六堡熟茶的工艺。

在古老的六堡镇上，找到更多的是当地茶农遵从节气手工制作的传统六堡茶品，品尝到的是世代延续下来的原生态的茶味。镇上的茶店里，还会看到各式的茶花、茶果、虫屎茶，和用于贮茶的老竹篮、老葫芦等。

但也有一些商铺，早期不讲究仓储，将茶摊放在潮湿阴暗的环境中，让很多人误认为六堡就是带霉味的茶。这样的茶其实不堪为饮，饮后喉咙难受、身体发紧，茶的第一要义就是干净，这也是茶味的基础。而喝到干净、有年份的六堡茶，既醇厚又清爽回甘，喉间亦清爽。

离六堡镇不远的苍松茶厂，当年曾是公社茶厂，改制之后发展很快，产品体系完善，既有现代工艺的六堡茶，也有传统工艺的六堡茶。茶厂后面的山坡上种植有大茶树，周边的山坡也满植茶树，按有机茶的标准进行种植生产，并且保留着稍经改造而令人回忆满满的老厂房。喝到他们的茶，既清甜又有厚味。

装在葫芦里的六堡茶

在民间，一直保留有传统手工制作的六堡茶，以前村民称之为"农家茶"或"生六堡"。2019年6月30日正式实施了《六堡茶（传统工艺）》的标准后，统一正式称为"传统六堡茶"。

在六堡镇的塘平村，韦洁群是传统六堡茶制作技艺的国家级非遗传承人，从六堡镇的公社茶厂到自己创办茶厂，制茶已经有四十多年了。

时节已过谷雨，这一天下午，摊晾后的鲜叶进入炒青，炒青之后需要在锅内闷堆并烘干。在这个手工艺中，会用到特殊的灶。灶有两个灶膛，高位的灶膛，火力强，用于杀青作业；低位的灶膛火力弱，适用于堆闷和烘干。制茶的全程都需要有人留在锅旁，闷堆和烘干阶段，都需要适时翻动，离不开人。

茶厂有专门的仓储空间，仓库在二楼，储藏间的铁架上装满了棉布袋或纸箱，用棉布袋封装六堡茶，既洁净又可以适时透气。六堡茶在原产地存放陈化，有天然的地理优势。根据天气变化，储存茶叶的袋子有时会密封，有时则适当透气，总体就是需要把握好温湿度。

我们在那儿喝了一整天各式的茶，从新到老，从当年的社前茶到存储二十年的老茶，从六堡

韦洁群正在进行六堡茶的闷堆翻炒

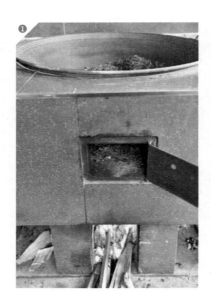

❶ 两个灶膛的炒青灶
❷ 存放于布袋里的陈年六堡
❸ 正在手工闷堆的六堡茶
❹ 如鱼钩状的社前茶
❺ 陈化二十年的农家六堡茶
❻ 陈年的老茶婆，有甘醇的滋味

的古树茶又喝到往年的谷雨茶、霜降
茶。新茶的蜜味令人印象深刻，香气
那么甜，茶味就像蜂蜜一样，而陈年
的六堡农家茶，是自然陈化出来的醇
化回甘。

　　之前在很多人的概念里，六堡都
像是云南熟普的味道。深入产区，才
知道传统的工艺指的是只在毛茶阶段
堆闷（杀青、初揉后进行）、不洒水
发酵的方式，这就有点像云南的生熟
普洱之分了。民间所保留的传统工艺

与厂企采用的现代渥堆工艺并存，保留各自的影响与发展，产业才会壮大。

前两年，在六堡茶人的努力下，地方标准也得以实施出现。在传统的六堡工艺中，茶会保留更多活性，用时间来转化，如果喝到新茶，社前或明前茶是黄汤蜜味；三五年陈储后，会转化成橙黄茶汤，滋味甘醇，是印象中完全不同的六堡，这是一类可以细细品赏和令人期待的茶。

六堡厂茶的厚味

当然，谈六堡茶，更离不开梧州茶厂与中茶公司，他们是六堡茶厂茶的杰出代表，也是渥堆制作与个性仓储的典范。

成立于 1953 年的梧州茶厂，是梧州地区最大和历史最悠久的茶厂，最早的历史可以追溯到中茶广东公司。他们先是在梧州成立办事处，历经风雨兴衰，直到今天成为行业翘楚。当年通过中茶系统外贸出口的许多茶品已成为老茶的经典，今天内销的六堡茶量也大，产品系列全，如金花、槟榔香、陈香系列、双蒸双压的怀旧等，看起来整个六堡茶行业在这十年间发展迅速、也正勃勃向上。

从 1958 年开始的冷水渥堆发酵技术，让六堡茶形成我们今天熟知的"红浓醇陈"的茶味特征，"红浓醇陈"也成为六堡茶的国家标准。1991 年开始的"三鹤"商标，也已经快二十年了。他们的茶因为有严格的窖藏仓储流程，防空洞仓储加水仓、退仓处理，自然带上一股特别的滋味，有点凉味、微微的参香，容易辨识。三鹤茶厂使用冷水渥堆的茶，往往要藏三年才上市，老厂大牌有这块流程上的处理，很固执、也很有实力。

老茶厂的茶窖

寻黑石山 原茶

　　阳朔的山水和武夷的丹霞地貌，有许多相似之处。还必须到原产地的山林里去领略一下茶树的生长环境，尤其是传说中的黑石山。

　　在六堡的原产地还保留很多的原生品种，多为灌木型的中小叶种，也可以看到少量小乔木老茶树。离六堡镇约半小时车程的黑石山，因为两块特别大的黑石立于山顶而名，云雾使这里显得更有仙气，雾水也给茶带来了特别的甜度。特有的土壤与环境造就了茶的厚质，谷雨时的顶芽已长到一芽三四叶。藏在深山的六堡茶树，葱茏的林木与古老品种的深根，让茶叶能够随着时间流逝沉淀厚味。

　　黑石下的茶园，牌坊上写着"源茶记"，还可以看到小乔木型的古茶树。茶树有三四米高，主干有碗口粗，类似于凤凰单丛的老树茶。在这里可以看到抛荒茶，原树种，这些茶树的鲜叶会根据不同的时令做成各式茶叶：社茶、清明茶、谷雨茶、秋茶、霜降茶等。农家节日与茶的关联，是一种古老的习俗，也是人与自然之间的关联，有奥秘的深义。比如社日，指的是春天开始，立春后第五个戊日。各式的节令也是茶味和香气充满变化的开始。

　　黑石山的茶园使用人工锄草，保护生态环境，这是有意识的茶的传承。细分起来，除了黑石山，六堡茶还有肇庆顶、大宁、五堡、黑石山，石牛顶等小产区。

很多人对六堡茶的槟榔香充满好奇。如果能用到原生的品种，加之以传统的工艺，并经由时间给予它，槟榔香就会久存不散。这一次喝到的有年份的原种老六堡，就有典型的槟榔香，既有传统制作工艺给予它的滋味，也有传统种植与原产区给予它的清凉与甘醇，更有时间赋予它的转化沉淀。

　　我想，茶的传统或传承，是一种制茶的精神，也就是有根。这就需要每个地方都有认真的制茶人，在古老的茶区，让茶味随着时间流逝，不是消淡，而是更醇化、韵味深长。

谷雨时一芽三四叶的六堡茶

茶园里的老茶树

六堡黑石山茶园

台湾

文山包种：老屋与好茶

台湾茶的工艺与茶树品种源于福建，最早的故事，要从文山包种讲起。

包种茶以前是乌龙茶的代名词，后来慢慢变成了文山包种的简称。文山是古地名，包括了坪林、石碇、深坑等地。南港是包种茶原乡，近文山堡，也属于大文山地区，这里保留着最传统的条索状乌龙茶。

关于包种茶的来历，多认为是早年闽南的茶行用两张方形毛边纸，内外相衬，四两一包，再盖上红印，取"纸包"之意，而有包种茶一说。另有说法是闽南人会将各色花杂品种茶称为"色种"，写得潦草了，大家就将"色种"两字误传为"包种"。

清香包种，源远流长

早在 1881 年，福建同安县茶商吴福源来到台湾，在台北大稻埕设立"源隆行"，专售包种茶，清香且韵长，市场非常认可。如今在大稻埕，依然可见一些百年老字号，每一个档口都有其故事。那些早已消失或换了新颜的百年茶号，带着妈祖的护佑，从闽地漂洋过海而来。这里古旧的骑墙楼，如同漳泉或潮汕的街头，古老而精致。闽台两地语言、习俗与血缘相近，追溯往昔，台湾茶及工艺多系福建的闽北、安溪等地传来。如今遍及全国的新式工夫茶、旧式工夫茶的传承源流，亦与此相关。

1885 年，福建安溪的王水锦与魏静时到了台北州七星郡大内樟脑寮（即今台北市南港区大坑一带），看到当地的

古旧骑墙楼与百年老字号茶行 　　　　　　　　　　早年茶箱

气温、雨量和土质适合茶树生长，遂在该地种植茶树，开办讲习所，讲授包种茶的制作技术，也使南港成为台湾北部包种茶的发源地。

南港老屋的茶香

　　　　曾至贤先生是信义社区大学的老师，多年来一直带学生在台湾各茶山行走，这次他带着二十多位茶友来南港体验制茶，我便一路跟随。

　　从台北到南港，有土地庙、地方神祇庙宇等建筑。阳光下散发的艾蒿和蒲公英草交杂的味道，让我想到儿时在老家福州乡下的日子。

离台北很近的文山茶区

我们采茶制茶的地方，是南港旧庄大坑茶区的畚箕湖，所谓的湖，现在只是一个洼地。我看到村头还有一棵古老的樟树，几幢很少见的石屋土墙。茶农的祖辈来自安溪，清末来此。当地做茶的手法几经调整，却没有改变乌龙茶的萎凋、做青等基本工序。台湾茶山的劳动力越来越少，也是用机器采茶，或请来外籍劳工。

台湾文山包种有矿石味，手工采摘标准更追求一芽二叶、中开面。南港的这片茶园生态良好，产量并不大，一度成为观光型茶园。

茶园海拔不高，植被丰富，莺飞草长的季节，茶园吐露出一片清香。茶园多青心乌龙品种，亦有金萱、翠玉等品种。鲜叶往往采用单人机采，我们来的时候因为人手多，就加上手工采摘，大家都很积极。鲜叶采回来后，急忙运到不

 南港茶园，双人式机器采青机

 阳光萎凋后在室内静置

台湾

远的屋舍处，用水筛薄摊萎凋。这里非常讲究阳光萎凋对茶的作用，这是紫外线的作用，想来这样更容易出现花香，与文山包种传统的粽叶香也很相融。

阳光萎凋之后，茶叶放在室内静置，接下来是乌龙茶制作的不眠之夜。在静置空闲期间，我们去看萤火虫。生态越来越好的茶山，有着美丽的夜景。农家的卡拉 OK 声音提示我们这个时代的生活气息，在蛙虫声中，大家慢慢品饮各种乌龙茶，等待今天茶青的制作。

茶主人瘦而精干，祖上亦来自安溪。在陈旧粗厚的土坯房制作茶叶，制茶环境更有保温的效能。主人置有百多个水筛，制茶季就全部用上。文山包种和其他乌龙茶制作一样，讲究"浪青"与"做手"相结合，"浪青"共六次，每次间隔一两个小时，从轻到重，期间需要并筛，大的料箩可以进行最后一道的"做手大浪青"。

经过十四个小时的晒晾萎凋与做青，古宅中的鲜叶已经有绿叶红边了，即将进入杀青阶段。这里还保留着旧式的杀青机，他们使用煤气为燃料来杀青。做青后的鲜叶经过约五六分钟 240℃的滚筒杀青。之后复以半球形揉捻机进行揉捻，重手团揉，料箩解块，再行敞放初烘，挑剔老叶梗，复烘成形。成形的包种茶为条索状，红边并不明显，清雅的茶香类似于粽叶或竹叶香。

从南港可眺望台北 101 大楼，雨后空气清新，溪岸萤火虫飞得很壮观，归功于生态的恢复与农药使用的限制。清晨的细雨又满山林，通宵制茶的辛劳更让人体会茶中花果香味的珍贵。

制茶在陈旧粗厚的土坯房里进行

坪林的自然农法

离台北不远的坪林，是包种茶的第二故乡和重要产区。青心乌龙被称为"种仔"，香气清，滋味好，最受茶农欢迎。

坪林街上的灯光照亮了雨后柏油路，我们拿着评茶的汤匙在茶农家里品鉴几十款新制的文山包种茶，细细审评。坪林的茶，不考虑山场或采摘等级只根据各款茶的成品后的滋味品质来决定价格，这似乎是一种古老的习惯。

因保护水源地等原因，近年来坪林茶园面积有所缩减。杨成宗老师从学校退休后，自己在坪林初坑村通过转让得来一小片"三分地"的茶园，按自然农法的理念来管理和养护。这片茶园离台北市区不到一小时的车程，来去很方便。茶园的草长得很高，茶树看起来却是生机勃勃。这块茶地完全不锄草，不杀虫，不施化肥和农药。四月下旬，当茶树新梢已经达到一芽二叶的标准，杨成宗会早早前来采茶，然后用皮卡车运回茶厂，制成文山包种。

从原来惯性管理的茶园改造到自然农耕的茶园，过程比较曲折，这片茶园海拔只有 300 米左右，并不在高山上，虫害比较厉害。杨成宗介绍，"改变之初，这块茶地第一年的产量只有四两，基本上算是被虫吃得颗粒无收了"，杨成宗有些心疼，但想着，虫吃就让它吃吧，茶树有它自己的力量，只有这样才能形成自然的平衡。第二年他继续坚持自然农法，看似无用的芒草，其实有利于害虫天敌的栖息，茶虫的天敌渐渐变多，鸟儿也飞过来，产量终于恢复到六斤，算是有一些收成了。到了第四年，茶园更有活力，土壤变得松软，园内芳草与蜘蛛众多，园边林里的鸟儿搭窝，这一小片茶地的产量已经有三十斤了。这样就完成了"三级跳"，杨成宗感觉很满意。今年是第五年，看起来收成应该会更好，产量快要追得上从前。挂着苔藓的茶枝，像武夷山深山里的老丛茶树，碧绿的新芽让人欢喜，做出的茶喝起来特别清甜。

另一片海拔 420 米的茶园，也是杨成宗从茶农手里转让过来的。实施自然农法后，芒草和杜鹃花从茶树间冒了出来，长得比茶树还要高，周围杂树林繁茂。碧翠的茶园山色，夹杂着红枫和杜鹃花，远处群山如黛，山谷云雾变幻。

这一片茶园种着比较稀有的佛手和白毛猴品种，发芽略晚。虽然茶树的叶片仍有虫眼，但已经不严重了。白毛猴品种因为难于加工，在台湾乌龙茶中的分量已经所剩无几了。红心的佛手品种，一看就很特别，巴掌大的叶片叶肉隆起，佛手的香气与滋味很特别，摘一枚略显红的芽心，可以品到云雾般的清甜。

采摘一芽二叶的新梢

比较稀有的佛手品种

坪林的文山包种

焙足火的台北
木栅铁观音

木栅是台湾铁观音的原产地，源自百年多前福建安溪的台湾木栅铁观音，至今还保留着最传统发酵与焙火。

铁观音发源于安溪，但今天喝到的茶很难有传统焙火的了，偶尔喝到一些称为"传统浓香"工艺的，往往只是轻微焙了些火。反倒在台湾，木栅铁观音的干茶还保留着乌润的色泽，具备深红的茶汤，喝起来更为温和。去看看焙足火的木栅铁观音，是我的一个心愿。从台北捷运到达猫空，再转缆车，时间不长，就可以到达这片有历史、有故事的茶园。

两百多年前，安溪张姓人家在木栅樟湖（即猫空一带）种茶，到了1919年，张迺妙、张迺乾这一对族亲兄弟从安溪引进铁观音种苗一千株，之后生生不息。寻访木栅铁观音就要从这里开始，那些从海峡对岸流传到宝岛的茶，年年吐露芬芳，历经艰难动荡或平安祥和的年代。木栅茶区有张迺妙茶师纪念馆，我在这里恰好遇到了张信钟先生。张信钟是张迺妙第四代的嫡系曾长孙，对于制茶工艺非常讲究。谈起茶他可以聊上三天三夜，"我已经二十几年没有用除草剂了，用自然方式耕种，你一会儿到山里去看看我的茶树就知道了。"

这里的海拔并不高，大约两三百米，沿着猫空漳湖步道的那条石板路，沿途可以看到数片茶园生长着瘦高的铁观音茶树，未曾修剪，姿态奇特。在台湾，以铁观音品种制成的乌龙茶称为"正丛铁观音"，其他如青心乌龙、梅占、四季春等品种按铁观音工艺制作，也可以称为铁观音，却不能称为"正丛"。因为"好喝不好种"的关系，正丛铁观音的产量已经很少了，据说只有两三成。所谓"好喝不好种"，是指迟芽种茶树发芽要晚些，适应力较弱，生长缓慢，喝起来鲜美，种起来却需要用心打理，产量不高且珍贵。正丛铁观

台湾

❶ 猫空樟湖一带的茶园
❷ 山间散落的茶树长成了高丛
❸ 正丛铁观音有"红心歪尾桃"的特征

音要比其他品种的铁观音的售价高出一倍多，所谓"正丛才有观音韵"。

木栅铁观音的外形为颗粒状的紧结球形，和大多数台湾乌龙茶外形相似，但是有着足够的焙火。工艺和大多数的乌龙一样，经历萎凋与做青，最后炒青、揉捻与烘焙。木栅铁观音的做青也较为传统，没有去除红边的工艺，和大部分的台湾乌龙茶一样，会留嫩梗制作，说是这样糖分含量高，喝起来更甜一些。揉捻工艺上使用布球团揉、最后以传统炭火烘焙。焙火足的木栅铁观音，干茶外形上乌褐油润，汤色和武夷岩茶一样深红，是一款很暖胃的茶。经过足够焙火后，木栅铁观音依然保留着鲜美和醇厚的茶味。叶底展开时可以看到采摘的标准：一芽两叶、芽叶完整，嫩梗与叶芽连在一起。

猫空的山道上，游客少至，为了防止茶园长草，人们使用花生壳铺满茶园，这样既省事又可以避免化学除草剂对土壤及土壤下微生物的伤害，可持续而健

使用花生壳覆盖防草的茶园

康。往木栅茶推广中心的路上，另一位身着时尚的茶农，正不辞辛苦地用长柄柴刀砍除茶园边上的杂草，所种的铁观音茶树正是"红心歪尾桃"的特征。他很高兴碰到爱茶的人："你猜得没错，这一片就是正丛的红心铁观音。我们已经好几年不用除草剂了，这样子虽然辛苦些，但对土壤比较好。自己家的茶园，还是要照顾好。"

茶园里还会种植鲁冰花，开花的时候，成片金黄，摇曳多姿。鲁冰花是一种豆科类植物，除了开花可供观赏外，更重要的作用是用作绿肥。

木栅茶区正在进行自然农法的实践，茶农很高兴地提到："这些年，这里的果子狸、蛇、蛙都越来越多了。"

离台北颇近的木栅铁观音茶园

睹乌龙
冻顶山上

冻顶乌龙是台湾乌龙茶的代名词，历史久、名声响，有着相对传统的工艺，茶汤馥郁，滋味醇香。

雨后的台中视野清丽，恰逢范增平老师在台，带我前往南投鹿谷。十年前我们在广州相遇，相谈甚欢，他名气甚大，却温和宽容，于我关照有加。此后或常遇，或两三年未见，亦无生疏感。人生踪迹不定，今日在台又见，正是因茶而起。

范增平老师告诉我，冻顶的"冻"其实是"崠"顶的意思，如同潮州的乌崠山，实际上是高山之意。之前看过的资料甚至流传说这里太冷了，上山会冻着脚。事实上，在四月的冻顶山上，也只需要穿着一件薄的长袖。不远处的中央山脉挡住了寒风，千米海拔的山上也有很多槟榔树，开山庙就在附近，老茶树也还在，一百多年前的故事耐人寻味。

台湾茶的当家品种"青心乌龙"很特别，制出的茶品质很高。据"台茶之父"吴振铎先生考证，其或源于闽北建瓯，与矮脚乌龙是近亲。台湾另有"四季

千米海拔的茶山上，有高高的槟榔树

春"品种，顾名思义，产制率高。也培育了带奶油香的"金萱"，清香扑鼻的"翠玉"等品种。

海拔 700 多米的彰雅村是冻顶乌龙的核心原产地，在冻顶巷的茶家能喝到传统炭焙的乌龙，做青更熟的冬茶。

新采回的芽叶为成熟度较高的半开面（一芽二三叶）或对夹叶，先进行日光与室内的复式萎凋，萎凋程度较重。在萎凋结束后就要开始浪青，台湾冻顶乌龙的浪青手法，为五指分开抖散，保证鲜叶均匀受力，较文山包种的手法更重。浪青需要四到五次，每次间隔一两小时，直至臭青气即将消失，进入高温杀青环节。

苏家是鹿谷冻顶巷极少的坚持保留手工锅炒冻顶乌龙的人家，祖上从漳州南靖来，苏文昭老人的手炒功夫在当地很有名，其子苏邦怡亦是炒制能手。

锅温很烫，大约 300℃，带着轻微红边的鲜叶入锅，噼啪作响，闷、翻、抖、散等手法让乌龙茶在这个环节实现由生转熟的变化。

❶ 冻顶乌龙茶山
❷ 传统工艺的冻顶乌龙

传统包揉需要用脚，手搭在高处的木架上，双脚在棉布袋上交替用力，一点点搓揉，团压紧实。

焙火所用的移动焙窑，用的是质地很好的双层中空马口铁皮，表面不会发烫。焙笼则依然用竹制，开焙前将竹匾一推、一撒，待焙的茶叶就均匀摊开了，最后轻放于铁质焙窑上开始烘焙。

之前一直不清楚乌龙茶这"乌龙"两个字的来历，看到的资料均没有正确的解答，或说品种，或说龙团凤饼的历史，或用各种胡乱的传说搪塞。苏文昭老人拿出焙好的毛茶，长长的条索，恰似一条黑龙在空中飞舞，说道："看，像不像一条黑色的龙？"这样说来，乌龙茶的名字最有可能源于其外形乌黑，揉捻与炭焙后的条索如云中游龙。

伴随 20 世纪 70 年代制茶机械的出现，台湾乌龙越来越讲究紧结成圆球的外形。如果人工揉捻，那真不是一般人做到的事。

鹿谷有专门的茶叶揉捻厂，许多年轻人在这里工作，夜间容易疲惫，播放的音乐都是节奏很强的摇滚。产业完善后，专业化分工越来越细，因为冻顶乌龙讲究外形紧结重实，形似颗粒的球状，揉捻环节很重要也辛苦。茶厂在这个环节精力付出太多，所以专门的揉捻工厂应运而生，生意也好得不得了。

❶ 冻顶巷苏文昭老人正在手工炒青
❷ 传统脚揉工艺
❸ 移动不锈钢焙窑，覆薄灰后焙茶

茶叶揉捻团包的工厂，有很多年轻人

在苏家喝到各种焙火的乌龙茶，做得较熟，多带桂花香，汤色橙黄或橙红。还有红水乌龙，香甜醇和，代表了更重的发酵与焙火工艺。

这一晚，我们寄宿于冻顶山间，与茶香为伴。第二日早醒，空气清透，往山涧取水泡茶，而不远处就是杉林溪景区。这一片也成了观景点，每到周末，游客如织。

南投很值得去的另一个地方是鹿谷农会，有专业的展馆用于展示台湾制茶的历史与现在。鹿谷农会要组织每年茶季的斗茶赛，有他们从 1976 年开始的制茶冠军英雄榜，也收藏了那些年珍贵的茶样。

冻顶山不远处就是杉林溪景区

台湾

阿里山的露珠

阿里山茶是经典的高山乌龙茶，它代表着滋味甜美和高山气，茶味中也加入了人们的诗意。有一种观点认为，北回归线附近，即北纬23.5°的地方，有地球上最好的茶园，而台湾的阿里山茶区恰巧就在这样的位置。

台湾有很多高山茶，有的甚至长在海拔两千余米的山上，人们形容这样的茶有"高山韵、冷矿味"，在诸多高山乌龙茶里，人们最早认识并熟悉的就是阿里山茶了。

四五月的台湾初夏，是制作乌龙茶的季节，这时候也可以观赏到萤火虫，从南港到鹿谷，再到阿里山，有孩子们最爱看的萤火虫。由于这几年山里减少了或杜绝了农药使用，山谷溪涧中的萤火虫也越来越多。到了夏日的晚上，茶山里也是"满天星斗"，萤光流舞。

属于高山气候的阿里山，比别处更凉，四时云雾笼罩，生长在这里的茶，汤质细甜，甘香清雅。还因为日夜温差大，茶树生长缓慢，芽叶柔软，叶肉厚实，果胶质含量高，喝起来很有稠度。阿里山茶的外形是紧结的颗粒，又有"珠露""玉露""龙珠"等称谓，它的汤色金黄，有桂花香气，似是山间露珠的化身。

阿里山茶似乎也带上山间高冷的味道

甜美的阿里山茶很受人欢迎，价格往往随海拔同步上升。阿里山茶主产于阿里山公路沿线的阿里山乡、番路乡、竹崎乡、梅山乡等。我曾到过的梅山乡是老产区，这是出产台湾茶里最早标注海拔超过千米的高山茶，红极一时，也是高山茶的代名词。20 世纪 70 年代，就有梅山的"龙眼林"茶以高山的清新味引领市场、风光无限。梅山乡的景色很美，茶农拥有独栋的楼房，生产车间也在邻近。邻居多属一宗族，在茶季里常相互切磋技艺。阿里山高山茶在市场上比较抢手，尤其是竞赛茶，据说在得奖名单公布没多久就会全部卖光，要买到得奖的阿里山茶，还要靠点运气。为了获奖，茶农对制茶的工艺就特别用心和讲究。

　　梅山乡天蓝云淡，几棵槟榔树高高在上，洁净碧翠的茶

❶ 阿里山茶园
❷ 男性采茶工
❸ 粘在食指上的刀片

台湾

园就在天际线处。这里的茶树品种主要是青心乌龙，还有一些带奶油香的金萱品种。每年茶季都要请不少外地茶工前来采茶，有时要请越南、泰国、我国海南等地的采茶工。男采茶工也占二三成，大多数年龄在五六十岁。采茶时，他们将锋利的刀片粘在食指上，这样采起来更快，更有效率。

雾气满满的茶园，天空透蓝，茶园里不时传来欢声笑语。这里有很美的花圃，雨后的雾气会吹到身上，柏油路干干净净，花果繁茂，在这片土地上的人们生活得自在安宁。我在海拔甚高的梅山乡瑞峰村，就曾遇到过一对年轻的夫妇在山里种茶。瑞峰有数片自然村落，常年云雾围绕，美丽而安静，他们推崇更生态自然的茶园管理方式，他们种的茶，令人印象深刻，口感尤其清甜、回甘快。

阿里山乌龙茶追求清香，所以在工艺上发酵更轻，也讲究室外阳光萎凋，但并不是阳光直射，而是用黑色的遮阳网，制造漫射光的效果。经过短时户外萎凋的鲜叶进入制茶间，这是全自动化的萎凋车间，用空调控制温湿度，与传统工艺的乌龙茶对比，其全程萎凋的时间偏短一些。在做青间，使用自动化的大器械，按一下按钮，就会从钢架里出来一层像屋子那么大面积的铁丝网，铁丝网上摊着薄薄的萎凋后的鲜叶，制茶人在下面用手托着一点点地抖动，接近浪青的效果，再按一下按钮，就收回去，出来另一层铁丝网，效率高，不费力。轻抖过后，进入静置的流程，台湾阿里山乌龙经过约十小时多的萎凋与静置（轻微"做手"），到凌晨两三点，进入到唯一的一次搅拌，在摇青机里完成机摇，又称"大浪青"，形成轻微的红边，看起来发酵程度还是很轻的。

❶ 做青间自动化的机械
❷ 杀青之前的鲜叶
❸ 使用滚筒杀青机杀青

山上天亮得早，通宵一晚的制茶师傅结束做青环节，茶叶已经有些微果香。阿里山的高山乌龙，以滚筒热风杀青，每筒投9～12公斤，锅温约300℃，近十分钟，出现茶炒熟的香气后即可出锅。

以滚筒热风杀青后的阿里山乌龙，如果边缘有些干，会用塑料袋包一下，让水分走匀，这样在半球形圆顶的揉捻机中就可以不出碎片、保持完好的叶型。揉捻才一分钟多，叶张几乎没有破损，成茶出现清香。初揉后的茶叶即行解块初烘，约六成干。

要形成紧结圆球的外形，就要在接下来的团包机中进行了，团包的工序还将持续六七小时，直至茶叶形成台湾高山乌龙特有的紧结重实的圆球小颗粒。

喝着这一季新制的茶，阿里山珠露的味道像极了雨雾的气息，高山的清甜滋味，融在一杯茶汤里。

第二天，我从梅山乡继续乘车到阿里山乡，著名的石棹、龙头、隙顶，都有美丽的茶园，至今，在阿里山茶的包装上，还可以看到这些旧时的火车图片，曾经，奋起湖的火车路与阿里山连接，带上了浓厚的人文意蕴。这里也有许多民宿，安静而有生活气息，车子路过的山林，雾气氤氲。在雾气深锁的路途，在萤火虫飞舞的今天，阿里山确是一座令人难忘的茶山。

阿里山乡的茶园

台湾

重庆

／山城春风永川芽

307

永川芽 山城春风

永川秀芽是重庆的名优绿茶，重庆人像热爱火锅一样热爱他们自己的绿茶，这是每年春天的味道。

十多年前，我就曾买了些永川秀芽，芽头秀美，翠绿可爱，滋味甘爽，些许蜜香。因为绿茶喝得少，慢慢就忘在一边，没想到过了数年，这些陈茶喝起来依然好喝，陈味中带着甘醇的气息。

重庆能让人知道的茶并不多，早些年有重庆老茶客熟知的重庆沱茶，系以四川晒青毛茶为原料压制的小沱茶，曾在 20 世纪 50～70 年代垄断了川渝的沱茶市场，后来被云南的沱茶抢占了市场。2001 年之后，再也找不到国有茶厂出品的重庆沱茶了。

重庆城的名字源于 1189 年，宋光宗赵惇先封恭王，再即帝位，自诩"双重喜庆"，重庆由此得名。长江奔流而过的巴渝重地，三峡如诗般梦幻雄浑，古来兵家战场，今时繁华江城。1997 年成立直辖市后，重庆发展快速。

虽然人们对重庆的茶比较陌生，但古代讲的巴国、巴山，皆与此地有关。巴山蜀地，是茶的发源地。《茶经》曾述"巴山峡川有两人合抱者"。重庆的山区很容易找到茶，如巴南区的茶叶，深藏在植被良好的大巴山间，三峡山间亦有古茶树，缙云山也发现了一些百年的野茶树，这是当地大叶种茶的原居处。和中国南方大部分茶乡一样，这类古树茶多已湮灭在山间。

重庆有名的永川秀芽是新创名茶，由原四川省农业科学院茶叶研究所于 1959 年研制生产，并由陈椽教授命名。永川秀芽是针型名茶，当年也曾获过国内多个奖项。原所长钟渭基老先生介绍，当年茶研所就曾四处寻访茶树地方品种，进行育种推广，二三十年来矢志不渝，至今仍可以在永川的茶园上找得到早期的一些品种。

春天刚刚开始，永川 300 多米海拔的茶芽就已经发得很漂亮了。从重庆市区驱车到茶园，并没有太远。永川秀芽的种植地域范围包括永川区云雾山、阴山、巴岳山、箕山、黄瓜山五大山脉的茶区。但面积最广、也最为人知晓的是茶山竹海森林公园。这也是永川秀芽茶叶科技示范观光基地，是重庆市茶叶研究所试验场所在地。此处海拔 588～800 米，早晚多云雾，日照也充足，适合茶叶的生长。

在玻璃杯中泡一撮绿茶，这是中国大众饮茶的场景。因为显毫，汤色有些绿浑。绿茶赶早，一天一个价，不同品种发芽期都不一样，永川秀芽除了群体种，还有一些南江种，早白尖，据说福鼎大白的品种都采了十几天了。带着些许蜜香的秀芽，是当地人的最爱，手工制茶几乎已不存在，大生产背景下，滋味清爽、芽叶美观的绿茶也成了快销品。

茶厂创建于 1959 年，审评室中的审评盘已经用了很长时间了，木色泛白，很有年代感。每一春的茶叶要进入审评室品鉴，鉴定等级、筛选、拼配。好的永川秀芽，讲求条索紧、圆、细、直，色泽翠绿鲜润、汤清绿亮、香气馥郁高长持久、滋味鲜醇回甘。实际上，永川秀芽也会根据市场需要而有不同的外形，有的外形针形微卷，锋苗显露，也有外形更接近扁平，条索较松。

厂里还留着电炒锅，用于手工制茶的演示，茶厂的老师傅为我们演示手工炒茶的技艺：水分多时就抛，水分少时就闷，在抛翻闷抖间，掌控好作用在茶上的温度。炒到半干后，将茶出锅在竹匾上进行揉捻，双手对搓，又压着抱紧揉搓，之后又在锅中整形做条。

永川秀芽以早春一芽一叶初展鲜叶为原料，要求芽叶完整、新鲜、洁净。加工工艺主要包括：摊青、杀青、揉捻、抖水、做条、烘干五道工序。茶厂的生产越来越机械化，除了采摘还需要人工外，其他制作工序都有专门机器。正在萎凋槽中摊晾的鲜叶，通过运输带滚动进入到炒青的制作工序，车间里有制茶师傅负责看管机器，偶尔会用手搅匀一下鲜叶，茶香在机器的交响声中成就。

❶ 茶园后正是高楼林立的重庆城
❷ 很有年代感的审评盘

茶厂后就是茶山，茶园不远处就可望见高楼耸立的山城，雾气中更显见时代匆忙的脚步。永川秀芽环山种植，一眼望去，层层叠叠。修剪方正的茶园，管理较多。早期的茶园还有大石块垒起的护坡，可以防止水土流失。土层上散落着枯草，似乎冬天还未结束，茶树茁壮的芽却已经很有生命力了。茶园的茶树品种多为蜀永系，在茶园外围，还可以看到一些大叶种，这是早期从云南移种来的品种，主干已经长得很粗壮，只是由于常年修剪，茶树并不高大。

茶山的采茶工几乎多是六十多岁的阿姨，带着塑料脸盆在采摘，一天也采不了太多，人工成本是茶行业面临的大问题。

因为有重庆爱茶人的拥护，永川秀芽依旧在这片土地上、在初春的一丝冷意里顽强地吐露碧翠。不远处的雾都，高楼林立，长江奔涌。时代不停流转，茶味愈显珍贵。

❶ 炒青后稍微摊凉
❷ 在竹匾中进行揉捻
❸ 摊晾后从运输带即将交付杀青的鲜叶
❹ 外形讲究细圆紧直的永川秀芽

重庆

湖北

古老的恩施蒸青玉露

311

古老的恩施
蒸青玉露

唐宋至明的茶文化发展脉络，都在充满意蕴的蒸青茶的煎煮点瀹中高歌低吟。明朝中晚期，炒青茶成为舞台的主角，高扬的香气成为人们的审美意趣，蒸青茶渐被人遗忘。但在茶文化历史长河里，蒸青茶踏歌之余音袅袅，我们还可以在湖北恩施，去探寻蒸青茶留下的一脉余晖。

山间的雾气与清晨街道的油茶香，是恩施给人的难忘印记，一边是繁闹的街市，另一边是脱俗的清气，就这么没有任何违和感地交织在一起。清明之前来到这里访茶，从花草的蓬勃乃至空气的味道中都能领略季节的生机。

恩施，全称恩施土家族苗族自治州。蒸青玉露的主产区在芭蕉侗族乡等地，地处武陵山区腹地，多见峡谷。此处土壤肥沃，冬无严寒，夏无酷暑，是历史悠远的茶乡。成为国家非物质文化遗产的恩施傩戏，神秘的面具似乎具备古老的力量，每当祭茶祖时，都更能让人沉浸于古老的遐想中。

峡谷中的茶园

湖北

当下的恩施是一块充满活力、生活气息浓厚的福地。拥有经典的蒸青茶符号，人们在茶文化发展的浪潮中发力，大大小小的蒸青玉露茶厂荷载梦想与希望，茶园面积也迅速扩张。寻访恩施玉露，除了历史主产区芭蕉乡，还可以前往东郊的五峰山及大峡谷下的屯堡乡。

高山气质 传千年

恩施玉露虽然沿袭了千年蒸青的工艺，但其本身的历史并不算早，八十多年前，才由炒青改为蒸青。

恩施玉露前身或源于"恩施玉绿"。据传，清朝康熙年间，恩施芭蕉乡黄连溪有一位蓝姓茶商，他亲制的茶因外形紧圆挺直，色绿如玉，遂称为"恩施玉绿"。到了1936年，湖北省民生公司的杨润之，在恩施玉绿的基础上，改锅炒杀青为蒸青，茶的色泽更绿、滋味鲜爽甘美，故改名为"恩施玉露"。算起来，有八十余年的历史了。1945年起，恩施玉露外销日本，从此名扬于世。

蒸青茶有它特有的味道，香气虽不张扬，但滋味隽永，茶汤中带有类似于海苔一样的气息，不染烟火气。或许为了与现代人的口感审美相匹配，恩施玉露除了沿用历史上的蒸汽杀青工艺，更加注重茶叶的外形与香气。尤其最后阶段，要在烘灶台上长时搓揉，以成就外形与香气，其过程繁复而艰辛。

恩施的大峡谷，鬼斧神工。在千米高山里，这些茶园成为人们的希望。峡谷下满是色彩黄亮的油菜花田，与绿色的茶园交错，像百衲衣一般铺陈在大峡谷间。清晨山间的雾气时淡时浓，可供入画，三月的玉兰花在茶园边怒放，生机勃勃。

田间采茶者多为妇人，手势娴熟。她们将自家茶园的鲜叶提供给附近的茶厂，由茶厂统一制作销售，每年收入还算稳定。恩施玉露茶有其特点，只要市场销售通道不成问题，产业的发展就会比较快。各地的茶厂多有自己的基地，以保证足够的产量面对市场。

时节正忙碌，对于茶农而言，正是一季的希望。恩施玉露采自很多品种，有"龙井43号"、"福云6号"还有其他良种和群体种等。茶农认为，新品种虽然产量高，但有些不耐泡。

品质高的恩施玉露，需要高山天然的本质，对种植管理也一定有它的要求。如果只是工艺到位，还不能体现其清甘隽永的魅力。人们对茶园的管理也有不同

蒸汽杀青后的茶，外形更显碧翠

使用烘灶台理条并烘干茶叶

紫红的玉兰在茶园边怒放

峡谷下，茶园色彩丰富

的理念，有人勤快地锄草、修剪、打药，也有人特意留顶蓄养，有机茶园的管理则需要付出更多的汗水。

　　蒸青茶能够保留更多茶的本真滋味，来恩施前几年，我也曾在云南的古茶山、浙江的径山、四川的蒙顶山等地，尝试做过小份的蒸青茶。屯堡大峡谷林间，正好还留着一些荒野的茶。为了解它的滋味，我也采摘了二三两芽叶，以简陋工具蒸青后烘干，虽未达到外形的要求，却因为蒸气杀青比较透，喝起来却也颇带山野气和海苔味，清甘鲜爽。

　　看过诸多产区，更觉得好的手工工艺更有赖于天然没有污染的茶叶内质，否则"手工"就会成为"概念"茶品而不长久。与中国所有茶乡一样，我们需要面对茶的"健康"这个最核心的诉求，有好的土地，才有美好明天。

恩施玉露追求茶绿、汤绿、叶底绿的"三绿"特点，更要求紧细圆直的漂亮外表，所以对采制与后期制作的要求很严格，所采摘的芽叶须细嫩、匀齐，制好的茶叶才能匀齐挺直，状如松针。恩施玉露一投入水中便迅速下沉，茶汤显绿、清澈明亮，更能在滋味上体现甘醇，叶底色绿如玉。

蒸青玉露虽然滋味溶解慢，却耐泡。在恩施，也有人制作烘青，原料不求细嫩，茶叶香高，多作为中低端产品。

工艺讲究『铲毛火』

在茶厂，我们看到蒸青茶的制作流程。为了保留蒸青茶的鲜绿，要及时扇干水汽，为了外形与香气，在"铲毛火"的工艺上尤其讲究。

恩施玉露的传统加工工艺为：蒸青、扇干水汽、铲头毛火、揉捻、铲二毛火、整形上光（手法为：搂、搓、端、扎）、拣选等七大步骤。

蒸青除了使用蒸青机外，有时也会使用手工锅蒸，锅灶上木制的箅子层叠，蒸汽通过细筛孔来杀青鲜叶，手工茶多属于高端定制的产品。蒸汽杀青在短时内完成，但能把茶叶杀得更透。蒸汽杀青保留了较多的叶绿素、蛋白质和氨基酸。

恩施玉露也更加注重蒸青后的工序，比如，蒸青后的扇干水汽，得以骤降叶温，也使茶叶更显绿润。

然后进入铲头毛火的阶段，铲头毛火又叫抖水汽，系将扇干水的茶叶放在120～150℃的水泥焙炉上进行，要求进一步蒸发水分，并达到叶色油绿，手握不黏，亦不成团的程度。铲时两掌微弯曲，掌心相对，将茶叶如捧球一样，左右来回推揉翻动。

制茶师的手掌像铲子般，铲头毛火、搓茶，精品的恩施玉露就在这一步步的辛劳中呈现。

揉捻与其他茶类一样，目的在于卷紧条索，为形成玉露茶紧、细、圆、直、光的外形奠定基础，唯程度较其他茶类略轻，其手法分为"巡转揉"和"对揉"。

揉捻后还需要铲二毛火，以继续蒸发水分，初步整理茶叶形状。用铲的手法完成，手法与头毛火相同，唯活动更为敏捷，扫叶更勤。

烘灶上搂搓端扎的艰辛　　　　　　　　整形上光，形成玉露茶的紧圆直滑

后面整形上光工艺更为关键，此又称"搓条上光"，是形成玉露紧细、圆整、挺直、光滑的关键一步。要体现恩施玉露紧细圆直的松针般的外形，就在这一个多小时的搂、搓、端、扎之间将艰辛化为茶香。

在高温的水泥茶灶台上，不到两斤的茶要铲搓一个多小时，制茶师每个茶季都要重复这些枯燥而艰辛的劳作，汗水湿透了蓝色工作服，手上起了厚茧和水泡。即使是站在灶台边，都能感受到烘炉的热量，禁不住流汗，对于整日工作于灶边的人而言，更是件常人难以忍受的作业。

徐凌是茶厂的制茶师，他因为纪录片《一片茶叶的故事》而闻名。在他寂静的世界里，认为"茶是有声音的"。还有其他几个制茶师傅和他一样，也是聋哑人，看起来比别人更为专注，或许在他们的世界里，有我们做不到的专注倾听与忍耐力。

我却固执地认为，过于追求手工造就紧、细、圆、直的造型，并没有太大的意义，好茶更重要的阶段应在种植与茶园管理的抉择与呵护上。

蒸青茶在日本、韩国都还是很传统的茶，在中国也渐渐有更多人寻求它的滋味。只不过，随着时光的流逝，从《茶经》中"蒸之、拍之、捣之、焙之"的规矩与龙团凤饼的奢华渐渐演化，到今天，我们只能依稀在恩施玉露的海苔气息中，窥见历史的幽幽辉光。今天我们还能喝到这款茶，更多依赖于这片土地，与土地上勤劳质朴的人们。

湖北

西藏

林芝天路寻茶之旅

317

林芝天路
寻茶之旅

仙境般的西藏林芝，是我多年神往的地方。这里有中国最高海拔以及最西区位的茶，生长于海拔两千多米的高原上。

2013 年 9 月，因为险峻的川藏线上通麦大桥已断，我们的车子只能从"通天之路"的青藏线进藏。经过五天的穿越，从广阔草原到无人的盐碱地，从神仙居住的巍巍昆仑山口到可可西里再到唐古拉山口，终于到达圣城拉萨，高原反应也稍稍放轻，不至于气喘头晕。一路风景，让人觉得身在天堂。

从拉萨往林芝走，更仿佛进入江南，一路秀美青翠，其间松杉层密，花草繁茂，牛羊成群，已似仙境。

虽才初秋，清晨凝聚云雾的林芝却也清冷得很。茶场位于林芝地区波密县的易贡乡，路上须经过南迦巴瓦神山。在雅鲁藏布大峡谷，松柏挂着绿箩地衣，似童话一般美丽。号称东方"阿尔卑斯"的鲁朗镇，空气清冽，山谷的木屋错落于五彩的草地间，立于静静的雪山之前。

去的时候正是雨季，我们碰到了塌方和泥石流，虽然是国道，有些地方仅能容一辆车子通过，路旁是奔腾翻滚的大河。路遇塌方，落石不断，时有碎石纷纷滑落，为了能够到达茶园，我们只能一同搬运堵在路上的落石，几经努力，才得以重新踏上行程。直到傍晚，我们才到达易贡茶场。三天后，回程亦遇上塌方，因落石巨大，只能徒步走过塌方处换乘私人面包车离开。

这是一片神奇的峡谷，易贡藏布河时而柔美，时而咆哮。当一眼看到茶树时，会忍不住兴奋地喊出声来。试想，在历经艰苦的行程后，在极目自然的伟岸与秀美，看到雪山与千年古柏交相映衬时，那些期待已久的绿色精灵，在视野里蓦然出现，该是怎样的一种欢喜。

❶ 秘境高原上的茶园
❷ 易贡茶园，隐藏于深密的雪山之间

易贡农场的茶园

易贡农场的茶园分为三队，依次从一队、二队、三队进去，每一片茶园都堪称最美的茶园。云雾犹如仙女的面纱，轻罩山峰，或轻轻一抹围绕山腰，似隐还现。而山脚的茶园四季清新，吐着天地哺育的绿。雪山融化的雪水汇成溪流，在山林间淙淙有声。易贡河缓缓流淌，牛羊于路旁自在漫步。

这里的冬天也不是特别冷，至少在山下的茶园不存在霜冻期，雪也不会直接下到茶园里。这里时常还会有熊、獐子、野猪出现。雪山上有虫草，刚挖出来的虫草眼睛还是红亮的，一晒干，就带着很浓的腥味。

易贡湖安静柔美，2010 年的时候，这里发生过一次特大泥石流，形成了堰塞湖。据说当时还毁了不少茶园，没想到，后来形成的易贡湖与湿地更加漂亮。湖水滋润茶树成长，在异常湿润的雨季，茶园翠色欲滴。

如果是五月份，日照金山的美景不输于平原地区的三月芳菲，当茶芽萌出，翠色无限的易贡便似人间天堂。在茶场负责制作工艺的老牟感慨："像世外桃源一样，真好，真的不愿意离开这儿。"

随着茶场的辜总一块，我们分两天依次走访了三个队的茶园。一队的茶园离

❶ 茶园还存留着 20 世纪 60 年代
的茶树
❷ 茶园多群体种，也可见紫芽

外界最近，也就是我们来时碰到的茶园。这里还存留着 20
世纪 60 年代的茶树，就生长在公路旁，因为没有修剪，长
到两人多高，主干如盖碗一般粗，布满青苔，枝叶繁茂。公
路两旁的茶园，杂木相间，花草俱美，多雨露滋润，四季青
翠欲滴，令人流连忘返。

　　二队的茶园离茶场近，园间多果树，花椒香得沁人，梨
子与苹果、油桃都异常清甜。那溪水源自是雪山融化的雪
水，终年不歇，滋润茶树。铁山就在面前，是有名的藏刀产
地，也是这里的聚宝盆，世代守护着人们。

　　到三队的茶园需经过广阔的易贡湖。易贡湖水的蓝，把
人们心事与愿望深深藏在其间。清冷的空气，湖泊水草肥
美，枯枝静躺在湖边，红豆杉与柳树更显深翠。岩石垒起围
墙，木梯架于其上，牛羊在茶园漫步，看千年不化的雪山，
经幡挂于高山，深翠无际的茶园在芳草碧树之间。在白云流
水之际，时而风雨密覆，时而晴光艳阳。

最早的茶厂是由军垦农场发展起来的。约从五十年前开始，这里就慢慢有了种植规模，最老的茶树现在已经有两三人高了。主干完全被苔藓环绕覆盖，芽叶犹带兰花香。

茶厂现在仍旧有职工四百多人，大家一起出工，采茶时都还在传统地记工分，而茶则由雪域高原公司负责经营。今年他们的目标是把红茶做得更好，现在除了绿茶之外，还会生产黑茶和红茶。

这里的绿茶唤作"林芝春绿"和"林芝云雾"。黑茶也就是"最正宗的藏茶"了。一般的藏茶多指销往西藏地区的茶叶，一般为湖南、四川、广西等地所产，而林芝的"藏茶"，可谓实至名归，既在西藏林芝生产，又在西藏销售。因为品质上佳，滋味醇美，其价格是外面藏茶的十多倍，还往往供不应求。

这里的鲜叶更适合制作红茶，因为内质好，滋味就异常醇厚，即使制成绿茶也能冲泡七八道，制成红茶更可以冲泡十道以上。

老牟给我们介绍，因为高原上的茶发芽要晚一些，一般要到四月中旬才开始制作。这样的茶想必蛰伏着很大的能量。到了五月，正好采摘一芽一叶，制作绿茶或者红茶。到了九月后，修剪的茶枝适宜用来制作黑茶，他们称为"大茶"。即使是"大茶"，也仍然品质超群，喝起来特别清甜。

茶厂里所有的茶都是用柴火杀青的，或许因为这个原因，茶喝起来更具高香。经过多年的积累，茶厂也已经通过了 QS 认证和有机认证，整个厂区规范有序，厂房也特别洁净漂亮。林芝的茶在北京等大城市很有影响力，茶厂准备在包装上再做点创新。

正在挑拣茶叶的工人

自然造化
云雾味

这是少有的可以看到有云雾升腾的厂区。在安静的下午，我们品鉴了五款林芝茶，分别是林芝春绿、林芝云雾、红茶、细红茶、黑茶。

林芝茶的共性是清甜，八月份制作的黑茶和红茶虽然粗老了一些，却很好喝，入口滑细，茶味醇厚甘甜。

最先品饮的是林芝春绿，条索卷曲，深绿，微带白霜，有点像江浙一带常见的绿茶。细闻，入鼻香醇，带着茶氨酸特有的鲜美气息，茶香让人知道，这是不一般的茶。这里烧开的水，也只有92℃左右。林芝春绿可以用90℃的水温冲泡，汤色黄绿明亮，茶汤毫显，轻啜一口，醇和有余，幽细清甜，鲜美异于常茶。

这里最好的绿茶称为"云雾仙茶"，以芽头制成的干茶扁平黄绿，匀净显毫。冲泡之后，只觉茶汤清香幽细，水路细滑醇和，有高山气韵，丝丝清甜，回甘迅速。

❶ 云雾仙茶
❷ 云雾仙茶的叶底

红茶制于八月，乌黑油润，外形卷曲带梗。刚烧开的水温度高一些，可以把茶的底质最好地发挥出来。其滋味香甜细滑，在茶汤中沉浸着密实的花香，回甘很快，只觉得甜美可人，清活异常。此茶能冲泡八道以上，与我喝过的古树滇红颇有些相似。两者在底质上都很甜润，清活回甘。八月制作的林芝红茶稍欠醇厚，茶味却也细腻，茶汤中满是高山云雾的清幽之气。

再试喝春茶芽头制成的红茶，外形更为乌黑油润，金毫显露，让人一看就觉得珍惜。冲泡之后，茶汤深红透亮，滋味甜细醇滑，香韵留于口腔。每饮一口，都很感怀。在这几款茶当中，这款茶最讨人喜欢。

已经喝得很多了，却还是贪杯，最后品试的是黑茶天尖。经过近一个月渥堆的黑茶天尖，外形褐黄，卷曲带梗，其貌不扬，闻起却有麦芽的甜香，略带一丝火香。以高温水冲注，汤色橙黄油亮。饮之清甜甘香，苦涩味浅，浓厚的醇和气息正是黑茶的迷人之处。与八月制成的红茶一样，在茶汤中略带有一丝独特的咸味，估计下次再碰到也一定认得出来，我想这或许是微量的矿物成分对茶汤造成的影响。这也正是林芝茶的独特之处，生态极好，一切来自于自然造化。

饮完这些茶，大家都觉得异常饱足，路途的辛苦疲乏已然不见。窗外的易贡河仍旧云雾迷离，一时不知身在何处。

红茶外形乌黑油润

红茶汤色深红透亮

黑茶天尖卷曲带梗

黑茶汤色橙红油亮

陕西

午子山间有仙毫

324

午子山间有仙毫

至少在秦汉之时，陕西就有茶的芬芳了。秦岭山南，大巴山之北，午子茶的甘醇也流淌千年了。

午子仙毫之名，与道家有着不解的缘分。这种茶原产于陕西省西乡县南道教圣地午子山，因山而得茶名。西乡县隶属汉中市，汉中因地处"汉水之中"而得名，历史上曾有"男废耕，女废织，其民昼夜制茶不休之举"的记载。据《明史食货志》记载，西乡在明初是朝廷"以茶易马"的主要集散地之一。

早些年喝到午子仙毫，之后念念不忘想要到茶区走一走。2017 年，我从陇南前往汉中，恰巧是谷雨时节。

西乡县城的商贸亦发达。我在一家茶店里喝到了新制的午子仙毫。泡在玻璃杯中的午子仙毫外形扁平，色泽翠绿，叶底芽叶匀嫩，滋味浓而回甘快。老板称，他们家的茶园位于峡口乡，早春还下了一场雪，中途又经历下雨、打霜等气候，虽然海拔不算高，但开采仍旧比往年晚了，直到 3 月 15 日才开园，单芽采到了 24 日。因为采摘量减少，所以成本骤增。

2005 年，汉中市政府曾启动茶叶品牌整合工作，将茶叶品牌由最初的二十多个整合到"午子仙毫""定军茗眉""宁强雀舌"等三个品牌。2007 年底，汉中市政府又在申请地理标志产品保护工作时，将当地茶叶品牌整合为"汉中仙毫"一个品牌。所以现在看到的午子仙毫茶，外包装上都写着"汉中仙毫"。

西乡县峡口乡，距离县城二十多公里，和我们熟悉的很多茶山一样，峡口乡

❶ 植被繁茂的午子山茶场
❷ 早春外形扁平翠绿的午子仙毫

的江塝茶园，因为统一修剪与茶地规划，给人以整齐有序的感觉。位于牧马河上游的江塝被誉为"峡南第一村"，有三千四百亩茶园。这是午子仙毫的重要产区，全村除了两户人家外，五百多户都在种茶、采茶。茶青基本交由当地茶厂制成仙毫及炒青等品级。

远处桃花，近处松杉，纵横交错，高山坡地都种植着茶叶，看起来产业发展很快。这里的茶叶品种主要有"平阳特早""龙井43号""龙井长叶"等。村里的茶叶公司投入上千万的生产线，正在加紧春茶的生产，烧旺的炉火与摊晾的鲜叶，记账、收青、一派火热。这条绿茶生产线据说最高可日产1000公斤干茶。全自动化茶叶清洁生产线，仅需一至两个技术人员在操作室进行智能操作，便可使生产线正常运转，进行大宗茶和名优茶的生产。

午子仙毫是知名绿茶，在绿茶中滋味称得上醇和了。而当地的老茶客还多喜欢滋味重的一芽一二叶的炒青。带我们来江塝的梁老师为我们介绍，他们也会采夏秋茶，产量不小，手采的制成绿茶，机采的则用于制作茯茶。

此处的白岩山，最高海拔1500多米，大山如屏障，形如卧狮，在半山上还有一家有机茶厂。2017年气候反常，他们因为高山上气温低，晚了十天才开采。而他们的单芽午子仙毫有机茶，市场价每斤也就一千多元。采摘成本高，除草成本高，税费高，市价又没法提高，是很多有机茶共同的难题。

❶ 江塝茗园的景观
❷ 茶园里的采茶人

白岩山下的江塝茶园

  五百四十多亩的有机茶园种植于 860 米海拔的高山之上，常年云雾。茶园品种多为 20 世纪 70 年代留下来的本地群体种，又称紫阳种，适合高山茶园，滋味清甘。为保证有机茶的品质，茶厂年年采用人工除草，每一次都要请二十多人拔草，草长得快，一年要持续几轮，又用谷壳铺埋在茶园里，压草，保墒，还用了太阳能等物理防虫法，对茶园进行有机管理，每年需要花费三四十万元。

  除草是茶园管理中的难题，用时下的化学药剂，成本只需要现在的百分之一，但在土壤中的分解需要十余年。很少有人能抵抗得住成本的压力。看过那么多茶园后的感慨是，只要茶干净，土壤无毒害、可持续，就是这个时代的幸事了。

  西乡人的货品很实在，但生意做得并不好。2012 年，茶厂做了款茯砖，据说"非常好喝"，也是泾渭茯茶系的经典，最后余货不多时才随市场新兴的热度，卖了个高价。除了茯茶，他们还是第一家尝试用绿茶的原料制作白茶的茶厂。在清甜的白茶茶汤里，能够感受到他们真正在实施有机种植管理的用心。

  同许多地区一样，原本做绿茶的茶厂也会开始做红茶、白茶、黑毛茶，本来茶叶需要根据酚氨比来确定适制哪一类茶，但今天茶类泛化有多重现实原因。

  了解午子仙毫，就要到午子仙毫的原产地——午子山。始建于 1976 年的午子山茶场，位于道教圣地午子山东坡，茶园间的白皮松是稀有植物，此山自有灵气。

  陕西汉南茶业有限公司是一家老茶场，有约三分之一的茶园（500 亩）获得有机产品认证。山体植被茂密，位于海拔 500～900 米的茶园，土壤为透气性良好的沙质土。据公司人员介绍，因为山高，他们今年三月下旬至四月初，才开始采单芽，之后一芽一叶，五月底停采，冬季则修剪茶园。除了绿茶，他们也会生产一部分红茶，夏天的茶照例机采后拿去做成黑茶。

茶园天光一色，往下望去，苍翠的茶园似在云海之间，令人心情舒旷。茶园也作为旅游景观，并配有食宿服务。

绿茶是中国产量最多、产区最广的茶类，每一地的绿茶都有独特滋味，很多优质绿茶的销售多局限于当地，也多面临茶园管理、成本与品质的种种考验。午子仙毫的市场格局也处于激烈的竞争之中，当产业快速发展，有人满怀希望，有人坚定前行。

好茶本来不易，它需要有清净、芳香的本质。午子寓意阴阳之道，诚愿秦岭山下的仙毫能滋养更多的人。

机械化的生产车间

甘肃

陇上江南・北国茶乡

329

陇上江南，北国茶乡

很多人不知道甘肃也产茶，甘肃给人的印象似乎还停留在"春风不度玉门关"的戈壁风沙里。但甘肃有陇南，所谓"陇南"，既是陇之南，亦是"陇上江南"。既称"江南"，春天里就有满满的茶香。

陇南的茶主产于文县的碧口镇、武都区裕河镇、康县的阳坝镇等地，我的寻访之路，会依次到达这些至北纬度的茶区。

碧口古镇的茶味

陇南离成都近，往陇南的路，历史上原是"难于上青天"的蜀山古道，如今已成通途。从成都启程，沿途经过江油、剑阁、广元，这曾是天子与诗人的故乡。傍晚时分，驶至"峥嵘而崔嵬"的剑门关，高山上正是霞光万丈。

天黑时方抵达陇南的碧口镇，所谓"碧口不像甘"，碧口更像是四川的古镇，镇上海拔600米以上，算是甘肃的平原了。其实，碧口镇是甘肃有名的"四大古镇"之一，历史上有金矿与发达的水路，商业一度极为繁荣。商船在此沿白龙江入嘉陵江，可直达重庆，甘肃、青海以及四川松潘等地的药材、土特产从此运出，而西南各省、江浙一带的日用品由此进入甘、青及川西北。民国时期，碧口成了商品的集散地，当年商贾云集，有四川、江西、陕西各省会馆、药材行栈林立，人称"小上海"。

每年的四月，正值碧口镇的旅游文化节。夜晚时分，江面有璀璨的光影灯景。陇南的友人泽文兄，带我夜行白龙江边，讲述昔日碧口古镇的繁华旧事。

有山有水的碧口，每到夏天都会吸引很多四川人前来旅游，这里就成了避暑胜地。在这里，自然会与四川的茶产生连接，就像这里的麻辣饮食一样。在当年建在碧口的四川会馆，茶是离不开的生活用品，是他们将茶味传递至更多阶层的人群吗？还是因为紧张忙碌的商旅之中，谁也离不开这样的清味滋养？

碧口离藏区近，茶马古道经过这里，商旅旧事，一碗茶怎么也说不完。"金山金矿"，更意味着土壤里生长的茶也有着特别厚醇的滋味。

外形颇似龙井的扁平绿茶，被称为"碧口炒青"。从茶名看，此地民风依然质朴。政府在发展当地的网店，古街规划齐整，人们期待着古镇再度繁荣。

第二日，我们一行前往碧口"很老"的马家山龙池茶产区。所谓"很老"，也就是五十多年前的事，但这也正是碧口大面积植茶的时间点。碧口乡马家山的石龙沟，有龙池，有春色。甘肃的"江南"，颇与西藏林芝相似，只是没有林芝的雪山，但高山细柔的风与湿润的气候，使茶园具备了天然的优势。银杏树下透来的清丽阳光，与江南一样碧绿翠透的柳叶，茶园间的角亭静立在湖泊之上，会让人误把此地当成江南。只是陇南的冬天还依旧要下雪，有雪的地方，茶园的虫害就少。

马家山，四月的春光未老。采茶工正在美丽的茶园里忙碌，采茶大姐多来自周边的县乡。据村里的马书记介绍，这里的茶树多种植于 20 世纪六七十年代，茶园里的茶树品种以鸠坑种为主，这些年，"龙井 43 号"和"黄金芽"也占了一定分量。新品种的"黄金芽"和"龙井 43号"在市场上能卖出更高的价格。头采的"黄金芽"，最高能卖到四五千元一斤，这类茶外形好看，又具备上市早、产量稀少的优势。

碧口镇建有甘肃茶博物馆，这算是很奢侈的配套设施了。其实那些古老的茶树，一百多年前

碧口，阳光下的美丽茶园

色彩绚丽，建于半世纪前的碧口龙池茶园

就在碧口的李子坝存在了，只是数量太稀少。博物馆里的老照片，记录下了当年的茶农在自家土坯房前，用铁锅炒茶后，又在竹篾上揉捻的制茶场景。

那么李子坝是一定要去的了。它与马家山同样属于碧口乡，本来两地相距甚近，只是因为近来修路，就要绕道四川青川县，多走了几十公里，并且还"跨了省"。路过青川县，沿途也可见不少茶园。

在李子坝，新中国成立前这里只有零星百余株的茶树，也就是这里最老的茶树了。从20世纪50年代开始，碧口开始发展茶园，时至今日，也有上万亩茶园了。

在甘肃白水江自然保护区，生态条件一流，流水轻缓，植被原始。李子坝的农家，屋后都种满了茶。这里的茶树品种有鸠坑种、乌牛早、龙井43号、龙井长叶、黄金芽、福鼎大白、川茶群体种等。工艺上采取蒸烘结合再理条提香等程序，既生产扁平茶，又有毛尖、毛峰、炒青等茶品。李子坝优异的自然生态与气候让茶味比他方更为厚醇。

李子坝今春最贵的单芽绿茶能卖三四千元一斤，早春芽因为量少而价高，但这种茶价已经超过很多省份的顶级绿茶价格了。

❶ 在白水江自然保护区内的李子坝茶园
❷ 碧口的茶厂

那片百年老茶树又在哪里呢？问询后，我们来到这一块值得纪念的茶地。实际上，这些百年的茶树并未成园，却连成一排植于李子坝的山下田埂之上。苍老却还生机蓬勃的老茶树向上争取阳光，已经长到两人多高，显然有些年疏于管理了。

茶园主人是五十来岁的杨姓茶农，他称自己小时候经常爬上那些茶树玩耍，当年矮化之前，茶树都有三四米高了，这几年又长很高了，没有空打理。摘几枚茶芽，嚼后回甘持久强烈。这些茶树上的茶也有着特别好的味道，韵味深长。

李子坝的茶树将陇南种茶的历史又往前推进了。

武都裕河，大山茶厚味

这些年，陇南的公路更加便捷，从碧口镇到陇南市武都区，随着旅游开发，也形成了自己的公路快捷通道。武都的茶，其产区主要在裕河。

年轻的武都裕河镇党委书记张治，清华大学博士毕业，他有很多想法，希望借助茶和旅游业，让人们可以更加富足。也因为此，这里的人们，对茶寄托着更多的情感。

裕河的黄昏极美，大山苍莽翠透。夕阳下，一望无余的群山如画，公路蜿蜒伸向远方。裕河盛产蜂蜜、红枣等各式珍贵的农产品，一流的生态和茶是他们的优势资源。傍晚的村庄，是安静而放松的空间。大山里也深藏着许多故事，据说有太平天国的残余部队留在这里，以至现在都还留着八抬大轿娶男郎的种种习俗。

乡镇的周围就有很多茶园，山里的茶树也没有过多管理，以群体种为主。与碧口茶相比，裕河的茶价并不高，也因此，将来的市场的潜力会更大。

裕河的茶农正在炒制卷曲的绿茶，其工艺与四川的蒙顶甘露类似，采的是一芽一叶初展的原料。茶农骑着摩托车，车灯在暗夜里划开口子，陆续将当天所采的鲜叶运到合作的茶作坊。鲜叶稍微摊青后，进入手工炒青。裕河地处山区，除了有福建人过来制作红茶外，多数鲜叶用来制作绿茶，这里还保留着手工炒制的传统。炒茶的火温极高，戴着手套还是能感受到铁锅里散发出的热量，在这样的夜晚，阵阵茶香令人陶醉。绿茶的炒制看似简单，但要炒出香气和滋味并不容易，二炒二揉，炒揉结合，手法到位，才能香形俱美。炒过几锅茶，夜已深，山间的星空已经非常明亮了。

第二天一早，我们上山寻访那些古老的茶园。

原生态的茶园，自然山高路陡，溪流阡陌，植被茂密，这是要徒步两个多小时才能到达的八湖沟

以柴火斜式炒锅炒制绿茶

裕河镇的夜晚，人们正在手工炒制绿茶

方家坝。山间有成片20世纪六七十年代遗下的老茶园，因路远、成本高，茶树多已抛荒，但香高味重。

沿途石滩上，花朵开在水中。据领队的罗林郭副镇长介绍，深山老林生态一流，野生动物也多，一次他还偶遇山中的黑熊，那熊正爬到板栗树上偷吃板栗呢。山里有各式中药草，这个季节随处都可以挖到黄连，山里也种植着珍贵的天麻。

两个多小时后，已近山顶，山路转为低缓，到达一片老茶园，茶树有三四米高，人们正在采茶。这是八湖沟方家坝当年的农场，正像中国大多数地方一样，人事随时光变迁，农场不在了，但茶园仍旧有上千亩，任由当地茶农采摘。

茶园一片连着一片，藤蔓缠绕上了老茶树。也许有一天，有人会意识到茶山潜在的价值。这个叫八湖沟的地方，完全在大山的怀抱里。八湖沟下的村庄里，人们习惯在这个季节与茶相伴，安静的山间岁月，也是浓浓的茶味。

离开裕河之前，张治书记与我们一道品鉴各式茶叶，他相信，这里优质茶与市场营销相结合，一定能够让更多人受益。保持最好的生态，也就有最大的潜力。茶虽然未必是当地最大的产业，却因为有茶，留下一流的植被与山林风光。裕河的制茶师们对茶工艺孜孜不断地追求也给我们留下很深的印象。

❶ 裕河镇深山里的大片茶园
❷ 山间采茶人

康县的
古道新风

离开碧口和裕河，接下来就到康县。据说在康县喊一声，甘、陕、川三个省的人都可以听得到。

康县的望子关是茶马古道重要节点，是"茶马贩通番捷路"。石碑雕刻着茶马贩通的相关文字，留下了斑驳的陇南茶乡旧事。

康县茶产业办的主任早早来等我们，带我们去看阳坝的茶园，这里的茶树多种于 20 世纪 70 年代末期，90 年代曾大规模推广种茶，品种有鸠坑种、有龙井 43 号，还有平阳特早、紫阳茶，甚至还种过铁观音。

阳坝的几家茶企引进了全自动化的绿茶生产线，价值四百多万元的生产设备，以生产条形绿茶为主。在康县，似乎有更多茶企意识到用漂亮包装与文化来营销。春茶依旧好销，以制作绿茶为主，慢慢也制作红茶。夏茶的鲜叶会被收购到陕西，用于制作茯砖。

康县还依旧是有雪之地，茶树到了冬天就要休眠。哪怕是夏天，这里的夜晚也是要盖被子的。阳坝也有不少小茶企和作坊，除了制茶，他们还会晒制和销售天麻，开食品店、酒店。

阳坝的山间，阳光从树影透下，照在宽阔的茶园里。北国的茶乡，这是最美的景色了。

离开陇南，已是冷夜，因为有友谊，有茶香，便觉得温暖起来。数十年来，从陇南源源不断散发的茶香，传至兰州，远播至他乡，在大山下的"江南"，更能看到春色与坚韧的希望。

康县，茶山旁的溪涧

康县阳坝的茶山

河南

晚春信阳，
毛尖厚味

桃红絮飞烟笼江南之时，北方却还是隐隐约约的绿，而中原大地的河山，春天虽晚，却也不失隆重，杜鹃火红，山野滴翠。河南信阳大山的水潭幽深，人们用竹把来炒茶，大山里的毛尖茶，有着甘醇的花香与栗香。

接近谷雨，正是信阳毛尖最忙碌的茶季。看大别山的山体，白色的块岩裸露，桐花怒放在纯蓝的天空下。

同出大别山脉产区的信阳毛尖和六安瓜片有很多相似的地方，相似的大山、土壤、植被，工艺也是分生锅和熟锅，用茶把（竹制，与扫帚类似，帚端圆形，专门用于炒茶）炒制，最后又有二到三次的炭火烘干。紧秀圆直、光润显毫、叶厚味浓的信阳毛尖，从古至今都是一款名茶。

这片茶区有着深厚的历史，文字记载从唐至今。但今天，很多人已经不太了解过往的那些事情了。陆羽时，信阳还是淮南茶区，《茶经》中谓："淮南茶、信阳第一。"清末，信阳毛尖也曾获得巴拿马金奖，人们常说的"十大名茶"中也有它的名字。

寻访信阳毛尖，就要从"五云两潭一寨"谈起，这是毛尖茶著名的产区，其中"两潭"指的就是黑龙潭、白龙潭。"一寨"指的是何家寨。而"五云"特指车云山、集云山、云雾山、天云山和连云山，其中最有名的是车云山，这是信阳毛尖的发源地。

车云山，属于浉河区董家河镇，古称"仰天窝"，古人因山间风云翻动，形似车轮而名车云山。车云山高旷静谧、风生云起，是信阳毛尖重要的原产地，老天爷给了他们很珍贵的礼物。

今天的车云山，路途已经非常便利了，从市区约一个小时的车程就能到达山里。车云山的海拔约 690 米，山颇陡，却也都是水泥路了。

周家君是一位炒茶能手，炒茶的手艺算是代代相传，周家君的老父亲已经83岁了。"信阳毛尖叶厚、香高、味浓、耐冲泡"，谈到信阳毛尖，周家君带着浓重信阳口音的普通话里满是自豪。他们家的茶园甚多，每到茶季，很多信阳、郑州一带的茶客都要亲自前来买茶。

山上的采茶人

车云山顶的茶园离周家很近，爬坡十多分钟即可到达，周家君带我们去看茶园。茶园种植有当地群体种、祁门槠叶种、黄山种，也有前些年从福建引种的大白茶、大白毫等外来品种。当年因为大白茶的产量高，外形漂亮，近来却面临抗寒弱、滋味较薄等问题。此处海拔较高，这里的茶只采春茶，夏秋茶并不采摘。

登顶螺蛳卷山顶，山峦起伏，车云山村恰在大山的环抱中。极目四野，皆是波澜般起伏的茶山，村庄反被茶园包围，村庄多为红色的屋顶，小洋楼式的建筑，公路蜿蜒，通往外面的世界。这里与湖北随州接壤，离安徽的金寨亦近。

谈起工艺，周家君一股热情："车云山底蕴厚，有好多茶的历史故事，民国时就有很多茶的大户。当年的信阳毛尖还做过像西湖龙井一样扁平状的。"原来炒信阳毛尖，要用双手握小茶把炒制，特别累。民国初年，有一个叫吴彦远的年

车云山上的茶园风光

当地的群体种的芽叶更为细嫩，采摘较难

轻人，发现在生锅中炒制茶叶时，双手各握茶把久之疲劳难耐，反倒影响品质，遂改用单个大茶把，左右手重力互相交替，既减少了劳累，又有了意想不到的漂亮外形。此技艺为人效仿，称"握把炒"。后来，吴彦远在炒制过程中，又发现把茶叶撒开、甩出再炒，如此反复，炒出的茶条更加紧、直、色泽也变得鲜绿光润，此即后人所说的"理条"。信阳毛尖终成细、紧、圆、直的形状特点，这样的茶很好销，吴彦远的努力，使信阳毛尖成了今天的样子。

传统的手工信阳毛尖，讲究使用不同锅温的生锅、熟锅连炒，以竹制的茶把子炒制，加以手工理条，此阶段尤其费工。

午饭时分，采茶的妇女从车云山上归来，背上斜挎的二三十厘米宽的竹篓内仅铺了薄薄的一层茶叶，细嫩的一芽一叶初展，碧翠如玉，这是当地的"旱种"，也称群体性品种，芽头细秀短小，采摘极难。

周家君将人们上午采回来的茶叶先行分筛，通过筛眼分出细嫩程度。茶叶的等级就在这个阶段得以区分，芽头、一芽一叶、二芽二叶。然后通过扬场机的风力，分出实心芽、空心芽及老叶片末。

在车云山，信阳毛尖多使用半手工制作，即用机器带动竹把炒茶，并与手工理条相结合。

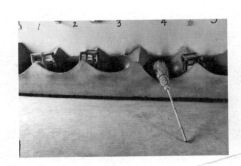

大竹把炒茶是信阳毛尖的一大特色

六口柴灶铁锅一字排开

熟锅内的手工抓条、甩条

筛分摊晾后的茶青，车云村的人们习惯使用柴火滚筒杀青机先进行第一道杀青，约三四分钟的短炒，炒成半熟，然后机器揉捻，使茶叶条索紧细。之后进入竹把炒茶理条的重要环节，现在一般使用电动竹把炒制。

炒茶的竹把有一米多长，与六安瓜片炒茶使用的短把芒花帚明显不同。经久使用的竹把顶部只剩下光溜溜的梗枝，蜷缩成一团。

竹茶把炒完茶，再进入熟锅炒制。在熟锅内将进一步揉紧条索，使之紧细。周家的六口柴灶铁锅一字排开，炒茶的小板凳早已被坐得锃亮。几位炒茶的老师傅手工炒茶时飞扬抖动，沙沙有声，锅温约80℃多，只见炒茶师傅们的手掌形成抓东西的虎口状，抓起锅中的茶叶稍握紧，手腕使劲，将手中茶叶从"虎口"甩出，撒开抛到茶锅上沿，茶条又自然顺着斜锅滚回锅心，如此反复，手工抓条、甩条，抛、撒、压、抖，每个细节都很考验功夫与耐力，七八分钟后，条索渐渐细紧、圆直、光润。

炒后的茶叶进入电力或炭火烘干程序，称为"打毛火"或初烘，以进一步使茶干燥，发扬茶香。

初烘后开始挑剔梗末。在周师傅家，这样的工作就会交给年轻些的女性，人们往往使用尖尖的镊子细心挑剔，挑拣枝梗、片末，因为信阳毛尖的芽头过于细紧，这样的活很费眼力。每到茶季，一家人都忙得不可开交，只有孩子们依旧没有拘束地在院子里玩耍嬉闹。

毛茶经挑剔后还需要炭火复烘，中间会间隔一天或三五天，等待回潮，以使茶味醇厚。人们选择果木炭或硬木炭，使用大铁铲，埋灰焙茶，焙窠与武夷山极相似，不过灶台更高，火力偏弱。

宽大的焙笼上薄摊着将要复烘的茶叶，茶叶上插着一张硬纸片，标注着这正是4月11日采的雪芽。烘茶的老师傅双手端起焙笼，又轻轻放下，为了不使茶叶烘焦，还不能离开，中间过程需要下烘翻匀，连续多次，烘时近两小时，烘至茶叶含水量约6%，才算完成。如果未经复烘，茶叶的青味就显得比较重、茶香轻飘、茶汤显涩不醇。

复烘过的茶再存放一周多，燥气就退了不少，这时候喝起来味道更好。

❶ 使用炭火烘干的信阳毛尖
❷ 最后以尖细的镊子挑剔梗末

河
南

信阳毛尖追求细嫩的芽，白毫显露，所以常会把芽与叶剔开，只取芽头或一芽一叶初展的鲜叶，制成高档茶，剩下的第三叶常做成价格低的普通茶。六安瓜片又只要叶，以前都"扳片去芽"。两个地方物流发达一点，或许可以叶换芽，不浪费，又各取所需。叶和芽哪个好喝呢？左右口味的也许还有市场的取向。

炒制完成的信阳毛尖香气浓郁，用小小的汤匙铲取少许投入玻璃杯中，只见茶毫浮沉，芽头挺立，黄绿浓郁的茶汤，有着经典的板栗香，饮一口，隽永甘醇的茶味长留喉间。

在信阳市区，还有一些乡镇可以看到夜半茶市，主要交易小产区的毛尖茶。这些年，市场上追求信阳毛尖紧细的芽头，也导致机制时揉捻较紧，有时候难免出现茶汤发浑的现象。

除了车云山，另一个必须要去的信阳毛尖产区，就是黑龙潭了。黑龙潭名气甚大，水潭甚深，山谷间紫藤花浓。

黑龙潭有三处潭水，峭壁陡立，山林峡峙。黑龙潭村的茶场，位于瀑布风景区的上游，规模都不大，基本上是半手工制茶，机械茶把几乎完全代替了人工，留下最后的熟锅理条和炭烘，还有些手工作业。

村子里，几乎户户都会摆上一个滚筒炒青机，相对简易的工艺使采制茶叶的门槛并不高，每户人家都有自己的茶园，茶农家的茶叶比市场上的茶叶更有产地的优势。于茶农而言，市场销售更是重大的课题，简单的滚筒炒青并不代表已经掌握财富的钥匙。

村子有山路可通山顶，白色的石头间杂在茶园里。松竹、花草、杜鹃花与茶树共生，山体深旷，采茶人看起来很孤单。

黑龙潭山顶上有一户叶家茶园，还保留着丰富的实生苗群体种，芽头小滋味久长。茶园主人叫叶长林，他们家如同庄园，占据了山间极好的风光，在大青树下，有一间玻璃茶屋，透过厚厚的玻璃墙可以远眺群山，清晨见得到浓厚的雾气，似在云海。雨来时，群山隐约，山水泼墨。

谈起过往的贫困，叶家人更珍重现在的生活。他们家还会保留少量的全手工制茶工艺，用于高端订制。叶家老人仍旧勤耕不辍，手上的厚茧与茶香共生。

我与信阳市区来的爱茶人一道，乘吉普车沿狭窄山路颠簸来到黑龙潭村的山顶，土路刚刚被开荒成公路。登顶为峰，正是蓝天远山。山顶上种植着四十年以上的本地旱种，有更甜美厚醇的滋味。

三百年前就落户在此的老屋见证了岁月悠长，白色的古老石碑用浑厚的字体刻写着"岳峙""川流"，沉重石基，大块的土墙，时光的皱纹印在瓦墙之间。老屋久已无人居住，屋前茶园遍布，屋后有数丛抛荒的茶树。杜鹃似火，远山如黛，山顶上有别样风光。茶园中茶叶茁壮，叶缘还有被寒霜冻过的痕迹。

黑龙潭的信阳毛尖据说更有独特的兰花香，茶就简单地冲泡在玻璃杯中，翠绿显毫，茶芽完整。茶汤清亮淡黄，茶毫浮现，花果香幽细，清冽甜醇交织，一缕清凉，不失稠质，正是大山空谷的厚味。

❶ 古老的石碑被镶在石墙之中
❷ 火红的杜鹃花与茶园共生

山东

神州极北日照茶

344

日照茶　神州极北

南方的春来得早，有些茶区春节后就有茶可以采，越往北，春天越迟慢越奢贵。最北线茶乡，还能有露天茶园的，当推山东日照了。据说山西也有些大棚茶，却不是自然状态下生长的。那年冻寒，山东的一些茶山温度降到 -20℃以下，茶的坚韧品性，超越了我们的想象。

陆羽言，"茶者，南方之嘉木也"。如果一路向北，能见到什么样的茶山呢？茶的极限纬度又在哪？

山东日照，地处北纬 35～36°，被称为"南方的北方"，并且也是"北方的南方"，茶树在这里，还能勉强过冬。在这些极限的茶地，会有怎样的茶味？茶树在这里，一样会荣茂生发吗？

茶在南方　之北

行程的计划真有"人算不如天算"的感觉，因为清明时节我们要跑比较多的茶山，直到 4 月 15 日才来到山东，却也正赶巧，遇上了露天有机茶的初采。

对于中国各大茶乡而言，此时即将进入万物蓬勃的谷雨时节，而山东日照市的茶园，却刚刚有了一丝春意，还正是"清秀明朗之日"。

南方百花开尽，这里茶还要缓缓等着它萌芽生香，或许正是这样的等待与累积，才有了醇厚甘甜的茶味。相比江南的满目葱茏，北方的绿就更隐约珍奇。

1966 年，南茶北引，茶籽跨过长江淮河，终于在山东日照扎根生长。追溯这里最早的一片茶园，则是岚山区安东卫的老茶园和丝山双庙茶园。

雾气中的安东卫老茶园，试种

安东卫老茶园的石碑，记录着过往的茶事

老茶园已经整整五十年了

茶叶距今已半个多世纪了。此地试种茶叶成功，也就开启了山东种茶的先河，使我国的种茶区域往北扩大了三个纬度。今天，这片老茶园面积仍旧不到十亩，茶树在南方人看来并不高，也就五六十厘米高，但与日照地区的其他茶园相比，茶树却能称"高大"了。这片茶园，历经五十多年的探索与永续成长，越加倔强与茁壮，可谓北茶的一座丰碑。

茶园中立着一块一人高的石碑，显得略微古旧了，碑文记载着当年的盛事。

雨仍旧细密而冷，茶树深润且绿，充满生机。北方的茶是上苍之悯，经历磨砺后芬芳，茶树慢慢高了，茶籽悄然落了，又发了芽，在石缝间成长，静默对人世，一味花香。

嚼一粒新芽，苦而回甘。这片茶园曾经用安徽黄山的群体种选育而成，当年的育茶人或难再寻，但繁茂的茶树记载着他们的功勋。

城市扩张太快，曾经偏僻的安东卫山岭渐被高大的建筑物侵占，估计再过些年，这里就会变成城市的一部分。人世的沧桑变化，似乎在半个世纪内就已演尽。

高冷中的传奇

日照市的茶园分成拱棚茶、春棚茶、露天茶，前两者在大棚中成长的天数都近半年，因此滋味比露天茶要淡很多。其中拱棚特指更低矮的棚，一般而言优于春棚茶温室茶，当然，最好就是露天有机茶了，很多茶客都在焦急等着它的出现呢。

同样是露天茶，有机茶园的内质与清甜度都优于一般茶。要喝到最好的有机露天茶，就要等到此时。四月中，经

过一个冬天的酷寒，大梁山的有机露天茶园吐露新芽，这是一片获得有机茶认证和雨林双重认证的茶园，

本以为只有在西藏那片很独特的茶园里才能看到雪山，而在大梁山，居然也看到山顶隐约藏着雪。虽是四月，山顶的风依旧劲吹衣袖，云雾之间深藏着冬天的冷意。据茶场经理介绍，去年的雪十一月份就来了，茶树被冻得很厉害，到了年底达到 −21℃ 的低温，大梁山的茶经历了最苛刻的考验。高冷云雾中的茶叶积累了更多茶香。

有机认证比较常见，但目前通过雨林认证的国内茶企就少了。所谓雨林认证，有 10 大项 100 小项的指标。包括使用的"豆饼"必须为非转基因属性、规定用量等，还要求在车间备急救箱（细到棉花棒与防暑药）。茶厂必须配备干净的热水冲澡间，洁净的厨房环境，合格的饭菜质量等。细到茶园种了什么花草，每年要增加植被覆盖率，甚至还规定如何保护野生动物等。很细致地涵盖了环境保护、品质监控、社会效益等诸多层面。立顿茶叶近期就要求其供应商具备雨林认证资质，其实认证不仅提升了茶企品牌形象与附加值，更在无形中完善了企业管理。

这片茶园就在这些层面做得很细。都说北方人粗犷，但一到了茶身上，就显得非常精致用心了。也或者是因为北茶太珍奇、生长太不易，所以人们更加珍惜用心。

当年种下的黄山群体种茶树，也在更北的纬度下，耐住多年的严酷冻寒，冰雪霜冷，成为主打的产品。除了黄山群体种，这里的茶树品种最让人喜欢的是福鼎大白，芽头壮硕，满披白毫，制成的干茶外形非常漂亮，加之在严寒中生长的品质也很不错，所以在茶叶市场的好评度高。这些年茶山也种上不少早芽种，如浙江平阳的早茶种等，人们期待可以更早喝到春茶。

大梁山雾气笼罩，虽然冷，阳光却出奇的好，气温约 10℃。在这里，不同于南方满眼的绿，天地之间灰白单调，茶山的绿点缀其中。但是，最漂亮的茶园

❶ 高冷下的茶园
❷ 冰天霜地中生长的美丽芽头

倔强的茶芽在霜冻后成长

也就是多长了些绿色的芽叶，大多数茶树则是黄与紫相间，紫红的叶是被霜雪打过的。

向上走，风吹草垛，似有苍茫之感，周边种上的树还没有完全成活。山石裸露，拨开草丛才可以看得到低矮得不能再低的茶树，这是前两年用茶籽播育的茶苗，在山岩间尽最大的本能让生命延续，匍匐于地面，寻求一寸生机。山头上的茶树有的不到十厘米高，有的冻得只在紫红的叶梗上顽强地冒出一粒芽。我们在南方曾经不以为意的茶树茶园，在这里都显得那么珍贵。

风越吹越觉得有寒意，我们赶紧裹紧衣服，山顶瘦弯的松树在风中坚强挺立。有小一片茶地采用自然农法耕种，不仅不施肥、不打药，还不锄草，希望建立它的良性生态。刚开始，产量极少，前三年都是杂草与茶树一样高，后来茶树才慢慢开始茁壮，有了产量。人们不理解，但这片茶园在经历酷寒后的今天反倒显得更有生命力。

日照的知名茶园，还有巨峰、碑廓、后村等乡镇，近年茶园发展很快，有一些是当地茶农栽种，有一些是茶厂自有茶园。巨峰镇的海拔比大梁山要低一些，属于小山坡，气候相对温暖，所以可以见到三四十厘米高的茶树，大多为群体性品种，也有一些福鼎大白品种。茶园在雨中也显得孤单落寞，黄色的沙土壤，寒冷的四月天，茶就这样默默生长，努力芬芳。

采茶制茶之艰

穿着棉袄采茶，也是这里茶山独特的一处风景。想想一个月前的南方，人们早就穿上短袖，怕被阳光晒伤了、中

穿着冬衣的采茶人

日照绿茶的工艺讲究杀熟杀透

扁平型的炒青绿茶

暑了，还要备好帽子和头巾，没料想这里的采茶人还需要在白日里保暖劳作。竹篓中为数不多的茶芽，则是花费了数小时在茶园里细细找寻方才得到，这样的茶，谁看了都会珍惜。

每一粒茶芽都很郑重地从竹篓来到生产车间。车间很干净，前来参观的人员必须穿上白色工作服，洗净双手后才能进入。有机茶芽会与其他茶分开制作，所以摊晾的位置会有明显标识。

日照绿茶大多为卷曲形的烘青，也有少量与龙井相似外形的扁平状炒青。扁平茶对原料要求更高，基本的工艺流程是：鲜叶摊晾后经300℃高温短时杀青，在100℃以上的理条机内理条，压扁，辉锅，烘干而成，所以它的外形与龙井颇有几分相似，但炒青较透较熟，有兰花香，清甜不苦涩，稠度好。

评鉴日照茶，似乎比其他地方的茶更富于仪式感，泡茶人很珍重地将茶的滋味细心展现。日照茶的茶味更比其他地区的绿茶要稠浓些，清新与回甘在茶汤里凝成感动。总体的印象是口感特别，滋味鲜美，高温冲泡也不苦涩，滋味饱满，回甘快。

将首采的以鸠坑种、黄山群体种、平阳早茶种这三款品种制成的有机茶与普通露天茶对比，就可知道有机茶的滋味细润甘冽，几乎没有苦涩度，稠度好，生津回甘快。

日照的茶令人印象深刻，无论制成绿茶还是红茶，都有迥于寻常的底质，这也正是"南方之北"茶山的意义。好茶还需用时间等，有茶人的热爱挚诚，当每棵茶树都历经艰难，这一杯茶汤一定会格外浓稠。

后记

虽然写就了五十篇文章，还是有意犹未尽的感觉，正所谓"生有涯学无涯"也。而且，更鲜活的茶事永远在一线茶山，不仅仅停留在图文上面。

"汝来看此花，此花颜色一时明白起来"。"住山迹陈，行脚句亲"。行知原本一体。自2006年起，作为《茶道》杂志记者，我每年有数十天的时间得以行走在一线茶山，但所见犹是浮光掠影。2015年，在漳浦，蔡荣章老师鼓励我，要多记录即将消失的那些手工艺，自此也就萌生了写作此书的初衷。此后我更加密集地行走各地茶山，尤其重视记录茶山鲜活茶事与手工制茶的细节。制茶季多在春天，每年清明到谷雨是最繁忙的时间。茶乡宽广，行走的时间就特别集中且匆忙，因无法长期沉浸于某个茶山，故只能记述自己亲闻亲见的有限体验。这其中还需要做许多考据，往往感觉力有不逮，虽尽我所能，文字必多有错漏之处，还望读者见谅。

感谢很多带我在茶路上奔跑的师友，是他们无私的帮助，使我最后得以完成创作。茶农是我们的老师，他们躬耕于一线，植茶、制茶，有许多我们无法做到的实践和真实认知。

中国茶，自唐宋以来充满浪漫意蕴，但若没有对根源的追溯，诗意就会荡然无存。张源在《茶录》中云："造时精，藏时燥，泡时洁。精、燥、洁，茶道尽矣"。在今天，我们更应该加上"植乎自然"这个环节，在这个注重快速和规模化发展的时代显得愈加重要。

为了寻访真实，一千年前，茶圣陆羽开始行走茶路。中唐在诗意中透出动荡，一千年前的行路，必极为艰难困苦，其难度不可想象。我们今天有太多的便利，但我们的体验与之相比，不足万一。

中国茶与其他国家的茶最大的不同，正在于有各式各样的茶山，有许多深藏在山谷里不为人知的好茶，有深度对茶的理解、充满灵气与创造性的制法，这是中国茶生生不息的魅力。

除了芳香迷人的茶味与精益求精的茶事展现，真正需要关注的是土壤，只有从土地上着手，才有"清如许"的"源头活水"。不要忘了那些深藏在土地里的万千种微生物，它们组成了一个静默而深广的世界，无时无刻不在影响着我们的身心。

我们需要得到新知，要有适应这个时代发展的现代化的茶园，构建多元生态体系、具备科学的早期茶园规划与后期肥培管理、学习国际上最先进的研究成果。当然，人们还需要有少少的一部分茶山，仍旧以原始的方式存在，古老的茶山，古老的品种，产量稀少，尽管看起来渺小，却正像非遗的手工艺一样，需要得到宽容和尊重。

在高高的山巅与低低的深谷，茶是世间的精灵，时时吐露芬芳。